河南省常见园林植物栽培与养护（乔木篇）

邢家仲 韩培 刘聪 李亚杰 杨贺 杨朝荔 编著

中国农业科学技术出版社

图书在版编目（CIP）数据

河南省常见园林植物栽培与养护．乔木篇／邢家仲等编著．-- 北京：中国农业科学技术出版社，2024. 8.
ISBN 978-7-5116-6983-4

Ⅰ. S688

中国国家版本馆 CIP 数据核字第 2024V176J3 号

责任编辑 姚　欢
责任校对 王　彦
责任印制 姜义伟　王思文

出 版 者 中国农业科学技术出版社
北京市中关村南大街 12 号　　邮编：100081
电　　话 (010) 82106631 (编辑室)　　(010) 82106624 (发行部)
(010) 82109709 (读者服务部)
网　　址 https://castp.caas.cn
经 销 者 各地新华书店
印 刷 者 北京建宏印刷有限公司
开　　本 185 mm×260 mm　1/16
印　　张 16. 5
字　　数 380 千字
版　　次 2024 年 8 月第 1 版　2024 年 8 月第 1 次印刷
定　　价 88. 00 元

《河南省常见园林植物栽培与养护（乔木篇）》

编 著 委 员 会

主 编 著： 邢家仲　韩　培　刘　聪　李亚杰
杨　贺　杨朝荔

副主编著： 江清霞　秦海燕　刘方方　李跃贞
王晓丽　彭芳芳　刘宏伟　马致远
李京泽　付晓宇　赵婷婷　孙　晓
姚　岭　李　画　张　勇　秦勋伟
陈爱勤　黄　冉　高晓亚　衡金全
刘　蓬　王　敏

编著成员： 熊　巍　张春意　李雪磊　王　旭
马继峰　董建军　张　欢　刘　义
马雪刚　李红伟　程凤姣　贾红茹
杨　山

前　　言

为提高园林植物栽培与养护技能，优化园林植物品质，增强园林植物的观赏性，充分发挥城市园林的生态效应，巩固提升城市园林绿化水平，推进园林绿化事业可持续发展，结合河南省常见园林植物的栽培、管理现状，我们编著出版了《河南省常见园林植物栽培与养护（乔木篇）》。

本书以当前园林绿化行业的栽培养护标准为准则，分常绿乔木、落叶乔木、苗木繁育准备、种苗繁育、苗木栽植、河南省常见园林植物每月养护要点、古树名木的养护 7 个部分展开编写。

本书提及的园林植物按照产地分布、形态特征、生长习性、繁育栽培、常见病虫害、园林用途为顺序进行阐述，分苗木繁育准备、种苗繁育、苗木栽植等阶段阐述了园林植物的培育技术。根据河南省常见园林植物特性，将每个月的园林植物养护要点进行了规范。

本书便于读者深入掌握园林植物培育及养护方法，可供从事植物生产、养护、植保的技术人员，以及从事园林相关科研、教学的科技工作者参考使用。

由于编者自身水平有限，书中难免有疏漏不足之处，敬请读者批评指正，以便修订时进一步改正和完善。

编著者

2024 年 6 月

目 录

第一篇 常绿乔木

第二篇　落叶乔木

第三篇　苗木繁育准备

第四篇 种苗繁育

第五篇　苗木栽植

第六篇　河南省常见园林植物每月养护要点

第七篇　古树名木的养护

第一篇

常绿乔木

第一节 松科

一、雪松

雪松［*Cedrus deodara*（Roxb.）G. don］，松科雪松属。别名：塔松、香柏、喜马拉雅雪松等。

［产地分布］ 分布于海拔 1 300~3 300m 地带。目前河南、江苏、浙江、湖北、山东、河北、辽宁、云南等地已广泛栽培。

［形态特征］ 常绿乔木，高可达 30m。冬芽小，有少数芽鳞，枝有长枝及短枝，枝条基部有宿存的芽鳞，叶脱落后有隆起的叶枕。叶针状，坚硬，通常三棱形，或背脊明显呈四棱形，叶在长枝上螺旋状排列、辐射伸展，在短枝上呈簇生状。球花单性，雌雄同株，直立，单生短枝顶端；雄球花具多数螺旋状着生的雄蕊，花丝极短，花药室纵裂，药隔显著，鳞片状卵形，边缘有细齿，花粉无气囊；雌球花淡紫色，有多数螺旋状着生的珠鳞，珠鳞背面托短小苞鳞，腹（上）面基部有 2 枚胚珠。球果第二年（稀三年）成熟，直立；种鳞木质，宽大，排列紧密，腹面有 2 粒种子，鳞背密生短绒毛；苞鳞短小，成熟时与种鳞一同从宿存的中轴上脱落；球果顶端及基部的种鳞无种子，种子有宽大膜质的种翅；子叶通常 6~10 枚。

［生长习性］ 喜阳光充足，稍耐阴、抗寒性强；在气候温和凉润、土层深厚排水良好的酸性砂壤土上生长旺盛。对空气中二氧化硫、氯化氢等有害气体有一定的抗性。

［繁育栽培］ 可扦插繁育、播种繁育、嫁接繁育。扦插繁育在春、夏两季均可进行。春季宜在 3 月中旬，夏季以 7 月下旬为宜。春季芽苞尚未萌动时进行，插床基质（园土：河沙：腐殖土=5：3：2）进行消毒后再扦插，插后喷水遮阴，保持基质湿润。播种可于 3 月中下旬进行，播种量为 75kg/hm^2。

［常见病虫害］ 松针枯病、松枯梢病、针叶小爪螨、思茅松毛虫、梨剑纹夜蛾、松茸毒蛾、大蓑蛾、白星花金龟、薄翅锯天牛、松墨天牛、日本龟蜡蚧、东方蝼蛄等。

［园林用途］ 可孤植、列植、片植，常植于公园、游园、庭院、防护绿地、道路绿地，作为庭荫树、行道树、防护树、背景林等，也可作为盆景盆栽。

二、白皮松

白皮松（*Pinus bungeana* Zucc. ex. Endl.），松科松属。别名：白骨松、三针松、白

果松、虎皮松、蟠龙松等。

[**产地分布**] 为中国特有树种，分布于山西、陕西、河南西部、甘肃南部、四川北部及湖北西部等地，太行山南部、天水麦积山、秦岭、小陇山、江油观雾山、岷山、大巴山、伏牛山、熊耳山、神农架等山地，河南交界的大松岭、甘肃小陇山、山西、四川江油观雾山等处均有野生纯林，陕西、苏州、杭州、衡阳等地均有栽培。

[**形态特征**] 常绿乔木，高可达 30m，胸径可达 3m。针叶，3 针一束。雌雄同株。有明显的主干，或从树干近基部分成数个枝干；枝较细长，斜展，形成宽塔形至伞形树冠；幼树树皮光滑，灰绿色，长大后树皮呈不规则的薄块片脱落，露出淡黄绿色的新皮，老树皮呈淡褐灰色或灰白色，裂成不规则的鳞状块片脱落，脱落后近光滑，露出粉白色的内皮，白褐相间呈斑鳞状；一年生枝灰绿色，无毛；冬芽红褐色，卵圆形，无树脂。球果通常单生，初直立，后下垂，成熟前淡绿色，熟时淡黄褐色，卵圆形或圆锥状卵圆形。花期 4—5 月，球果第二年 10—11 月成熟。

[**生长习性**] 阳性树种，可适应干冷气候，抗污染力强，耐贫瘠土壤，不耐积水，在土层深厚、肥沃湿润的钙质土和黄壤土上生长良好，对二氧化硫和烟尘污染有较强的抗性。

[**繁育栽培**] 可播种繁育、嫁接繁育。育苗时选地势平坦、排水良好，土壤深厚的沙土为宜；早春解冻后及时播种，播种量为 $100g/m^2$ 撒播后覆土 1~1.5cm，覆地膜。嫁接时选用白皮松嫩枝嫁接到油松砧木上，接穗以生长健壮的新梢为宜。

[**常见病虫害**] 松针枯病、松黑霉病、松梢螟、松大蚜等。

[**园林用途**] 因其树姿优美，树皮奇特，在园林配置上用途广泛，可孤植，对植于庭院，列植做行道树，也可丛植成林于公园绿地。

三、黑松

黑松（*Pinus thunbergii* Parl.），松科松属。别名：白芽松、日本黑松树等。

[**产地分布**] 原产日本及朝鲜南部沿海地区，在中国主要分布在东北和华东地区的沿海地带，目前辽宁、吉林、黑龙江、山东、江苏、安徽、山西、浙江、江西、湖北、河北、河南、福建等地均有栽培。

[**形态特征**] 常绿乔木，高可达 25~30m，胸径可达 2m。树皮带灰黑色。2 针一束，刚强而粗，新芽白色，冬芽各针叶长 6~15cm，断面半圆形，叶肉中有 3 个树脂管，树脂道中生。叶鞘由 20 多个鳞片形成，长约 1.2cm。雌花生于新芽的顶端，呈紫色，多数种鳞（心皮）相重而排成球形。每个种基部，裸生 2 个胚球。雄花生于新芽的基部，呈黄色，上生多数雄花，成熟时，多数花粉随风飘出。花期 4—5 月，球果至翌年秋天成熟，鳞片裂开而散出种子，种子有薄翅。果鳞的麟脐具有短刺。

[**生长习性**] 性喜光，耐寒冷，不耐水涝，耐干旱、瘠薄及盐碱土。适生于温暖湿润的海洋性气候区域，喜微酸性砂质壤土，最宜在土层深厚、土质疏松，且含有腐殖质的砂质土壤处生长。抗病虫害能力强，生长慢，寿命长。

[**繁育栽培**] 以播种繁育为主，也可扦插繁育。在秋季采集成熟的球果，去除果皮

果肉后用温水浸泡 24h，清水冲洗并晾干。将种子均匀撒在土壤上，轻轻覆盖一层薄土，保持土壤湿润。选择健康成熟的黑松树上的侧枝，剪成长度为 10~15cm 插条，将 2/3 的插条插入消毒后的基质中。

［**常见病虫害**］松疱锈病、松赤枯病、松针褐斑病、松枯梢病、幼苗猝倒病、松瘤病、松大蚜、松梢螟、马尾松毛虫等。

［**园林用途**］可孤植、丛植、列植，常做行道树、庭阴树、公园造型树；可用于道路绿化、庭院绿化、工厂绿化、广场绿化；黑松树冠如伞盖，四季常青，树姿古雅，可终年观赏，也可做盆栽盆景。绿化效果好，恢复速度快，而且价格低廉，是经济树种，可更新造林。

四、油松

油松（*Pinus tabuliformis* Carr.），松科松属。别名：短叶松、短叶马尾松、红皮松、东北黑松等。

［**产地分布**］为我国特有树种，产东北、华北、西北，以及河南、山东、四川、安徽、浙江、湖南、湖北、江苏、广东、广西、贵州、福建、云南等地均有栽培。

［**形态特征**］常绿乔木，高可达 30m，胸径可达 1m。树皮下部灰褐色，裂成不规则鳞块，裂缝及上部树皮红褐色；大枝平展或斜向上，老树平顶；小枝粗壮，黄褐色，有光泽，无白粉；冬芽长圆形，顶端尖，微具树脂，芽鳞红褐色。针叶 2 针一束，暗绿色，较粗硬，边缘有细锯齿，两面均有气孔线，横切面半圆形，皮下细胞为间断型两层，树脂道 3~8（~11）个，边生，角部和背部偶有中生；叶鞘初呈淡褐色，后为淡黑褐色。雄球花柱形，聚生于新枝下部呈穗状；当年生幼球果卵球形，黄褐色或黄绿色，直立。球果卵形或卵圆形，花期 5 月，球果翌年 10 月上中旬成熟。

［**生长习性**］油松为喜光、深根性树种，耐寒，耐干旱，耐瘠薄；喜干冷气候，在土层深厚、排水良好的酸性、中性土壤上均能生长良好。

［**繁育栽培**］主要有播种繁育、扦插繁育、嫁接繁育。最常用的是播种繁育，将松球内的种子处理后可进行种植；一般选在春秋季，以春播为主。扦插繁育选用生长健壮的母树，选取直径适中的枝条剪成 15~20cm，蘸生根剂后，插入沙土中。

［**常见病虫害**］油松根腐病、思茅松毛虫、微红梢斑螟、日本松干蚧、松大蚜、针叶小爪螨等。

［**园林用途**］油松树形优雅，四季常青，挺拔苍劲，可做行道树、庭荫树和风景区绿化树种，适于孤植、列植、丛植、纯林群植或混交种植。

五、火炬松

火炬松（*Pinus taeda* L.），松科松属。别名：火把松。

［**产地分布**］原产北美东南部，中国引种栽培火炬松的范围主要在北纬 33°以南的亚热带低山、丘陵岗地。现在江西、江苏、安徽、浙江、福建、湖北、湖南、广东、广

西、河南、山东等地均有栽培。

[**形态特征**] 常绿乔木，高可达30m。树皮鳞片状开裂，近黑色、暗灰褐色或淡褐色；枝条每年生长数轮；小枝黄褐色或淡红褐色；冬芽褐色，矩圆状卵圆形或短圆柱形，顶端尖，无树脂。针叶3针一束，稀2针一束，长12~25cm，直径约1.5mm，硬直，蓝绿色；横切面三角形，二型皮下层细胞，3~4层在表皮层下呈倒三角状断续分布，树脂道通常2个，中生。球果卵状圆锥形或窄圆锥形，基部对称，长6~15cm，无梗或几乎无梗，熟时暗红褐色；种鳞的鳞盾横脊显著隆起，鳞脐隆起延长成尖刺；种子卵圆形，长约6mm，栗褐色，种翅长约2cm。花期4月上旬，球果10月中旬成熟。

[**生长习性**] 喜光、喜温暖湿润，怕水湿，不耐盐碱，耐干燥，耐瘠薄的土壤，但在土层深厚、质地疏松、湿润的土壤上其生长尤为良好，喜酸性和微酸性的土壤，pH值4.5~6.5生长最好。pH值7.5以上，生长不良。

[**繁育栽培**] 可播种繁育、扦插繁育。播种时间3月下旬为宜，播种前种子用福尔马林或波尔多液浸种消毒，用55~60℃的温水浸种催芽。扦插用一年生火炬松芽枝为穗条，于早春扦插，也可在夏季扦插。

[**常见病虫害**] 幼苗猝倒病、马尾松枯梢病、松疱锈病、马尾松毛虫、松茸毒蛾、云杉黄卷蛾、微红梢斑螟、松梢小卷叶蛾、松材线虫、松突圆蚧等。

[**园林用途**] 可用于公园绿地、道路绿地、庭院绿化，可孤植、列植、群植。火炬松因其四季常绿、造型优美和易于养护的特点，可作为盆景或造型树。

六、马尾松

马尾松（*Pinus massoniana* Lamb.），松科松属。别名：山松、枞树、青松等。

[**产地分布**] 分布极广，北自河南及山东南部，南至广东、广西、台湾，东自沿海地区，西至四川中部及贵州，遍布于华中华南各地。

[**形态特征**] 常绿乔木，高可达45m，胸径约1.5m。树皮红褐色，下部灰褐色。枝平展或斜展，树冠宽塔形或伞形，一年生枝条淡黄褐色，无白粉，或稀有白粉，无毛。冬芽褐色。针叶每束2根，细长而柔韧，边缘有细锯齿，长12~20cm，先端尖锐；树脂管4~7个，边生。叶鞘初呈褐色，后渐变成灰黑色。雄球花淡红褐色，圆柱形，弯垂。一年生小球果圆球形或卵圆形，褐色或紫褐色。种子长卵圆形。叶缘具疏生刺毛状锯齿。花期4—5月，球果期翌年10—12月成熟。因其枝叶似马尾，故名马尾松。

[**生长习性**] 阳性树种，不耐庇荫，喜光、喜温。根系发达，主根明显，有根菌。对土壤要求不严格，喜微酸性土壤，但怕水涝，不耐盐碱，在石砾土、砂质土、黏土、山脊和阳坡的冲刷薄地上，以及陡峭的石山岩缝里均能生长。

[**繁育栽培**] 常播种繁育，播种以2月下旬至3月上旬进行为宜，最迟不超过3月底。播种方式为条播，播距15~20cm，播沟方向最好与苗床方向平行。经精选、消毒的马尾松良种播种量为3~4kg/667m^2。早播苗床可覆盖薄膜或稻草，可以保温、保湿，促进种子提早发芽，出土整齐。

[**常见病虫害**] 马尾松枯梢病、五针松落针病、松茸毒蛾、云杉黄卷蛾、马尾松毛

虫、小青花金龟、薄翅锯天牛、松墨天牛、松大象、桃蛀螟、微红梢斑螟、日本松干蚧等。

［**园林用途**］可在庭前、亭旁、假山之间孤植，也可列植、片植、群植；适宜山涧、谷中、岩际、池畔、道旁配置，常植于公园绿地、道路绿地。

七、五针松

五针松（*Pinus parviflora* Sieb. et Zucc.），松科松属。别名：日本五须松、五钗松、日本五针松等。

［**产地分布**］中国长江中下游地区、南部暖温带落叶阔叶林区、东部南部暖带落叶阔叶林区、北亚热带落叶、常绿阔叶混交林区。现中国的长江流域及山东、河北、河南等地均有引种栽培。

［**形态特征**］常绿乔木，高 10～30m，胸径 0.6～1.5m。树皮灰褐色，老干有不规则鳞片状剥裂，内皮赤褐色，一年生小枝淡褐色，密生淡黄色柔毛，冬芽长椭圆形，黄褐色。叶短，5 针一束。内侧两面有白色气孔线。花期 5 月，球花单性同株，雄球花聚生新枝下部，雌球花聚生新枝端部。球果卵圆形。翌年 10—11 月种子成熟，种子为倒卵形，具三角形种翅，淡褐色。

［**生长习性**］喜阳光、温暖和高燥环境，稍耐阴，但怕低湿水涝，适生于疏松肥沃、微酸性的土壤。

［**繁育栽培**］可采用嫁接繁育、播种繁育、扦插繁育。最常用嫁接繁育，在 3 月中下旬进行，用 3 年生的黑松小苗作砧木，选 2 年生的半木质化枝条作接穗，长度以 6cm 为宜；芽接一般在 3 月为宜，选向阳面生长 1～2cm 长的顶芽作接穗。播种繁育于 2—3 月播种。扦插繁育，宜在 5—8 月选择生长健壮、无病虫害的半木质化嫩枝作插条，插条长度以 6～10cm 为宜。盆栽时，营养土的配比为腐叶土 3 份、园土 5 份、堆肥 1 份、沙土 1 份混合，一般 2～3 年换盆一次，换盆时间宜在 2—3 月或 9—10 月进行。

［**常见病虫害**］金钱松落叶病、松针锈病、黑松叶蜂、松茸毒蛾、日本松干蚧、松大蚜、松叶螨等。

［**园林用途**］五针松株形紧密，姿态秀雅，是盆景造型的珍贵材料，亦可与山石相配种植于庭院、公园绿地。或在建筑主要门庭、纪念性建筑物前对植，或植于主景树丛前，也可做树桩盆景。

第二节　罗汉松科

罗汉松

罗汉松［*Podocarpus macrophyllus*（Thunb.） D. Don］，罗汉松科罗汉松属。别名：罗汉杉、长青罗汉杉、土杉、金钱松、仙柏、罗汉柏、江南柏等。

［**产地分布**］产于江苏、浙江、福建、安徽、江西、湖南、四川、云南、贵州、广西、广东等地，在长江以南各省均有栽培，目前河南也有栽培，且生长茂盛。

［**形态特征**］常绿乔木，高可达 20m，胸径可达 60cm。树皮灰色或灰褐色，浅纵裂，呈薄片状脱落；枝开展或斜展，较密。叶螺旋状着生，条状披针形，微弯，长 7~12cm，宽 7~10mm，先端尖，基部楔形，上面深绿色，有光泽，中脉显著隆起，下面带白色、灰绿色或淡绿色，中脉微隆起。雄球花穗状、腋生，常 3~5 个簇生于极短的总梗上，长 3~5cm，基部有数枚三角状苞片；雌球花单生叶腋，有梗，基部有少数苞片。种子卵圆形，直径约 1cm，先端圆，熟时肉质假种皮紫黑色，有白粉，种托肉质圆柱形，红色或紫红色，柄长 1~1.5cm。花期 4—5 月，种子 8—9 月成熟。

［**生长习性**］半阳性树种，耐阴性强，耐寒性弱；喜温暖湿润气候，生长适温 15~28℃；忌水涝和阳光直射，喜排水良好湿润之砂质壤土，对土壤适应性强，盐碱土上也能生存。对二氧化硫、硫化氢、氮氧化合物等多种污染气体抗性较强，抗病虫害能力强。生长速度慢，寿命长。

［**繁育栽培**］常用播种繁育和扦插繁育。播种繁育是 8 月采种后及时播种。扦插繁育是春秋两季均可进行扦插，春季 2—3 月进行硬枝扦插；在 5 月中下旬至 7 月初，或在 8 月中下旬至 9 月中下旬采用当年生半木质化枝条进行嫩枝扦插。

［**常见病虫害**］罗汉松灰枯病、星天牛、红圆蚧、大蓑蛾、大地老虎、小地老虎等。

［**园林用途**］可孤植、对植、片植，可做盆景盆栽绿篱，常用于庭院绿化、公园绿地、道路绿地造景。

第三节　杉　科

一、柳杉

柳杉（*Cryptomeria japonica* var. *sinensis* Miq.），杉科柳杉属。别名：长叶孔雀松。

[产地分布] 为我国特有树种，分布于长江流域以南至广东、广西、云南、贵州、四川等地。在江苏南部、浙江、安徽南部、河南、湖北、湖南、四川、贵州、云南、广西及广东等地均有栽培。

[形态特征] 常绿乔木，高可达 40m，胸径可达 2m。树皮红棕色，纤维状，裂成长条片脱落；大枝近轮生，平展或斜展；小枝细长，常下垂，绿色，枝条中部的叶较长，常向两端逐渐变短。叶钻形略向内弯曲，先端内曲，四边有气孔线，果枝的叶通常较短。雄球花单生叶腋，长椭圆形，集生于小枝上部，成短穗状花序状；雌球花顶生于短枝上。球果圆球形或扁球形，种子褐色，近椭圆形，扁平，边缘有窄翅。花期 4 月，球果 10 月成熟。

[生长习性] 稍耐阴，在温暖湿润的气候和土壤酸性、肥厚而排水良好的山地，生长较快；在寒凉较干、土层瘠薄的地方生长不良。柳杉根系较浅，抗风力差。对二氧化硫、氯气、氟化氢等有较好的抗性。

[繁育栽培] 可播种繁育、扦插繁育。播种前进行消毒、浸种、催芽处理，春季苗床条播。扦插是在春季选取长 5～15cm 的半木质化枝条插入沙床，当根长 2cm 时可移栽。

[常见病虫害] 柳杉瘿瘤病、柳杉赤枯病、幼苗猝倒病、柳杉云毛虫、大蓑蛾、杉棕天牛、松墨天牛等。

[园林用途] 可列植、对植，或群植成林，用于公园绿地、道路绿地，庭院绿地。

二、杉木

杉木［*Cunninghamia lanceolata*（Lan b.）Hook］，杉科杉木属。别名：沙木、沙树、正杉、正木、木头树、刺杉、杉等。

[产地分布] 我国分布较广，北至淮河、秦岭南麓，东自台湾、福建和浙江沿海，南至广东、海南，西至云南、四川的广大区域内均有分布和栽培。

[形态特征] 常绿乔木，高可达 30m。幼树树冠尖塔形，老时广圆锥形。叶条状披

针形，螺旋状着生，在小枝上扭转成二列状，叶基下延，叶缘有细锯齿，长 2~6cm，宽 3~5mm，下面沿中脉两侧各有 1 条白色气孔带。雄球花簇生；雌球花 1~3 个集生，苞鳞与珠鳞合生，苞鳞扁平革质，边缘有不规则细锯齿，珠鳞小。球果卵球形，长 2. 5~4. 5cm，直径 2. 5~4cm，熟时黄棕色；每个种鳞腹面有 3 枚种子。花期 3—4 月；球果 10—11 月成熟。

[**生长习性**] 喜光，幼年稍耐阴；喜温暖湿润气候，不耐寒冷和干旱，但在湿度适宜的情况下可耐短期-17℃低温；喜排水良好的酸性土壤，不耐盐碱。浅根性；生长速度较快。萌芽、萌蘖力强。

[**繁育栽培**] 可播种繁育、嫁接繁育、扦插繁育。种子采后干藏，翌年 2—3 月春播；播种前进行消毒和浸种催芽处理。可用切接法、芽接法、套袋嫁接法进行嫁接繁育。

[**常见病虫害**] 杉木炭疽病、杉木叶枯病、针叶黄化病、杉木赤枯病、幼苗猝倒病、杉梢小卷蛾、杉棕天牛、松墨天牛等。

[**园林用途**] 可列植、对植，或群植成林，用于公园绿地、道路绿地、庭院绿地。可用于大型绿地中作为背景林。

第四节　柏　科

一、侧柏

侧柏［*Platycladus orientalis*（L.）Franco］，柏科侧柏属。别名：扁桧、香树、香柏、黄柏等。

［产地分布］中国特产树种。分布以黄河、淮河流域为主，北自内蒙古、吉林省南部，南至广东、广西北部，西至陕西、甘肃，西南至四川、云南，西藏也有栽培。河北兴隆、山西太行山区、陕西秦岭以北渭河流域及云南澜沧江流域山谷中有天然森林。淮河以北、华北地区石灰岩山地、阳坡及平原多选用人造林。

［形态特征］常绿乔木，树高可达 20m，胸径可达 1m。幼树树冠尖塔形，老树广圆形；树皮薄，淡灰褐色，条片状纵裂；大枝斜出；小枝排成平面，扁平，无白粉，叶鳞片状。雌雄同株异花，雌雄花均单生于枝顶；雄球花有 6 对雄蕊，每雄蕊有花药 2~4；雌球花有 4 对珠鳞，中间的 2 对珠鳞各有 1~2 个胚珠。球果阔卵形，近熟时蓝绿色被白粉，种鳞木质，红褐色，种鳞 4 对，熟时张开，背部有一反曲尖头，种子脱出，种子卵形，灰褐色，无翅，有棱脊。花期 3—4 月，球果 10—11 月成熟。

［生长习性］喜光，幼时稍耐阴，适应性强，对土壤要求不严，在酸性、中性、石灰性和轻盐碱土壤中均可生长。耐干旱瘠薄，萌芽能力强，耐寒能力中等，抗风能力较弱。

［繁育栽培］主要以种子繁育为主，也可扦插繁育或嫁接繁育。种子繁育适于春播，因各地天气条件的差异，播种时间也不相同，一般 3 月下旬至 4 月上旬，侧柏苗木多 2 年出圃，翌春移植，3—4 月移植成活率较高，小苗可裸根移植，大苗要带土球。

［常见病虫害］侧柏叶枯病、油桐尺蛾、柏大蚜、侧柏毒蛾、大蓑蛾、双条杉天牛、柏小爪螨、松叶螨、柏肤小蠹等。

［园林用途］可对植、列植、丛植、群植，常列植用于道路、花坛、墙垣、亭园、大门两侧，丛植配植于草坪、花坛、山石、林下，群植于荒山绿化。

二、线柏

线柏（*Chamaecyparis pisifera* cv. Filifera），柏科扁柏属。别名：垂花柏、五线柏、五彩松等。

［**产地分布**］原产日本。我国山东、江西、江苏、浙江、河南等地均有引种栽培。

［**形态特征**］常绿乔木，高可达20m，在原产地高可达50m。树皮深灰色或暗红褐色，呈狭条纵裂脱落；近基部的大枝平展，上部逐渐上斜。叶深绿色，刺叶通常3叶轮生，排列疏松，鳞形叶交互对生或3叶轮生，排列紧密。雌雄异株，少同株。鳞叶先端锐尖，侧面之叶较中间之叶稍长。球果球形，9月下旬，球果变褐；10月中旬，球果自然开裂；种鳞5~6对，顶部的中央微凹，内有突起的小尖头；发育种鳞具1~2种子。花期7—8月，10—11月果熟。

［**生长习性**］喜光，幼时稍耐阴，适应性强，喜温暖湿润，对土壤要求不严，以酸性土壤为宜。

［**繁育栽培**］可播种繁育、扦插繁育、压条繁育、嫁接繁育。种子繁育的播种宜于3月中上旬，播前需在低温下层积处理，播种地宜选腐殖质丰富的疏松壤土。扦插于3—4月进行，插条以1年生的粗壮枝条为宜。嫁接可于晚秋或早春进行，多用侧柏作砧木。

［**常见病虫害**］侧柏毒蛾、大蓑蛾、双条杉天牛、柏大蚜、柏小爪螨、松叶螨等。

［**园林用途**］可对植、列植、丛植、群植，常植于居住绿地、公园绿地、道路绿地，作为庭院树，可修剪造型做盆栽或绿篱植于庭院和公园，亦可群植或与栎类等树种进行株间混交用于造林。

三、柏木

柏木（*Cupressus funebris* Endl.），柏科柏木属。别名：香扁柏、垂丝柏、黄柏、扫帚柏、璎珞柏等。

［**产地分布**］为我国特有树种，分布很广，产于浙江、福建、江西、湖南、湖北西部、四川北部及西部大相岭以东、贵州东部及中部、广东北部、云南东南部及中部等地；以四川、湖北西部、贵州栽培最多，现在河南等多地也有引种栽培。

［**形态特征**］常绿乔木，高可达30m，胸径约2m。树冠圆锥形。树皮幼时红褐色，老年树褐灰色，纵裂成窄长条片。小枝扁平，细长且下垂。鳞叶交互对生，排成平面，两面相似。鳞叶先端锐尖，偶有刺形叶，中部叶背有腺点。雌雄同株。球果卵圆形，种子近圆形，两侧具窄翅，淡褐色，有光泽。花期3—5月，球果翌年5—6月。

［**生长习性**］阳性树种，喜温暖多雨气候及钙质土，耐干旱瘠薄，耐寒性强，稍耐水湿，浅根性。萌芽力强，耐修剪，抗有毒气体、生长速度中等。

［**繁育栽培**］以播种繁育为主。通常多春播，也可秋播，选择20~40年生健壮树木作为采种母树，圃地选在地势平坦，土壤肥沃湿润，向阳的砂质壤土或黏质壤土为宜。

［**常见病虫害**］紫纹羽病、松大象、双条杉天牛、柏大蚜、柏小爪螨、铜绿丽金龟、东方蝼蛄等。

［**园林用途**］可孤植、列植、群植，常用于公园绿地、庙宇、陵墓、荒山绿化，疏林改造。

四、北美香柏

北美香柏（*Thuja occidentalis* L.），柏科崖柏属。别名：香柏、美国侧柏、黄心柏木等。

［**产地分布**］原产北美洲，常生于含石灰质的湿润地区。我国长江流域及淮河流域各地均有引种栽培。中国山东、江西、江苏、浙江、湖北、河南、河北和黑龙江等地均有引种栽培。

［**形态特征**］常绿乔木，高可达20m。树冠狭圆锥形或塔形；树皮红褐色。叶鳞形，长1.5~3mm，生鳞叶的小枝扁平，排成一个平面，上面深绿色，背面淡黄绿色；中生鳞叶尖头下方有圆形透明腺点，芳香。雌雄同株，球花生于枝顶。球果长椭圆形，长8~13mm，直径6~10mm，种鳞扁平，革质，较薄；种子扁平，椭圆形，两侧有翅。

［**生长习性**］喜光，阳性树，也有一定的耐阴能力；较耐寒，耐瘠薄，能生长于潮湿的碱性土壤。抗烟尘和有毒气体。耐修剪。

［**繁育栽培**］可播种繁育、扦插繁育。播种繁育在球果变成黄褐色、果鳞即将开裂时及时采种，种子处理后进行湿沙低温储存，4月上旬撒播后覆土2cm。扦插一般在7月中旬进行，用半木质化嫩枝进行扦插。

［**常见病虫害**］紫纹羽病、幼苗猝倒病、桧柏-梨锈病、桧柏-海棠锈病、双条杉天牛、柏小爪螨等。

［**园林用途**］可孤植、列植、丛植、群植，常用于公园、庭院和高速公路中央隔离带。适于规则式园林应用，可沿道路、建筑等处列植，也可丛植和群植；如修剪成灌木状，可植于疏林下、植为绿篱、绿墙或用作基础种植材料。

五、刺柏

刺柏（*Juniperus formosana* Hayata），柏科刺柏属。别名：翠柏、杉柏、缨络柏、台湾柏、桧柏、红柏、红心柏、珍珠柏、刺松等。

［**产地分布**］中国特有树种，分布很广，自温带至寒带均有分布，生长在台湾中央山脉、江苏南部、安徽南部、浙江、福建西部、江西、湖北西部、湖南南部、陕西南部、甘肃东部、青海东北部、西藏南部、四川、贵州、云南等地；目前河南、河北均有栽培。

［**形态特征**］常绿小乔木，高可达12m，胸径可达2.5m。树皮灰褐色，纵裂，呈长条薄片脱落；树冠塔形，大枝斜展或直伸，小枝下垂，三棱形。叶全部刺形，坚硬且尖锐，三叶轮生，先端尖锐，基部不下延；表面平凹，中脉绿色而隆起，两侧各有1条白色气孔带，较绿色的边带稍宽；背面深绿色而光亮，有纵脊。雌雄同株或异株，球果近圆球形，肉质，顶端有3条皱纹和三角状钝尖突起，淡红色或淡红褐色，成熟后顶梢开裂，有种子1~3粒。种子半月形，有3棱，2年成熟，熟时淡红褐色。花期4月，果需要2年才能成熟。

［**生长习性**］喜光，耐寒，耐旱，主侧根均甚发达，在干旱沙地、向阳山坡以及岩石缝隙处均可生长。

［**繁育栽培**］扦插繁育在春季3月中旬至4月上旬，秋季9—10月均可进行，选择8~10年生生长良好、无病虫害的健壮树作采穗母树，在母树上取发育充实1~2年生、茎粗1cm左右的健壮硬枝作插条。

［**常见病虫害**］侧柏毒蛾、柏大蚜、柏小爪螨、双条杉天牛等。

［**园林用途**］可孤植于草坪、花坛、山石、林下，列植于道路两旁，丛植于公园，分车道，也可护坡造林。

六、圆柏

圆柏（*Juniperus chinensis* L.），柏科刺柏属。别名：刺柏、柏树、桧、桧柏等。

［**产地分布**］产于中国东北南部及华北等地，北自内蒙古及沈阳以南，南至两广北部，东自滨海省份，西至四川、云南均有分布。目前河北、山西、山东、江苏、浙江、福建、安徽、江西、河南、陕西南部、甘肃南部、四川、湖北西部、湖南、贵州、广东、广西北部及云南等地均有栽培。

［**形态特征**］常绿乔木，高可达20m，胸径可达3.5m。树皮深灰色，纵裂，成条片开裂；幼树的枝条通常斜向上伸展，形成尖塔形树冠，老树下部大枝平展，形成广圆形的树冠；树皮灰褐色，纵裂，裂成不规则的薄片脱落；小枝通常直或稍成弧状弯曲，生鳞叶的小枝近圆柱形或近四棱形，径1~1.2mm。叶二型，刺叶生于幼树之上，老龄树则全为鳞叶，壮龄树兼有刺叶与鳞叶。雌雄异株，稀同株，雄球花黄色，椭圆形，长2.5~3.5mm，雄蕊5~7对，常有3~4花药。球果近圆球形，径6~8mm，两年成熟，熟时暗褐色，被白粉或白粉脱落，有1~4粒种子，种子卵圆形，扁，顶端钝，有棱脊及少数树脂槽。花期4月，翌年11月果熟。

［**生长习性**］喜光树种，较耐阴，喜温凉、温暖气候及湿润土壤；忌积水，耐修剪，易整形。耐寒、耐热，对土壤要求不严，能生于酸性、中性及石灰质土壤上，对土壤的干旱及潮湿均有一定的抗性；深根性，侧根发达。

［**繁育栽培**］种子繁育、扦插繁育。种子繁育以籽粒饱满当年采收的种子为宜，播种前用温热水催芽12~24h后播种。扦插繁育在早春、秋末均可进行，秋末成活率较高，选用当年生粗壮枝条作为插条，剪成5~15cm长，插条宜带3个以上的叶节；插条生根的最适温度为20~30℃，温度过高过低均不利于生根。

［**常见病虫害**］桧柏-梨锈病、桧柏-海棠锈病、侧柏毒蛾、云杉黄卷蛾、双条杉天牛、桃蛀螟、柏肤小蠹、大青叶蝉、柏小爪螨等。

［**园林用途**］可孤植、列植、丛植，常在公园绿地、广场绿地、道路绿地等作为庭荫树、绿篱、行道树使用，亦可做桩景、盆景。

七、日本扁柏

日本扁柏［*Chamaecyparis obtusa*（Sieb. & Zucc.）Endl.］，柏科扁柏属。别名：白柏、钝叶扁柏、扁柏等。

［**产地分布**］原产日本，我国山东、江苏、江西、河南、浙江、广东、台湾等地均有引种栽培。

［**形态特征**］常绿乔木，在原产地高可达 40m。树冠尖塔形；树皮红褐色，光滑，裂成薄片脱落；生鳞叶的小枝条扁平，排成一平面。鳞叶肥厚，先端钝，小枝上面中央之叶露出部分近方形，长 1～1.5mm，绿色，背部具纵脊，通常无腺点，侧面之叶对折呈倒卵状菱形，长约 3mm，小枝下面之叶微被白粉。雄球花椭圆形，长约 3mm，雄蕊 6 对，花药黄色。球果圆球形，径 8～10mm，熟时红褐色；种鳞 4 对，顶部五角形，平或中央稍凹，有小尖头；种子近圆形，长 2.6～3mm，两侧有窄翅。花期 4 月，球果 10—11 月成熟。

［**生长习性**］喜光、较耐阴，喜温暖湿润的气候，耐修剪，浅根性；耐寒性强，能耐-20℃低温，喜肥沃、排水良好的土壤；对土壤要求不严，酸性土、微碱性土壤皆能生长，但以微酸性的砂质土壤生长最好。

［**繁育栽培**］播种繁育、扦插繁育。播种繁育于 4 月上旬采用条播或撒播均可，播种地应选疏松、排水良好、富含腐殖质的土壤，播种量以 5～10kg/667m^2 为宜。扦插可在 3 月上旬进行硬枝扦插，6 月中旬、8 月下旬进行嫩枝扦插，扦插后注意遮阴喷水，保持环境湿润。

［**常见病虫害**］圆柏-梨锈病、圆柏-苹果锈病、侧柏毒蛾、双条杉天牛、柏大蚜等。

［**园林用途**］可孤植、对植、列植、群植，常用于公园绿地、广场绿地、居住绿地、道路绿地，做观赏树、庭荫树、行道树，也可做绿篱和盆栽。

第五节　木兰科

一、广玉兰

广玉兰（*Magnolia grandiflora* L.）木兰科木兰属。别名：洋玉兰、荷花玉兰等。

［**产地分布**］原产于美国东南部，分布在北美洲以及中国大陆的长江流域及以南地区，目前河北、河南、山东、浙江、江苏、湖北等地均有引种栽培。

［**形态特征**］常绿乔木，在原产地高可达30m。树皮淡褐色或灰色，薄鳞片状开裂；小枝粗壮，具横隔的髓心；小枝、芽、叶下面、叶柄均密被褐色或灰褐色短绒毛（幼树的叶下面无毛）。叶厚革质，椭圆形，长椭圆形或倒卵状椭圆形，长10~20cm，宽4~7cm；先端钝或短钝尖，基部楔形，叶面深绿色，有光泽；侧脉每边8~10条；叶柄长1.5~4cm，无托叶痕，具深沟。花白色，有芳香，直径15~20cm；花被片9~12，厚肉质，倒卵形，长6~10cm，宽5~7cm；雄蕊长约2cm，花丝扁平，紫色，花药内向，药隔伸出成短尖；雌蕊群为椭圆形，密被长绒毛；心皮卵形，长1~1.5cm，花柱呈卷曲状。聚合果圆柱状、长圆形或卵圆形，长7~10cm，径4~5cm，密被褐色或淡灰黄色绒毛；蓇葖背裂，背面圆，顶端外侧具长喙；种子近卵圆形或卵形，长约14mm，径约6mm，外种皮红色，除去外种皮的种子，顶端延长成短颈。花期5—6月，果期9—10月。

［**生长习性**］喜光，幼时稍耐阴。喜温湿气候，有一定抗寒能力。适生于干燥、肥沃、湿润与排水良好微酸性或中性土壤，在碱性土壤上种植易发生黄化，忌积水、排水不良。对烟尘及二氧化硫气体有较强抗性，病虫害少。根系深广，抗风力强。

［**繁育栽培**］可播种繁育、嫁接繁育、压条繁育。播种以9—10月为宜，播种繁育前需进行浸种处理。嫁接繁育以3月中旬至4月下旬进行，一般选紫玉兰和白玉兰作为砧木，1年生的带顶芽的枝条做接穗。压条繁育在春季进行，选择1~2年生的枝条刻伤进行压条后埋土。

［**常见病虫害**］广玉兰炭疽病、广玉兰干腐病、扁刺蛾、大蓑蛾、咖啡木蠹蛾、藤圆盾蚧、日本龟蜡蚧、褐软蜡蚧等。

［**园林用途**］可孤植、对植、列植、丛植、群植配置，常用于公园绿地、广场绿地、居住绿地、道路绿地，做观赏树、庭荫树、行道树。

二、深山含笑

深山含笑（*Michelia maudiae* Dunn），木兰科含笑属。别名：光叶白兰花、莫式含笑花、莫夫人玉兰等。

［**产地分布**］原产于中国，湖南、广东、广西、福建、江西、贵州、浙江等地均有栽培。目前河南、湖北等多省份引种栽培且长势良好。

［**形态特征**］常绿乔木，高可达18~20m。树皮浅灰或灰褐色，平滑不裂；全株无毛，芽、幼枝、叶背均被白粉。叶薄革质，长圆形或长椭圆形，先端急尖，叶面深绿色，叶背淡绿色，中脉隆起，网脉明显。花期2—3月，花大，纯白色，基部稍呈淡红色，外轮呈倒卵形，具芳香。果期9—10月，种子红色，斜卵圆形，长约1cm，宽约5mm，稍扁。

［**生长习性**］浅根性，喜温暖、湿润环境，有一定耐寒能力。喜光，幼时较耐阴。自然更新能力强，生长快，适应性广，4—5年即可开花。抗干热，对二氧化硫的抗性较强。喜土层深厚、疏松、肥沃而湿润的酸性砂质土。根系发达，萌芽力强。

［**繁育栽培**］可播种繁育、扦插繁育。种子繁育可随采随播，也可用湿沙贮藏到早春2月下旬至3月上旬播种，播种前用浓度为0.5%的高锰酸钾溶液浸种消毒2h，再放入温水中催芽24h。采用条播，条距25cm，播种量为8~10kg/667m^2。扦插繁育宜在春夏季进行，选择长10~15cm的1~2年生枝条，以腐熟土与河沙混合作为基质。

［**常见病虫害**］含笑根腐病、含笑茎腐病、含笑炭疽病、含笑叶枯病、山茶藻斑病、黑刺粉虱、考氏白盾蚧、蛴螬等。

［**园林用途**］可孤植、群植，常用于公园绿地、道路绿地、工矿区绿地、庭院绿地。

三、木莲

木莲［*Manglietia fordiana*（Hemsl.）Oliv.］，木兰科木莲属。别名：黄心树、木莲果等。

［**产地分布**］产于中国福建、广东、广西、贵州、云南。目前陕西、湖北、河南等地均有栽培。

［**形态特征**］常绿乔木，高可达20m。嫩枝及芽有红褐色短毛，后脱落无毛。叶革质、狭倒卵形或倒披针形，先端短急尖，通常尖头钝，基部楔形，沿叶柄稍下延，边缘稍内卷，下面疏生红褐色短毛；侧脉每边8~12条；总花梗长6~11mm，径6~10mm，具1环状苞片脱落痕，被红褐色短柔毛。花被片纯白色，每轮3片，外轮3片质较薄，近革质，凹入，长圆状椭圆形，长6~7cm，宽3~4cm，内2轮的稍小，常肉质，倒卵形，长5~6cm，宽2~3cm；雄蕊长约1cm，花药长约8mm，药隔钝；雌蕊群长约1.5cm，具23~30枚心皮，平滑，基部心皮长5~6mm，宽3~4mm，中部心皮露出面宽约5mm；花柱长约1mm；胚珠8~10颗，二列。聚合果褐色，卵球形，长2~5cm，蓇

蒺露出面有粗点状突起，先端具长约 1mm 的短喙；种子红色。花期 5 月，果期 10 月。

[**生长习性**] 幼年耐阴，成长后喜光。喜温暖湿润气候及深厚肥沃、排水良好的酸性土壤。

[**繁育栽培**] 可播种繁育、扦插繁育。种子繁育 1 月开始催芽，经过 30~35d 催芽；有部分种子开始发芽，当 70%的种子种胚已明显伸长，即可播种育苗；也可用湿沙贮藏到早春 2 月下旬至 3 月上旬播种，播种前用 0.5%的高锰酸钾溶液浸种消毒 2h，再放入温水中催芽 24h；采用条播，条距 25cm，播种量为 8~10kg/667m^2。扦插繁育宜在春夏进行，选择长 10~15cm 的 1~2 年生枝条，以腐熟土与河沙混合作为基质。

[**常见病虫害**] 含笑炭疽病、山茶藻斑病、幼苗猝倒病、含笑叶枯病、黑刺粉虱、考氏白盾蚧等。

[**园林用途**] 可孤植、群植、列植，常用于公园绿地、道路绿地、工矿区绿地、庭院绿地。

第六节　樟　科

一、香樟

香樟［*Cinnamomum camphora*（L.）Presl］，樟科樟属。别名：小叶樟、樟树、木樟、乌樟、芳樟树、番樟、香蕊、樟木等。

［**产地分布**］原产中国南部各省，越南、日本等地也有分布。四川省宜宾地区生长面积最广。主要培育繁育基地有江苏沭阳、浙江、安徽等地。目前河南、湖北、湖南等地均有栽培且长势良好。

［**形态特征**］常绿大乔木，高可达30m，直径可达3m。树皮幼时绿色，平滑；老时渐变为黄褐色或灰褐色纵裂。冬芽卵圆形。叶薄革质，卵形或椭圆状卵形，长5~10cm，宽3.5~5.5cm，顶端短尖或近尾尖，基部圆形，离基3出脉，近叶基的第一对或第二对侧脉长而显著，背面微被白粉，脉腋有腺点。花黄绿色，春天开，圆锥花序腋出，小而多。球形的小果实成熟后为黑紫色，直径约0.5cm；花期4—5月，果期8—11月。

［**生长习性**］喜光，稍耐阴；喜温暖湿润气候，耐寒性不强；喜深厚肥沃的酸性和中性土壤，较耐水湿，但当移植时要注意保持土壤湿度，水涝容易导致烂根缺氧而死；不耐干旱、瘠薄和盐碱土。主根发达，深根性，能抗风。萌芽力强，耐修剪，寿命长。

［**繁育栽培**］可种子繁育，扦插繁育不易成活，现多采用播种繁育。春播、秋播均可，以春播成活率高。春播宜在3—4月土壤解冻后进行，秋播在9月土壤封冻前进行。播种前需用0.1%的新洁尔灭溶液浸泡种子3~4h杀菌、消毒，再用50℃的温水进行催芽，播种量以15kg/667m^2为宜。栽植以3月下旬至4月中下旬，秋季以9月为宜，坑穴深度、长度及宽度都要达到50~60cm，栽后及时浇透定根水，浇水要掌握“不干不浇，浇则浇透”的原则。

［**常见病虫害**］樟树炭疽病、香樟黄化病、香樟溃疡病、二斑叶螨、樟巢螟、樟叶蜂、樟梢卷叶蛾、矢尖盾蚧、红蜡蚧、乌桕黄毒蛾、霜天蛾、茶褐樟蛱蝶、瓜绢野螟、樟叶瘤丛螟、白囊袋蛾、绿尾大蚕蛾、乌桕大蚕蛾、樟蚕、绒绿象甲、吉安筒天牛、黑蜕白轮蚧、褐软蜡蚧、蛇眼蚧、碧蛾蜡蝉、麻皮蝽、茶翅蝽、樟脊冠网蝽、樟木虱、橘刺粉虱等。

［**园林用途**］可孤植、对植、列植、丛植、群植于公园绿地、居住绿地、工厂绿地、道路绿地等，可作庭阴树、行道树，也可用于营造风景林和防护林。树龄成百上千

年，可称为参天古木，为优秀的园林绿化树种。

二、银木

银木（*Cinnamomum septentrionale* Hand. -Mazz.），樟科樟属。别名：大叶香樟、土沉香等。

[**产地分布**] 分布于中国四川西部、陕西南部及甘肃南部等地区。现在湖南、湖北、河南南部均有引种和栽培。

[**形态特征**] 常绿乔木，高可达16~25m。光滑树皮呈灰色，枝条具棱，被白色绢毛；芽卵珠形，芽鳞先端微凹，具小突尖，被白色绢毛；叶互生，椭圆形或椭圆状倒披针形，先端短渐尖，基部楔形，近革质，上面被短柔毛，叶柄长腹平背凸；圆锥花序腋生，外面密被白色绢毛，花药卵圆状长圆形，子房卵珠形；果球形；花期5—6月，果期7—9月。

[**生长习性**] 银木喜温暖气候，喜光，稍耐阴，深根性，萌芽性强，喜湿润、肥沃、深厚的黏质土壤，不耐严寒。寿命长达数百年。

[**繁育栽培**] 可播种繁育，9—10月采种后堆沤3~7d，用手搓去果肉，再加水冲洗漂净杂质，置于通风处阴干，切忌暴晒。春播宜在3—4月土壤解冻后进行，以春播效果好。3月中旬至4月上旬播种育苗为宜，秋季育苗易受冻害。以高床为宜，土壤整细压平。播种采用条播，行距25cm。播后覆土厚度为2~3cm，浇透水。播后苗床注意保墒，可覆稻草，出苗后即可揭去。

[**常见病虫害**] 樟树炭疽病、香樟溃疡病、二斑叶螨、樟巢螟、樟叶蜂、樟梢卷叶蛾、矢尖盾蚧、红蜡蚧等。

[**园林用途**] 可孤植、对植、列植、丛植、群植于公园绿地、居住绿地、工厂绿地、道路绿地，可做庭荫树、行道树，也可用于营造风景林和防护林。

第七节　蔷薇科

一、石楠

石楠［*Photinia serratifolia*（Desf.）Kalkman］，蔷薇科石楠属。别名：石楠千年红、笔树、石眼树、扇骨木、千里红等。

［产地分布］主产于长江流域及秦岭以南地区，华北地区有少量栽培，现在河南、陕西、江苏、安徽、浙江、江西、湖南、湖北等多地均有栽培且生长良好。

［形态特征］常绿小乔木，高4~6m，有时可达12m。小枝褐灰色，无毛。叶互生，叶柄粗壮，老时无毛；叶片革质，长椭圆形、长倒卵形或倒卵状椭圆形，先端尾尖；基部圆形或宽楔形，边缘有疏生具腺细锯齿，近基部全缘，上面光亮；幼时中脉有绒毛，成熟后两面皆无毛。本种叶片形状变异较大，幼苗期锯齿有针刺。花两性；复伞房花序顶生，总花梗和花梗无毛；花梗长3~5mm；花密生，直径6~8mm；萼筒杯状，萼片阔三角形，先端急尖；花瓣白色，近圆形；雄蕊外轮较花瓣长，内轮较花瓣短，花药带紫色；花柱基部合生，柱头头状，子房先端有柔毛。梨果球形，直径5~6mm，红色，鲜艳夺目，后呈褐紫色。种子1颗，卵形，长约2mm，棕色，平滑。花期4—5月，果期10月。

［生长习性］喜温暖湿润的气候，抗寒力不强，喜光也耐阴，对土壤要求不严，以肥沃湿润的砂质土壤最为适宜，萌芽力强，耐修剪，对烟尘和有毒气体有一定的抗性。

［繁育栽培］可种子繁育、扦插繁育。种子繁育在果实成熟期采种，将果实捣烂漂洗取籽晾干，采用层积沙藏至翌年春播，种子与沙的比例为1：3。扦插繁育选取长度为10~12cm当年生半木质化的嫩枝作为插条，应随剪随进行药剂处理随扦插，扦插完毕后及时浇透水，移植常在3—4月进行，小苗多留宿土，大苗需带土球并修剪部分枝叶。

［常见病虫害］石楠炭疽病、石楠红斑病、石楠灰霉病、石楠白粉病、石楠木虱、石楠长尾粉蚧等。

［园林用途］可孤植、列植、丛植于公园绿地、居住绿地、道路绿地，做庭院树和绿篱效果更佳。

二、红叶石楠

红叶石楠（*Photinia×fraseri* Dress），是蔷薇科石楠属杂交种。别名：火焰红、千年红、酸叶树等。

［**产地分布**］主要分布在亚洲东南部与东部和北美洲的亚热带与温带地区，现在湖南、湖北、山东、河北、河南、山西、安徽、江苏等许多省份均已广泛栽培。

［**形态特征**］常绿小乔木，高可达6m。春季新叶红艳，夏季转绿，秋、冬、春三季呈现红色。叶片为革质，且叶片表面的角质层非常厚；红叶石楠幼枝呈棕色，贴生短毛，后呈紫褐色，最后呈灰色无毛。树干及枝条上有刺。叶片长圆形至倒卵状，披针形，长5~15cm、宽2~5cm，叶端渐尖而有短尖头，叶基楔形，叶缘有锯齿，叶柄长0.8~1cm。花多而密，呈顶生复伞房花序。花序梗，花柄均贴生短柔毛。花白色，径1~1.2cm。梨果黄红色，径7~10mm。花期5—7月，果期9—10月成熟。

［**生长习性**］红叶石楠在温暖潮湿的环境生长良好。但是在直射光照下，色彩更为鲜艳。同时，它也有极强的抗阴和抗干旱能力。但是不抗水湿。红叶石楠抗盐碱性较好，耐修剪，对土壤要求不严格，适宜生长于各种土壤中，很容易移植成株。红叶石楠耐瘠薄，适合在微酸性的土壤中生长，尤喜砂质土壤，但是在红壤或黄壤中也可以正常生长；红叶石楠对于气候以及气温的要求比较宽松，能够抵抗低温环境。

［**繁育栽培**］主要用扦插繁育。扦插时间为3月上旬的春插、6月上旬的夏插和9月上旬的秋插。用半木质化的嫩枝或木质化的当年生枝条，剪成一叶一芽，长度3~4cm，切口平滑；插穗剪好后随剪随插。

［**常见病虫害**］石楠白粉病、石楠黄化病、石楠轮纹病、石楠木虱、长尾粉蚧、棉蚜、梨眼天牛等。

［**园林用途**］红叶石楠为彩叶树种，可做地被、灌木片植、与其他色叶植物组合成各种图案；可培育成独干不明显、丛生形的小乔木，群植成大型绿篱或幕墙；也可培育成乔木片植、孤植、列植，可植于公园绿地、居住绿地、道路绿地，做庭院树和绿篱效果更佳。或盆栽后在门廊及室内布置。

三、枇杷

枇杷［*Eriobotrya japonica*（Thunb.）Lindl.］，蔷薇科枇杷属。别名：金丸、卢橘等。

［**产地分布**］原产中国福建、四川、陕西、湖南、湖北、浙江等省，现分布于陕西、甘肃、江苏、安徽、浙江、江西、福建、台湾、四川、贵州、云南等地，目前湖北、河南广泛栽培。日本、越南、印度、缅甸、泰国、印度尼西亚也有栽培。

［**形态特征**］常绿小乔木，高可达10m。小枝密生锈色或灰棕色绒毛。叶片革质，披针形、长倒卵形或长椭圆形，顶端急尖或渐尖，基部楔形或渐狭成叶柄，边缘有粗锯齿，表面皱，背面及叶柄密生锈色绒毛。圆锥花序花多而紧密；花序梗、花柄密生锈色绒毛；花白色，芳香，花瓣内面有绒毛，基部有爪。梨果近球形或长圆形，黄色或橘黄色，外有锈色柔毛，后脱落，果实大小、形状因品种不同而异。花期10—12月，果期翌年5—6月。

［**生长习性**］喜光，稍耐阴，喜温暖湿润气候、稍耐寒，不耐严寒，生长缓慢，平

均温度 12~15℃以上，冬季不低于-5℃，花期，幼果期不低于 0℃的地区都能生长良好。对土壤适应性强，但以土层深厚、土质疏松、含腐殖质多、保水保肥力强而又不易积水，pH 值为 6 左右的砂质土壤为佳，平原及缓坡山地均可生长，适宜山地与丘陵生长。寿命较长。

［**繁育栽培**］可种子繁育、嫁接繁育、压条繁育，但以嫁接繁育为主。种子繁育采种后及时播种，播种期以 5 月为宜，苗圃宜选土质疏松的砂质土壤，播种时覆土宜浅，深 6~9mm，播种量为 40~60kg/667m^2。嫁接通常在 3 月下旬至 4 月中旬进行，接穗应选取优良健壮母株上的 1 年生枝条，在嫁接时砧木必须保留部分叶片或用倒砧法（只剪断 2/3，然后折倒），待接穗芽萌发伸长、叶片展开时才能全部剪砧，接后应随时除去砧芽。压条繁育通常在 2 月下旬至 3 月上旬枝梢萌动前进行，选用 2~3 年生枝，在离分枝基部 7~8cm 处环状剥皮宽 3~4cm，用园土、焦泥灰混合苔藓作发根基质，外用塑料薄膜包扎待翌年 2 月剪下栽植。嫁接苗 4~6 年开始结果，15 年左右进入盛果期，40 年后产量减少。

［**常见病虫害**］枇杷褐斑病、枇杷圆斑病、枇杷干腐病、嘴壶夜蛾、旋目夜蛾、油桐尺蛾、乌桕木毒蛾、苹掌舟蛾、桃六点天蛾、梨星毛虫、小黄卷叶蛾、后黄卷叶蛾、樟蚕、泥翅象甲、星天牛、桑天牛、云斑天牛、桃蛀螟、梨小食心虫、伪角蜡蚧、褐软蜡蚧、桑白盾蚧等。

［**园林用途**］可孤植、对植、列植、丛植、群植于公园绿地、居住绿地、道路绿地、工厂绿地、自然景区，可做庭院树、行道树、景观树、防护树、绿篱等。

第八节　冬青科

一、珊瑚冬青

珊瑚冬青（*Ilex corallina* Franch.），冬青科冬青属。别名：野白蜡叶、红珊瑚冬青、红果冬青等。

［**产地分布**］长江流域及以南地区，产于甘肃南部、湖北、湖南、四川、贵州和云南。目前河南、湖北均有栽培。

［**形态特征**］常绿乔木，高3~10m。小枝圆柱形，细瘦，具纵棱，淡褐色，无毛或被微柔毛，3年生枝具小的皮孔及稍突起的狭三角形叶痕；顶芽小，卵形，无毛或被微柔毛。树皮灰青色，平滑不裂。单叶互生，叶片革质，卵形，卵状椭圆形或卵状披针形，长5~11cm，先端渐尖，疏生浅齿，叶面深绿色，背面淡绿色，两面无毛，或叶面沿主脉疏被微柔毛。叶柄长4~10mm，紫红色，上面具浅槽，无毛或被微柔毛，下面具横皱纹。雌雄异株，聚伞花序生于当年生枝叶腋，花淡紫红色。果近球形，直径3~4mm，成熟时紫红色。花期4—5月，果熟于10—11月。

［**生长习性**］喜光，耐阴，不耐寒，喜肥沃的酸性土壤，较耐湿，但不耐积水，深根性，抗风能力强，萌芽力强，耐修剪。对有害气体有一定的抗性。

［**繁育栽培**］播种繁育为主，也可采用扦插繁育。播种繁育宜在春季3月前。扦插繁育宜在梅雨季节采取嫩枝扦插，插条长6~8cm，剪去下部叶片，留上部1~2片叶并短截1/3，插条在200mg/L的萘乙酸溶液中浸泡3h后，插入基质深度为其1/2。

［**常见病虫害**］冬青叶斑病、冬青煤污病、冬青白粉病、山茶藻斑病、云斑天牛、咖啡木蠹蛾、伪角蜡蚧、红蜡蚧等。

［**园林用途**］宜作庭荫树、园景树，亦可孤植于草坪、水边，列植于门庭、墙边、甬道，也可作绿篱、盆景，果枝可插瓶观赏，常用于公园绿地、居住绿地、道路绿地。

二、大叶冬青

大叶冬青（*Ilex latifolia* Thunb.），冬青科冬青属。别名：大苦酊、宽叶冬青、波罗树等。

［**产地分布**］产于江苏、安徽、浙江、江西、福建、河南、湖北、广西、云南东南部等地。

[**形态特征**] 常绿大乔木，高可达20m。全体无毛；树皮灰黑色；分枝粗壮，具纵棱及槽，黄褐色或褐色，光滑，具明显隆起、阔三角形或半圆形的叶痕。叶生于1~3年生枝条上，叶片厚革质，长圆形或卵状长圆形，长8~19cm，宽4.5~7.5cm，先端钝或短渐尖，基部圆形或阔楔形，边缘具疏锯齿，齿尖黑色，叶面深绿色，具光泽，背面淡绿色，中脉在叶面凹陷，在背面隆起，侧脉每边12~17条，在叶面明显，背面不明显；叶柄粗壮，近圆柱形，上面微凹，背面具皱纹；托叶极小，宽三角形，急尖。由聚伞花序组成的假圆锥花序生于2年生枝的叶腋内，无总梗。花淡黄绿色，总花梗长约2mm；苞片卵形或披针形，花梗三角形；花萼近杯状，花冠辐状，雄蕊与花瓣等长，花萼盘状，花冠直立，卵形。果球形，直径约7mm，成熟时红色，宿存柱头薄盘状，基部宿存花萼盘状，伸展，外果皮厚，平滑。轮廓长圆状椭圆形，具不规则的皱纹和尘穴，背面具明显的纵脊，内果皮骨质。花期4月，果期9—10月。

[**生长习性**] 喜光，耐阴，不耐寒，喜肥沃的酸性土壤，较耐湿，但不耐积水，深根性，抗风能力强，萌芽力强，耐修剪。对有害气体有一定的抗性。

[**繁育栽培**] 播种繁育为主，也可采用扦插繁育。

[**常见病虫害**] 冬青根腐病、冬青叶斑病、冬青煤污病、冬青白粉病、山茶藻斑病、云斑天牛、咖啡木蠹蛾、伪角蜡蚧、红蜡蚧等。

[**园林用途**] 宜作庭荫树、园景树，亦可孤植于草坪、水边，列植于门庭、甬道，可作绿篱、盆景，果枝可插瓶观赏，常用于公园绿地、居住绿地、道路绿地。

三、枸骨

枸骨（*Ilex cornuta* Lindl. & Paxton），冬青科冬青属。别名：猫儿刺、老虎刺、枸骨冬青、鸟不落、无刺枸骨等。

[**产地分布**] 枸骨原产于中国长江中下游，江苏、浙江、江西、湖北、湖南、贵州、安徽、云南、河南、安徽等地常有引种栽培且长势良好。欧美一些国家植物园等也有栽培，在朝鲜也有分布。

[**形态特征**] 常绿小乔木，高达1~3m。其树皮灰白色，幼枝具纵脊及沟，沟内被微柔毛或变无毛，2年生枝褐色，3年生枝灰白色，具纵裂缝及隆起的叶痕，无皮。叶片厚革质，呈长圆形，全缘，先端具硬刺；花序簇生于叶腋内，花很小呈淡黄色，花瓣长圆状卵形；果轮廓倒卵形或椭圆形，熟时为鲜红色；花期4—5月，果期10—12月。

[**生长习性**] 耐干旱，喜肥沃的酸性土壤，不耐盐碱，较耐寒，喜阳光，也耐阴，适宜在阴湿的环境中生长。

[**繁育栽培**] 枸骨可播种繁育、扦插繁育；以扦插繁育为主。

[**常见病虫害**] 枸骨煤污病、红蜡蚧、日本龟蜡蚧等。

[**园林用途**] 枸骨枝叶稠密，叶形奇特，深绿光亮，入秋红果累累，经冬不凋，鲜艳美丽，是良好的观叶、观果树种。可孤植于花坛中心，对植于前庭、路口，或丛植于草坪边缘。可在庭院作绿篱，也可盆栽，宜作基础种植及岩石园材料。

第九节 杜英科

杜英

杜英（*Elaeocarpus decipiens* Hemsl.），杜英科杜英属。别名：假杨梅、梅擦饭、青果、野橄榄、胆八树、橄榄、缘瓣杜英。

［**产地分布**］产中国南部，浙江、江西、福建、台湾、湖南、广东、广西、贵州南部均有分布。目前河南、湖北均有引种栽培。

［**形态特征**］常绿小乔木，高5~15m。嫩枝及顶芽初时被微毛；叶革质，披针形或倒披针形，幼嫩时无毛，先端渐尖，尖头钝，基部楔形，常下延，侧脉7~9对，在上面不明显，在下面稍突起，网脉在上下两面均不明显，边缘有小钝齿；叶柄长约1cm，初时有微毛，在结实时变秃净。总状花序多生于叶腋，花序轴纤细，有微毛；花柄长4~5mm；花白色，萼片披针形，先端尖，两侧有微毛；花瓣倒卵形，与萼片等长，上半部撕裂，外侧无毛，内侧近基部有毛；核果椭圆形，外果皮无毛，内果皮坚骨质。花期6—7月，果期10—11月。

［**生长习性**］亚热带树种，喜温暖湿润环境，耐寒性稍差。稍耐阴，根系发达，萌芽力强，耐修剪。在排水良好的酸性黄壤土和红壤土中生长迅速。树干坚实挺直，抗风力强，对二氧化硫抗性强。

［**繁育栽培**］可播种繁育、扦插繁育，以播种繁育为主。10月下旬果实由青绿色转为暗绿色时，核果成熟及时采种，采后即播。第二年春季将幼苗分栽，小苗移栽时需带宿土，大苗移植时需带土球，并适当疏剪部分枝叶。扦插宜夏初进行，选当年生半木质化的嫩枝做插条。

［**常见病虫害**］杜英叶枯病、幼苗猝倒病、春尺蠖、铜绿丽金龟、茶蓑蛾、东方蝼蛄、红蜡蚧等。

［**园林用途**］可孤植、列植、丛植于公园绿地、居住绿地、道路绿地，做庭院树、园景行道树、绿篱和生态防护林。

第十节　木犀科

一、女贞

女贞（*Ligustrum lucidum* Aiton），木犀科女贞属。别名：桢树、大叶女贞、长叶女贞、高杆女贞等。

［**产地分布**］原产亚洲，中国、越南、泰国、印度、老挝等均有分布；在中国主要分布在长江流域，华北、西北地区也有栽培。主要繁育基地有江苏、山东、浙江、湖南等地。

［**形态特征**］常绿乔木，高可达25m。树皮灰褐色，光滑不裂，无毛。单叶对生，叶长6~17cm，卵形至卵状披针形，顶端尖，基部圆形或阔楔形，全缘，革质光泽。圆锥花序顶生，花白色，几无柄。枝斜展，呈广卵形树冠，花两性，花期6—7月，果熟期10—11月。核果长椭圆形，紫黑色，种子倒卵形。

［**生长习性**］阳性树种，喜光，喜温暖环境，忌积水，不耐干旱和贫瘠，寿命长。适生于深厚、肥沃、湿润的微酸性或微碱性土壤，对土壤的适应性强，酸性、中性、碱性土及轻度盐碱土均可生长。萌芽力强，耐修剪。

［**繁育栽培**］可播种繁育、扦插繁育。播种繁育应用比较普遍，宜采用冬播，秋季采集种子后及时播种，采用撒播和条播法，种子用量为120kg/hm^2，播种后覆土1.5cm。扦插宜在11月剪取春季生长的枝条沙藏，翌年春2—3月取出枝条剪成穗长15~18cm，上端平口，下端斜口，上部留叶1~2片，将插条插入土中2/3，株距10cm。

［**常见病虫害**］女贞炭疽病、霜天蛾、棉大卷叶螟、核桃缀叶螟、白囊袋蛾、女贞尺蠖、铜绿丽金龟、云斑天牛、日本龟蜡蚧、青蛾蜡蝉、柑橘粉虱、女贞叶刺瘿螨等。

［**园林用途**］可孤植、列植、丛植于公园绿地、居住绿地、道路绿地、防护绿地，做庭院树、园景树、行道树、绿篱和生态防护林。

二、桂花

桂花［*Osmanthus fragrans*（Thunb.）Lour.］，木犀科木犀属。别名：木犀、岩桂、九里香、金粟等。

［**产地分布**］原产中国西南喜马拉雅山东段，印度、尼泊尔、柬埔寨也有分布。中国四川、陕南、云南、广西、广东、湖南、湖北、江西、安徽、河南等地，均有野生桂

花生长，现广泛栽种于淮河流域及以南地区，其适生区北可抵黄河下游，南可至广东、广西、海南等地。

［**形态特征**］常绿乔木，高3~5m，最高可达18m。树皮灰褐色，小枝黄褐色，无毛。叶片革质，椭圆形、长椭圆形或椭圆状披针形，长7~14.5cm，宽2.6~4.5cm，先端渐尖，基部渐狭呈楔形或宽楔形，全缘或通常上半部具细锯齿，两面无毛，腺点在两面连成小水泡状突起，中脉在上面凹入，下面凸起，侧脉6~8对，多达10对，在上面凹入，下面凸起；叶柄长0.8~1.2cm，最长可达15cm，无毛。聚伞花序簇生于叶腋，或近于帚状，每腋内有花多朵；苞片宽卵形，质厚，长2~4mm，具小尖头，无毛；花梗细弱，长4~10mm，无毛；花极芳香；花萼长约1mm，裂片稍不整齐；花冠黄白色、淡黄色、黄色或橘红色，长3~4mm，花冠管仅长0.5~1mm；雄蕊着生于花冠管中部，花丝极短，长约0.5mm，花药长约1mm，药隔在花药先端稍延伸呈不明显的小尖头；雌蕊长约1.5mm，花柱长约0.5mm。果歪斜，椭圆形，长1~1.5cm，呈紫黑色。花期9—10月上旬，果期翌年3月。

［**生长习性**］喜温暖湿润气候，既耐高温，也较耐寒，能耐最低气温-13℃，最适生长气温是15~28℃。忌积水，但也有一定的耐干旱能力，对土壤的要求不太严，除碱性土和低洼地或过于黏重、排水不畅的土壤外，一般均可生长，但以土层深厚、疏松肥沃、排水良好的微酸性砂质土壤最为适宜。

［**繁育栽培**］可播种繁育、嫁接繁育、扦插繁育、压条繁育。播种繁育一般采用条播的方法，播种量约20kg/667m^2。嫁接砧木多用女贞、小叶女贞、小蜡、水蜡、白蜡和流苏等。扦插在春季发芽以前进行，用1年生发育充实的枝条，剪成长5~10cm，剪去下部叶片，上部留2~3片绿叶，插于河沙或苗床基质中，插后及时喷水并遮阴，保持温度20~25℃，相对湿度85%~90%，2个月后可生根移栽。压条宜在3—4月进行，选择比较粗壮的低干母树，培养过程中，始终保持基质湿润，到秋季发根后，剪离母株养护。栽植应选在春季或秋季，尤适宜阴雨天，栽后浇一遍透水。

［**常见病虫害**］桂花褐斑病、桂花叶枯病、桂花炭疽病、朱砂叶螨、黑刺粉虱、褐圆盾蚧、红蜡蚧等。

［**园林用途**］可孤植、对植、列植、丛植、群植，广泛用于公园绿化、庭院绿化、道路绿化、街区城市、风景区绿化。

第十一节　棕榈科

棕榈

棕榈［*Trachycarpus fortunei*（Hook.）H. Wendl.］，棕榈科棕榈属。别名：唐棕、拼棕、中国扇棕、棕树、山棕、棕衣树、棕骨、棕板、棕皮、并榈等。

［**产地分布**］棕榈原产于中国，日本、印度、缅甸等地也有分布；棕榈在中国的分布很广，北起山东，南至广西、广东和云南，西达西藏边界，东至上海。从长江出海口，沿着长江上游两岸500km广阔地带分布最广。

［**形态特征**］常绿乔木，高可达15m。树干圆柱形，被不易脱落的老叶柄基部和密集的网状纤维，除非人工剥除，否则不能自行脱落，裸露树干直径10~15cm甚至更粗。叶片呈3/4圆形或者近圆形，深裂成30~50片具皱折的线状剑形，宽2.5~4cm，长60~70cm的裂片，裂片先端具短2裂或2齿，硬挺甚至顶端下垂；叶柄长75~80cm或甚至更长，两侧具细圆齿，顶端有明显的戟突。花序粗壮，多次分枝，从叶腋抽出，通常是雌雄异株。雄花序长约40cm，具有2~3个分枝花序，下部的分枝花序长15~17cm，一般只二回分枝；雄花无梗，每2~3朵密集着生于小穗轴上，也有单生的；黄绿色，卵球形，钝三棱；花萼3片，卵状急尖，几分离，花冠约2倍长于花萼，花瓣阔卵形，雄蕊6枚，花药卵状箭头形；雌花序长80~90cm，花序梗长约40cm，其上有3个佛焰苞包着，具4~5个圆锥状的分枝花序，下部的分枝花序长约35cm，2~3回分枝；雌花淡绿色，通常2~3朵聚生；花无梗，球形，着生于短瘤突上，萼片阔卵形，3裂，基部合生，花瓣卵状近圆形，长于萼片1/3，退化雄蕊6枚，心皮被银色毛。果实阔肾形，有脐，宽11~12mm，高7~9mm，成熟时由黄色变为淡蓝色，有白粉，柱头残留在侧面附近。种子胚乳均匀，角质，胚侧生。花期4—6月，果期10—11月。

［**生长习性**］棕榈有较强的耐阴性，喜温暖湿润的气候，耐寒性较强；忌涝；喜疏松肥沃、排水良好的土壤，也可在微酸性及石灰性土壤中生长。

［**繁育栽培**］可播种繁育，11月果成熟采种后，进行催芽。3—4月将处理好的种子进行播种。

［**常见病虫害**］棕榈枯萎病、棕榈炭疽病、棕榈煤污病、棉蝗、红圆蚧、藤圆盾蚧、吹绵蚧、桑白盾蚧等。

［**园林用途**］可用作行道树，常丛植于草地、假山、凉亭及庭院一角，也可作列植、对植、群植。

第二篇

落叶乔木

第一节　木兰科

一、玉兰

玉兰［*Yulania denudata*（Desr.） D. L. Fu］，木兰科木兰属。别名：木兰、白玉兰、应春花、望春花、玉堂春等。

［**产地分布**］原产我国中部，黄河流域及淮河流域广为栽培。北京以南均能栽培。

［**形态特征**］落叶乔木，高可达15m。枝广展，呈阔伞形树冠；树皮灰色；枝叶有芳香；嫩枝及芽密被淡黄白色微柔毛，老时毛渐脱落。叶薄革质，长椭圆形或披针状椭圆形，长10~27cm，宽4~9.5cm，先端长渐尖或尾状渐尖，基部楔形，上面无毛，下面疏生微柔毛，干时两面网脉均很明显；叶柄长1.5~2cm，疏被微柔毛。花白色，极香；花被片10片，披针形，长3~4cm，宽3~5mm；雄蕊的药隔伸出长尖头；雌蕊群被微柔毛，雌蕊群柄长约4mm；心皮多数，通常部分不发育，成熟时随着花托的延伸，形成蓇葖疏生的聚合果；蓇葖熟时鲜红色。花期3—4月，叶前开放。果9—10月成熟。

［**生长习性**］喜温暖、向阳、湿润而排水良好的地块，要求土壤肥沃、不积水。有较强的耐寒能力，在-20℃的条件下可安全越冬。

［**繁育栽培**］可播种繁育、嫁接繁育、压条繁育、扦插繁育，最常用嫁接繁育和压条繁育。播种主要用于培养砧木。嫁接以实生苗作砧木，可劈接、腹接或芽接。扦插可于6月初，新梢之侧芽饱满时进行。播种或嫁接的幼苗，需重施基肥、控制密度。

［**常见病虫害**］玉兰炭疽病、玉兰根腐病、玉兰叶斑病、朱砂叶螨、褐边绿刺蛾、大蓑蛾、日本壶链蚧、黑蚱蝉等。

［**园林用途**］早春开花植物，由于开花时无叶，花感甚强。可于建筑前列植或在入口处对植，也常孤植、丛植、群植于庭前、岩际、路旁、栏周、亭侧或常绿树前。常用于公园绿地、道路绿地、居住绿地、工厂绿地等。

二、二乔玉兰

二乔玉兰［*Yulania×soulangeana*（Soul. -Bod.） D. L. Fu.］，木兰科玉兰属。别名：二乔木兰、苏郎木兰、朱砂玉兰、紫砂玉兰等。

［**产地分布**］为中国特有树种，分布在中国云南、福建、湖北、河南、四川等地，

目前中国多省份均有栽培。

［形态特征］落叶小乔木，高达6～10mm，系玉兰和紫玉兰的杂交种。小枝无毛；叶倒卵形或宽倒卵形；花蕾卵圆形，浅红色至深红色，花被片大小形状不等，紫色或有时近白色；聚合果卵圆形或倒卵圆形，成熟时是黑色，种子深褐色。花期2—3月，果期9—10月。

［生长习性］喜光，耐寒。适合生长于气候温暖地区，性喜阳光和温暖湿润的气候，对低温有一定的抵抗力，不耐积水和干旱。适宜在酸性、富含腐殖质而排水良好的土壤生长，微碱性土壤也可生长。喜中性、微酸性或微碱性的疏松肥沃的土壤以及富含腐殖质的砂质土壤，但不能生长于石灰质和白垩质的土壤中。可耐-20℃的短暂低温。

［繁育栽培］主要有播种繁育、嫁接繁育、扦插繁育、压条繁育和组织培养。播种宜在春季2—3月进行。扦插在5—7月选择健壮幼树当年生枝条作插条，上部留少量叶片，将枝条下部浸入50mg/L的吲哚乙酸或萘乙酸中6h后，插入湿沙或蛭石基质内，适当遮阴，并经常喷雾保湿。压条选用1～2年生枝条，在早春可用堆土法或埋条法繁育。

［常见病虫害］玉兰炭疽病、玉兰叶斑病、红蜡蚧、吹绵蚧、朱砂叶螨、大蓑蛾、日本壶链蚧等。

［园林用途］可孤植为独赏树，也可丛植、群植成景。常用于公园绿地、道路绿地、居住绿地。

三、望春玉兰

望春玉兰［*Yulania biondii*（Pamp.）D. L. Fu］，木兰科玉兰属。别名：望春花、迎春树、辛兰、辛夷等。

［产地分布］分布在中国的河南、湖北、四川、陕西、山东、甘肃等地。

［形态特征］落叶乔木，高6～12m。树皮灰色或暗绿色；小枝无毛或近梢处有毛；芽卵形，密被淡黄色柔毛。叶互生，长圆状披针形或卵状披针形，先端急尖，基部楔形，有时近圆形，上面暗绿色，无毛，下面浅绿色；叶柄长1～2cm。花先叶开放，直径6～8cm；萼片近线形，长约为花瓣的1/4；花瓣匙形，白色，外面基部带有紫红色；雄蕊多数，螺旋状着生于长轴形花托的下部，花丝肥厚，长3～4mm，外面紫色，内面白色，花药细线形，较花丝略长；心皮多数，螺旋状着生于长轴形花托的上部。果实为蓇葖果，合生成圆柱形聚合果，稍扭曲，长8～13cm。种子1～2枚，外种皮红色。花期3月，果期9月。

［生长习性］喜光，耐寒力较强，喜温凉湿润气候，适宜在微酸性土壤或碱性土壤生长。

［繁育栽培］可播种繁育、嫁接繁育、扦插繁育、压条繁育。播种繁育选生长健壮母株采种，用层积法贮藏种子，3月中下旬播种。嫁接繁育在初春幼芽萌发前和秋季新梢成熟后进行芽接为宜，砧木以2～3年生、茎粗1～1.5cm木兰实生苗为优，接穗应选1年生粗壮枝条上的饱满芽体。扦插在5月初至6月中旬，选择幼年树的当年生健壮枝

条，剪成长 10~12cm，留叶 2 片，下端切口留芽，在吲哚丁酸溶液中快速蘸后进行扦插。

[常见病虫害] 玉兰炭疽病、玉兰叶斑病、玉兰红蜡蚧、吹绵蚧、朱砂叶螨、大蓑蛾、日本壶链蚧等。

[园林用途] 可孤植、对植、列植、片植，常用于公园绿地、道路绿地、居住绿地，因花朵硕大繁密，枝叶茂密、树形优美、秋叶金黄，是常用的园林绿化树种。

四、鹅掌楸

鹅掌楸 [*Liriodendron chinense* (Hemsl.) Sarg.]，木兰科鹅掌楸属。别名：马褂木、双飘树等。

[产地分布] 分布在江苏、安徽、浙江、福建、湖北、湖南、广西、陕西、四川、贵州、云南等地。目前河南引种栽培且长势良好。

[形态特征] 落叶乔木，高可达 40m，胸径可达 1m 以上。小枝灰色或灰褐色，叶片马褂状，长 4~18cm，宽 5~19cm，先端截形，中部每边有一宽裂片，上面亮绿色，下面淡绿色，老时密生白粉状的乳头状突起；叶柄长 5~10cm。花直径 5~6cm；花被片外面绿色，内面黄色，花瓣长 3~4cm；雄蕊和心皮多数，覆瓦状排列；花丝长约 5mm。聚合果长 7~9cm，由多数具翅的小坚果组成。花期 5—6 月，果期 9 月。

[生长习性] 喜光及温和湿润气候，有一定的耐寒性，可耐-15℃低温。喜深厚肥沃、适湿而排水良好的酸性或微酸性土壤（pH 值 4.5~6.5），在干旱土地上生长不良，忌低湿水涝，对空气中的二氧化硫气体有中等抗性。

[繁育栽培] 可播种繁育、扦插繁育。播种繁育于 3 月上旬进行，一般在雨水至惊蛰期间播种，播种前需对种子进行催芽，采用条播，条距 20~25cm，播种量为 10~15kg/667m^2，覆土厚为 1.5~2cm，以看不见种子为宜，然后用稻草或其他草类覆盖，一般经 20~30d 出苗，扦插可采用硬枝扦插和嫩枝扦插，插条应随采随插，插好后遮阴，勤喷水。

[常见病虫害] 鹅掌楸炭疽病、樗蚕蛾、红蜡蚧等。

[园林用途] 可列植、丛植或片植于公园绿地、道路绿地，是城市中极佳的行道树、庭荫树种，也是工矿区绿化的优良树种之一。

第二节 银杏科

银杏

银杏（*Ginkgo biloba* L.），银杏科银杏属。别名：白果、公孙树、鸭脚树、鸭掌树等。

[**产地分布**] 银杏的自然地理分布范围很广，在中国、日本、朝鲜、韩国、加拿大、新西兰、澳大利亚、美国、法国、俄罗斯等国家和地区均有大量分布。中国的银杏主要分布在温带和亚热带气候区内，主要分布在山东、江苏、四川、河北、湖北、河南、甘肃等地，台湾也有少量分布。

[**形态特征**] 落叶大乔木，高可达40m，胸径可达4m。幼树树皮近平滑，浅灰色，大树树皮灰褐色，不规则纵裂。叶互生，扇形，两面淡绿色，顶端宽5~8cm，具多数叉状并列细脉，在长枝上散生，在短枝上簇生，秋季落叶前变为黄色。球花雌雄异株，单性，生于短枝顶端的鳞片状叶的腋内，呈簇生状。种子核果状，椭圆形、长圆状倒卵形、卵圆形或近球形，熟时淡黄色或橙黄色，叶被白粉，花期4—5月，果期9—10月。

[**生长习性**] 银杏为阳性树，喜适当湿润而排水良好的深厚土壤，在酸性土壤（pH值4.5）、石灰性土壤（pH值8.0）中均可生长良好，而以中性或微酸土壤最适宜，不耐积水；较能耐旱，但在过于干燥及多石山坡或低湿之地生长不良。

[**繁育栽培**] 可播种繁育、分蘖繁育、扦插繁育、嫁接繁育。嫁接繁育是银杏栽培中主要的繁育方法，可提早结果，使植株矮化、丰满、丰产。播种繁育可冬播或翌年春播，播种量为25kg/667m^{2}左右，春播先进行混沙层积催芽，将种子胚芽横放在播种沟内，播后覆土3~4cm厚并压实。分蘖繁育7—8月进行，在根蘖茎部先进行环形剥皮后培土，环剥处经过30~40d就能发出新根。扦插繁育可用硬枝扦插和嫩枝扦插，硬枝扦插一般于春季3—4月剪取母株上1~2年生健壮、充实的枝条；嫩枝扦插是在7月上旬，取当年生半木质化枝条，剪成2芽一节的插条或3芽一节的插条进行扦插。嫁接繁育于春季3月中旬至4月上旬采用皮下枝接、剥皮接或切接等方法进行嫁接，接穗多选用20~30年生、生长力强、结果旺盛的植株，选用短枝作接穗。银杏以秋季带叶栽植及春季发叶前栽植为主，秋季栽植在10—11月进行。

[**常见病虫害**] 银杏叶斑病、银杏轮纹病、幼苗猝倒病、黄卷叶蛾、银杏大蚕蛾、小线角木蠹蛾、桑白蚧、侧多食附线螨等。

[**园林用途**] 可孤植、对植、列植、片植、群植，用于公园绿地、道路绿化、居住区绿地、防护绿地、风景区绿地、防护绿地，适宜用作庭荫树、行道树、独赏树、防护造林树种。

第三节　杨柳科

一、青杨

青杨（*Populus cathayana* Rehd.），杨柳科杨属。别名：家白杨、水杨等。

［**产地分布**］产于我国东北、华北、西北和西南各省，各地均有栽培，为我国北方的常见树种。

［**形态特征**］落叶乔木，高可达30m。树冠宽卵形，树皮灰绿色平滑。枝叶均无毛，短枝的叶卵形、椭圆状卵形，长5~10cm，先端渐尖，基部圆形、稀近心形或阔楔形；叶缘细钝锯齿，无毛或微有毛，下面绿白色；长枝的叶或萌芽枝叶较大。叶柄圆柱形，长1~3cm，无毛。蒴果卵圆形，长6~9mm。花期4—5月；果期5—7月。

［**生长习性**］喜光，喜温凉气候，耐严寒。对土壤要求不严，适生于土层深厚、肥沃、湿润、排水良好的砂壤土、河滩沙土。忌低洼积水，但根系发达，耐干旱，不耐盐碱，生长快，萌蘖性强。

［**繁育栽培**］可播种繁育，因种子很小，一般采集杨树种子随采随播。播种以横床条播为宜，播种量一般为$1kg/667m^2$，选择地势平坦、浇水方便、排水良好的育苗基地，土壤宜以肥沃的砂壤土或壤土。

［**常见病虫害**］白杨黑斑病、杨柳褐斑病、杨溃疡病、紫纹羽病、幼苗猝倒病、毛白杨锈病、柳毒蛾、木橑尺蛾、黄刺蛾、褐边绿刺蛾、丽绿刺蛾、桑褐刺蛾、乌桕黄毒蛾、光肩星天牛、桑天牛、薄翅锯天牛、刺角天牛、芳香木蠹蛾、柳蓝叶甲、褐软蜡蚧、梨圆盾蚧、大青叶蝉、六星吉丁虫、杨小舟蛾、杨始叶螨、铜绿丽金龟、暗黑鳃金龟等。

［**园林用途**］可孤植、列植、片植、群植，现在不常用于道路绿地、居住区绿地、一般用于防护绿地、河滩绿化、固堤护林。

二、毛白杨

毛白杨（*Populus tomentosa* Carriere），杨柳科杨属。别名：大叶杨、响杨等。

［**产地分布**］分布广泛，在辽宁（南部）、河北、山东、山西、陕西、甘肃、河南、安徽、江苏、浙江等地均有分布，以黄河流域中下游为中心分布区。

［**形态特征**］落叶大乔木，高达30m。树皮幼时暗灰色，壮时灰绿色，渐变为灰白

色，老时基部黑灰色，纵裂，粗糙，干直或微弯，皮孔菱形散生，或2~4个连生；树冠圆锥形至卵圆形或圆形。侧枝开展，雄株斜上，老树枝下垂；小枝（嫩枝）初被灰毡毛，后光滑。芽卵形，花芽卵圆形或近球形，微被毡毛。长枝叶阔卵形或三角状卵形，长10~15cm，宽8~13cm，先端短渐尖，基部心形或截形，边缘深齿牙缘或波状齿牙缘，上面暗绿色，光滑，下面密生毡毛，后渐脱落；叶柄上部侧扁，长3~7cm；短枝叶通常较小，卵形或三角状卵形，先端渐尖，上面暗绿色有金属光泽，下面光滑，具深波状齿牙缘；叶柄稍短于叶片，侧扁，先端无腺点。果序长达14cm，蒴果圆锥形或长卵形，2瓣裂。花期3月，果期4—5月。

［**生长习性**］深根性，喜光及温凉湿润气候，生长快，寿命长，耐旱力较强，具有较高的抗污染能力和抗烟性。黏土、壤土、砂壤土或低湿轻度盐碱土均能生长，水肥充足生长最快。

［**繁育栽培**］可嫁接繁育、扦插繁育、埋条繁育、分蘖繁育，以埋条繁育为主。埋条繁育是在11—12月采当年生粗1~2cm的枝条，剪成1~2cm长的段，放入坑内与湿沙分层贮藏。翌春3月下旬取出，平埋或点埋于做好的埋条床内。嫁接繁育是用加拿大杨、美杨或小叶杨作砧木进行切接、腹接、芽接。分蘖繁育是在距母株2~3m处，挖20~30cm深的沟，切断所遇到的母株根系，促其萌生幼小植株，1~2年后可挖出移栽。扦插繁育是在11—12月采条沙藏。4月初取出，剪成17~20cm长的枝段，以60°角斜插入做好的垄埂或平床内，插入深度为插条的2/3~3/4，插后压实。

［**常见病虫害**］毛白杨锈病、白杨黑斑病、毛白杨灰斑病、杨柳褐斑病、毛白杨皱叶病、杨柳腐烂病、杨溃疡病、毛白杨破肚子病、柳毒蛾、桑天牛、光肩星天牛、星天牛、薄翅锯天牛、刺角天牛、芳香木蠹蛾、六星吉丁虫、杨小舟蛾、木橑尺蛾、黄刺蛾、褐边绿刺蛾、丽绿刺蛾、桑褐刺蛾、乌桕黄毒蛾、柳毒蛾、杨扇舟蛾、杨二尾舟蛾、蓝目天蛾、小黄卷叶蛾、褐带卷叶蛾、棉大卷叶螟、茶蓑蛾、天幕毛虫、柳蓝叶甲、铜绿丽金龟、暗黑金龟子、白星花金龟、苹毛丽金龟、小青花金龟、褐软蜡蚧、梨圆盾蚧、杨始叶螨等。

［**园林用途**］可孤植、对植、列植、片植、丛植，常植于道路绿地、居住区绿地、工矿区绿地、防护绿地、滨河绿地，是常用的行道树、庭院树、园路树，还常用于营造防护林。

三、小叶杨

小叶杨（*Populus simonii* Carriere），杨柳科杨属。别名：南京白杨、明杨、河南杨、冬瓜杨、大白树、水桐、山白杨、白杨柳等。

［**产地分布**］在我国的黑龙江、吉林、辽宁、内蒙古、河北、河南、山东、山西、陕西、甘肃、宁夏、青海、江苏、安徽、湖北、四川、新疆、云南等地均有分布，其中，以河南、陕西、山东、甘肃、山西、河北、辽宁等省地栽培最多。

［**形态特征**］落叶乔木，树高达15~25m，胸径可达1m以上。幼树皮灰绿色，老时暗灰色，纵沟裂。树冠卵圆形。幼枝和萌生枝常有明显棱角，呈红褐色，后变黄褐

色，无毛。冬芽细长，棕褐色，光滑无毛，稍有黏质，先端渐尖。叶菱状卵形、菱状椭圆形或菱状倒卵形，长枝叶中部以上最宽，先端急尖或渐尖，基部楔形，边缘有细锯齿，上面淡绿色，无毛，下面灰绿白色，无毛；叶柄圆筒形，长 0.5~4cm，常呈红色延伸至中脉，无毛。雄花序长 3~7cm，花轴无毛，苞片长约 3mm，细条裂，暗褐色，雄蕊通常 8~9 枚。雌花序长 2.5~7cm，苞片绿色，裂片褐色，柱头 2 裂。果穗长可达 15cm；蒴果小，卵形，无毛，成熟时变黄色，2~3 瓣裂。种子具白色丝状长毛。花期 4 月，果期 5 月下旬。

［**生长习性**］暖温带树种。喜光，喜湿，耐瘠薄，耐干旱，也较耐寒，适应性强，对气候和土壤要求不严，山沟、河滩、平原、阶地以及短期积水地带均可生长，但在湿润、肥沃土壤的河岸、山沟和平原上生长最好。根系发达，固土抗风能力强。生长迅速，萌芽力强，但寿命较短。

［**繁育栽培**］可播种繁育、扦插繁育。播种一般随采随播，播种前灌足底水。将种子撒播于床面，基质覆盖，以稍见种子即可。扦插于 3 月上中旬进行，插条应选择 1 年生生长健壮，发育旺盛的幼、壮龄母株，扦插前，可将插条放入清水中浸泡 3d 或在活水中浸泡 5d 以促进生根发芽。

［**常见病虫害**］白杨黑斑病、紫纹羽病、幼苗猝倒病、毛白杨锈病、丝棉木金星尺蛾、木橑尺蛾、黄刺蛾、褐边绿刺蛾、丽绿刺蛾、桑褐刺蛾、乌桕黄毒蛾、灰斑古毒蛾、柳毒蛾、杨扇舟蛾、杨二尾舟蛾、分月扇舟蛾、蓝目天蛾、小黄卷叶蛾、褐带卷叶蛾、棉大卷叶螟、茶蓑蛾、天幕毛虫、柳蓝叶甲、大灰象甲、铜绿丽金龟、暗黑金龟、白星花金龟、苹毛丽金龟、小青花金龟、星天牛、光肩星天牛、桑天牛、薄翅锯天牛、刺角天牛、芳香木蠹蛾、褐软蜡蚧、梨圆盾蚧、大青叶蝉、杨始叶螨、家白蚁、东方蝼蛄、华北蝼蛄等。

［**园林用途**］可对植、列植、群植，用于防护绿地、道路绿地、滨河绿地，是良好的防风固沙、保持水土、固堤护岸树种。

四、钻天杨

钻天杨［*Populus nigra* var. *italica*（Moench）Koehne］，杨柳科杨属。别名：美杨、美国白杨等。

［**产地分布**］原产意大利，广植欧洲、亚洲、美洲。中国自哈尔滨以南至长江流域均有栽培。西北、华北地区最适生。

［**形态特征**］落叶乔木，高可达 30m。树皮暗灰褐色，老时沟裂；树冠圆柱形。芽长卵形，先端长渐尖，淡红色，富黏质。长枝叶扁三角形，通常宽大于长，长约 7.5cm，先端短渐尖，基部截形或阔楔形，边缘具钝圆锯齿；短枝叶菱状三角形或菱状卵圆形，长 5~10cm，宽 4~9cm；叶柄上部微扁，长 2~4.5cm，先端无腺点。雄花序长 4~8cm，雄蕊 15~30cm；雌花序长 10~15cm。卵圆形，2 瓣裂，先端尖，果柄细长。花期 4 月，果期 5 月。

［**生长习性**］喜光，耐寒、耐干冷气候，湿热气候多病虫害。稍耐盐碱和水湿，忌

低洼积水及土壤干燥黏重。抗病虫害能力较差。生长快，寿命不长。

［繁育栽培］可播种繁育、扦插繁育、压条繁育。播种繁育选当年采收的种子，种子点放到基质中，按 3cm×5cm 的间距点播，播后覆盖基质，覆盖厚度为种粒的 2～3 倍，播后可喷雾保湿。扦插繁育可用嫩枝扦插和硬枝扦插，嫩枝扦插于春末至秋初生长旺盛时，选当年生的枝条作为插条，每段带 3 个以上的叶节；硬枝扦插于早春进行，选去年生的枝条作为插条，每段插条通常保留 3～4 个节。

［常见病虫害］紫纹羽病、幼苗猝倒病、白杨黑斑病、毛白杨锈病、木橑尺蛾、黄刺蛾、褐边绿刺蛾、丽绿刺蛾、桑褐刺蛾、乌桕黄毒蛾、柳毒蛾、杨扇舟蛾、杨二尾舟蛾、蓝目天蛾、小黄卷叶蛾、褐带卷叶蛾、棉大卷叶螟、茶蓑蛾、天幕毛虫、柳蓝叶甲、铜绿丽金龟、暗黑金龟、白星花金龟、苹毛丽金龟、小青花金龟、星天牛、光肩星天牛、桑天牛、薄翅锯天牛、刺角天牛、芳香木蠹蛾、褐软蜡蚧、梨圆盾蚧等。

［园林用途］可列植、丛植，用于防护绿地、道路绿地、广场绿地，很少用作行道树（因杨柳飞絮），多用作防护林。

五、垂柳

垂柳（*Salix babylonica* L.），杨柳科柳属。别名：水柳、垂丝柳、清明柳、垂枝柳、倒挂柳、倒插杨柳等。

［产地分布］分布于长江流域及黄河流域，华北、东北有栽培，是平原堤岸、水边常见树种。亚洲、欧洲及美洲许多国家都有悠久的栽培历史。

［形态特征］落叶乔木，高可达 18m。树冠倒广卵形，开展而疏散。小枝细长，枝条非常柔软，细枝下垂，长度有 1.5～3m 长。叶狭披针形至线状披针形，长 8～16cm，先端渐长尖，缘有细锯齿，表面绿色，背面蓝灰绿色；叶柄长约 1cm；托叶阔镰形，早落。雄花具 2 雄蕊，2 腺体；雌花子房仅腹面具 1 腺体。蒴果长 3～4mm，带绿黄褐色。花期 3—4 月，果熟期 4—5 月。

［生长习性］喜光，喜温暖湿润气候及潮湿深厚的酸性及中性土壤。较耐寒，特耐水湿，但亦能生于土层深厚的干燥地区。萌芽力强，根系发达，生长迅速，寿命较短，树干易老化。对有毒气体有一定的抗性，能吸收二氧化硫气体。

［繁育栽培］可播种繁育、扦插繁育、嫁接繁育，多用扦插繁育。扦插在早春进行，选生长健壮的雄株作为母株，选取 2～3 年生的粗枝条，截成 15～17cm 长作为插条，直插，插后充分浇水，并保持土壤湿润。

［常见病虫害］柳树紫纹羽病、杨柳褐斑病、杨柳腐烂病、柳瘤大蚜、桑天牛、柳蓝叶甲、褐边绿刺蛾、角斑古毒蛾、木橑尺蛾、黄刺蛾、桑褐刺蛾、扁刺蛾、豆毒蛾、黄尾毒蛾、灰斑古毒蛾、柳毒蛾、杨扇舟蛾、杨二尾舟蛾、黑蚱蝉、柳膜肩网蝽、柳刺皮瘿螨、柳蛎盾蚧、日本龟蜡蚧、褐软蜡蚧、草履蚧、斑点喙丽金龟、铜绿丽金龟、黄斑短突花金龟、黑绒金龟、神泽氏叶螨等。

［园林用途］可孤植、列植、片植、群植，常用于公园绿地、居住绿地、道路绿地、工厂绿地，最宜配植在水边，如桥头、池畔、河流，湖泊等水系沿岸处，是固堤护

岸的重要树种。

六、旱柳

旱柳（*Salix matsudana* Koidz.），杨柳科柳属。别名：柳树、河柳、江柳、立柳、直柳等。

［**产地分布**］中国分布于东北、华北平原、西北黄土高原，西至甘肃、青海，南至淮河流域以及浙江、江苏。

［**形态特征**］落叶乔木，高可达20m，胸径可达80cm。大枝斜上，树冠广圆形；树皮暗灰黑色，纵裂，枝直立或斜展，褐黄绿色，后变褐色，无毛，幼枝有毛；芽褐色，微有毛。叶披针形，先端长渐尖，基部窄圆形或楔形，上面绿色，无毛，下面苍白色，幼时有丝状柔毛，叶缘有细锯齿，齿端有腺体，叶柄短，上面有长柔毛；托叶披针形或缺，缘有细腺齿。花序与叶同时开放；雄花序圆柱形。雌花序长可达2cm，3~5小叶生于短花序梗上，花序轴有长毛；子房长椭圆形，近于无柄，无毛，无花柱或很短，柱头卵形，近圆裂；苞片同雄花，腺体，背生和腹生。果序长可达2.5cm。花期4月，果期4—5月。

［**生长习性**］喜光阳性树种，较耐寒，耐干旱。喜湿润排水、通气良好的砂壤土，但在黏土或长期积水的低湿地，容易烂根，引起枯梢，甚至死亡。稍耐盐碱，在含盐量0.25%的轻度盐碱地上仍可生长，对病虫害及大气污染的抗性较强。萌芽力强，根系发达，扎根较深，具内生菌根。

［**繁育栽培**］可播种繁育、扦插繁育、埋条繁育，常用扦插繁育。扦插于秋季采1~2年生枝，露天沙藏，翌春剪穗，剪成长15cm左右的插条进行扦插，单行或双行扦插均可，单行扦插株距15~20cm，双行扦插行距为20cm，株距10~20cm。扦插时宜按插条分级分别扦插，以小头朝上垂直扦插较好，穗顶与地面平齐，插后踏实灌水，使土壤折实并与插条密接。经过培育1~2年，待苗高达2.5~3m，地径3.5cm以上，即可出圃绿化栽植。

［**常见病虫害**］柳锈病、柳树紫纹羽病、杨柳褐斑病、杨柳腐烂病、柳瘤大蚜、木橑尺蛾、黄刺蛾、扁刺蛾、豆毒蛾、灰斑古毒蛾、柳毒蛾、杨扇舟蛾、杨二尾舟蛾、苹掌舟蛾、褐带卷叶蛾、小蓑蛾、白囊袋蛾、茶蓑蛾、绿尾大蚕蛾、天幕毛虫、柳蓝叶甲、大灰象甲、黑绒金龟、暗黑金龟、星天牛、光肩星天牛、桑天牛、薄翅锯天牛、六星吉丁虫、芳香木蠹蛾、日本龟蜡蚧、褐软蜡蚧、草履蚧、梨圆盾蚧、大青叶蝉、八点广翅蜡蝉、神泽氏叶螨等。

［**园林用途**］可孤植、对植、列植、片植、群植，常植于公园绿地、道路绿化、河湖岸边，用于作庭荫树、行道树、固岸护堤树、防护林及荒山造林树种。

七、馒头柳

馒头柳（*Salix matsudana*‘umbraculifera’Rehd.），杨柳科柳属。别名：金柳、苞枝

柳等。

[**产地分布**] 原产中国，以中国黄河流域为栽培中心，南到淮河流域，北至东北各地。主产于东北、华北、华东、西北等，吉林、辽宁、河北、河南、陕西、山西、宁夏、青海、新疆、山东、西藏、四川、甘肃等地均有分布，尤以新疆、甘肃等地最常见。

[**形态特征**] 高大落叶乔木，高可达 18m。大枝斜上，树冠半圆形；树皮暗灰黑色，有裂沟；枝细长，直立或斜展；叶披针形，先端长渐尖，基部窄圆形或楔形；托叶披针形或缺，边缘有细腺锯齿；花序与叶同时开放；雄花序圆柱形，雌花序较雄花序短，有 3~5 小叶生于短花序梗上；花期 4 月，果期 4—5 月。

[**生长习性**] 阳性，喜温凉气候，耐污染，速生，耐寒，耐湿，耐旱。在固结、黏重土壤及重盐碱地上生长不良，喜肥沃，耐瘠薄，以疏松、深厚、排水良好的壤土或砂质壤土为宜。不耐阴，喜水湿又耐干旱。

[**繁育栽培**] 以扦插繁育为主。以每年春季、昼夜平均温度在 10℃左右最为适宜，将优质柳条枝剪成 20~25cm 的小段，按行、株距 50cm×15cm 直插，栽植 8 000 株/667m^2左右，栽插后表层土以上柳条枝要保持 5cm。

[**常见病虫害**] 柳树紫纹羽病、杨柳褐斑病、杨柳腐烂病、柳瘤大蚜、桃剑纹夜蛾、丝棉木金星尺蛾、木橑尺蛾、黄刺蛾、桑褐刺蛾、扁刺蛾、豆毒蛾、黄尾毒蛾、灰斑古毒蛾、柳毒蛾、杨扇舟蛾、杨二尾舟蛾、苹掌舟蛾、霜天蛾、蓝目天蛾、褐带卷叶蛾、小蓑蛾、白囊袋蛾、茶蓑蛾、绿尾大蚕蛾、乌桕大蚕蛾、银杏大蚕蛾、八点灰灯蛾、天幕毛虫、柳蓝叶甲、大灰象甲、斑点喙丽金龟、铜绿丽金龟、黄斑短突花金龟、大绿丽金龟、黑绒金龟、暗黑金龟、苹毛丽金龟、小青花金龟、星天牛、光肩星天牛、桑天牛、薄翅锯天牛、芳香木蠹蛾、日本龟蜡蚧、褐软蜡蚧、草履蚧、梨圆盾蚧、大青叶蝉、八点广翅蜡蝉、东方蝼蛄、华北蝼蛄、神泽氏叶螨等。

[**园林用途**] 可孤植、对植、丛植及列植，可作用庭荫树、行道树、护岸树、防护树、沙荒造林树、绿化树等，是中国北方常用的庭荫树、行道树。

第四节 胡桃科

一、枫杨

枫杨（*Pterocarya stenoptera* C. DC.），胡桃科枫杨属。别名：白杨、大叶柳、大叶头杨树、麻柳、蜈蚣柳、枰柳、枰伦树、水麻柳等。

［**产地分布**］广泛分布于华北、华中、华南及西南各地，在长江流域和淮河流域最为常见；常见于中国陕西、河南、山东、安徽、江苏、浙江、江西、福建、台湾、广东、广西、湖南、湖北、四川、贵州、云南等地，在长江流域和淮河流域，华北和东北均有栽培。朝鲜亦有分布。目前培育繁育基地在江苏、浙江、山东、湖南等地。

［**形态特征**］落叶大乔木，高可达 30m，胸径可达 1m。幼树树皮平滑，浅灰色，老时则深纵裂；小枝灰色至暗褐色，具灰黄色皮孔；芽具柄，密被锈褐色盾状着生的腺体。叶多为偶数或稀奇数羽状复叶，长 8～16cm，叶柄长 2～5cm。果实长椭圆形，长 6～7mm，基部常有宿存的星芒状毛。花期 4—5 月，果熟期 8—9 月。

［**生长习性**］喜光性树种，不耐庇阴，但耐水湿、耐寒、耐旱。深根性，主、侧根均发达，以深厚肥沃的河床两岸生长良好。速生性，萌蘖能力强，对二氧化硫、氯气等抗性强，叶片有毒，鱼池附近不宜栽植。

［**繁育栽培**］播种繁育，以秋播为好，也可春播。春播在 2—3 月用 60～80℃温水浸种，冷却后换清水浸种 1～2d，按 20～25cm 行距条播，播种量为 8～10kg/667m^2。

［**常见病虫害**］枫杨白粉病、幼苗猝倒病、枫杨丛枝病、黄刺蛾、枣刺蛾、扁刺蛾、白囊袋蛾、绿尾大蚕蛾、梨娜刺蛾、樟蚕、云斑天牛、桑天牛、咖啡木蠹蛾、枫杨灰褐圆蚧、柳白圆蚧等。

［**园林用途**］可孤植、对植、列植、片植于草坪及坡地、道路两侧、河床两岸，作为行道树、庭院树、防护树和绿化树。

二、湖北枫杨

湖北枫杨（*Pterocarya hupehensis* Skan），胡桃科枫杨属。别名：山柳树等。

［**产地分布**］产于河南、陕西、湖北、四川、贵州等地，常生于河溪岸边、湿润的森林中。为水边低湿地造景树种，华中地区常栽培。

［**形态特征**］落叶乔木，高 10～20m。裸芽，显著具柄，黄褐色，密被盾状着生的

腺体。奇数羽状复叶，长 20~25cm，叶柄长 5~7cm，叶轴无窄翅。小叶 5~11 枚，长椭圆形或卵状椭圆形，长 6~12cm，先端渐尖，稀钝圆；序长 20~40cm，果序轴疏被毛或近无毛；翅半圆形或近圆形，长 1~1.5cm，平展。

［**生长习性**］喜温暖湿润气候，稍耐寒，喜光，不耐阴。对土壤要求不严，在酸性、中性和轻度盐碱地上均能生长，喜深厚、肥沃、湿润的壤土，耐水湿。

［**繁育栽培**］播种繁育，秋播于 10—11 月进行，播后应覆土厚 3~4cm；也可春季 3 月进行播种。播种前沙藏种子催芽，有 30%左右的种子萌动时即可播种。播种行距 25~30cm，播后覆土厚 1~2cm。嫩枝扦插可于 6—8 月进行。

［**常见病虫害**］枫杨白粉病、枫杨丛枝病、黄刺蛾、枣刺蛾、扁刺蛾、白囊袋蛾、绿尾大蚕蛾、梨娜刺蛾、樟蚕、云斑天牛、桑天牛、咖啡木蠹蛾、枫杨灰褐圆蚧、柳白圆蚧等。

［**园林用途**］可孤植、对植、列植、片植于草坪及坡地、道路两侧、河床两岸，作为行道树、庭院树、防护树和绿化树。

三、胡桃

胡桃（*Juglans regia* L.），胡桃科胡桃属。别名：核桃。

［**产地分布**］原产欧洲东南部及亚洲西部，在华北、西北、华南、华东、西南及华中等地均有大量栽培，长江以南各省较少。中国平原及丘陵地区常见栽培。

［**形态特征**］落叶乔木，高可达 15m。树皮灰褐色，幼枝有密毛。单数羽状复叶，长 22~30cm；小叶 5~13cm，椭圆状卵形至长椭圆形，长 6~15cm，宽 3~12cm，全缘，背面沿侧脉腋内有一簇短柔毛。花单性，雌雄同株；雄柔荑花序下垂，长 5~12cm，雄蕊 6~30cm；雌花单生或 2~3cm 聚生于枝端，直立；花柱羽毛状，绿白色。果序短，下垂，有核果 1~3 个，果实形状大小及内果皮的厚薄均因品种而异；种子肥厚。花期 4—5 月，果期 9—10 月。

［**生长习性**］喜温暖湿润环境，较耐干冷，不耐湿热，适于阳光充足、排水良好、湿润肥沃的微酸性至弱碱性壤土或黏质壤土，抗旱性较弱，不耐盐碱；深根性，抗风性较强，不耐移植，有肉质根，不耐水淹。

［**繁育栽培**］可播种繁育、嫁接繁育。播种分秋播和春播，秋播宜在 10 月下旬至 11 月下旬进行，春播宜在 3 月中旬至 4 月初进行，行距 20~30cm，粒距 10~15cm，覆土 5~8cm，播种量为 100~150kg/667m^2。嫁接宜在 6—7 月进行，采用芽接的方法成活率较高，砧本多用核桃本砧和山核桃。

［**常见病虫害**］枫杨白粉病、木橑尺蛾、桑刺尺蛾、枣刺蛾、褐边绿刺蛾、核桃缀叶螟、绿尾大蚕蛾、银杏大蚕蛾、樟蚕、天幕毛虫、铜绿丽金龟、苹毛丽金龟、星天牛、云斑天牛、咖啡木蠹蛾、大青叶蝉等。

［**园林用途**］可孤植、对植、列植、丛植、片植于草坪及园中隙地、防护林，作为行道树、庭院树、防护树和绿化树，在山区栽植可以起到绿化荒山和保持水土的作用。

第五节　桦木科

一、桤木

桤木（*Alnus cremastogyne* Burkill），桦木科桤木属。别名：水冬瓜树、水青风、桤蒿等。

［**产地分布**］是我国特有树种，四川各地普遍分布，贵州北部、甘肃南部、陕西西南部、安徽、湖南、湖北、江西、广东、江苏、河南、河北、山西、宁夏等地均有栽培。

［**形态特征**］落叶乔木，高达30~40m，胸径150cm。叶倒卵形，长3~12cm，宽2~5cm，先端渐尖，基部楔形，边缘具疏细齿；叶柄细长，长1~3cm。雄花序2~5排成总状，下垂，先叶开放。果序2~8集生，稀单生，矩圆形或圆卵形，长1.5~2.5cm，径0.7~1.2cm。小坚果卵形或倒卵形，长3~4mm，宽2~2.5cm；果翅厚纸质，极窄，宽为果的1/4。花期2—3月，果期11月。

［**生长习性**］喜光，喜温暖气候，适生于年平均气温15~18℃，降水量900~1 400mm的丘陵及平原、山区。根系发达，具有根瘤或菌根。对土壤适应性强，喜水湿，多生于河滩低湿地。

［**繁育栽培**］以播种繁育为主，春、秋两季均可播种，但以春播为宜。春播宜在2月中旬至3月中旬进行，条播或撒播，撒播播种量为3~3.5kg/667m^2，条播播种量为2~2.5kg/667m^2，覆土厚度2mm，以不见种子为度。间苗、移苗宜在长出6~8片真叶时进行，间出的苗，可及时移植，移植株行距10cm×20cm。

［**常见病虫害**］桤木煤污病、桤木斑点病、铜绿丽金龟、黄刺蛾、大蓑蛾、玉带凤蝶等。

［**园林用途**］可对植、列植、片植、群植。根系发达，能固沙保土，是理想的生态防护林和混交林树种，是河岸护堤和湿水地区重要造林树种；适应性强，耐瘠薄，生长迅速，是理想的荒山绿化树种。

二、日本桤木

日本桤木［*Alnus japonica*（Thunb）Steud.］，桦木科桤木属。别名：赤杨。

［**产地分布**］在吉林、辽宁、河北、山东、河南、安徽、江苏、台湾等地均有栽

培，生于海拔 800~1 500m 山坡林中、河边；俄罗斯、日本和朝鲜也有分布。

［形态特征］落叶乔木，高 6~15m。芽有柄，芽鳞 2 枚。小枝被油腺点，无毛。短枝上的叶倒卵形、长倒卵形，基部楔形，边缘具疏锯齿；长枝上的叶披针形、椭圆形，稀长倒卵形，可达 15cm，下面脉腋有簇生毛；萌枝叶具粗锯齿。雄花序圆柱形，2 排成总状。果序椭圆形，2~5（~8）枚状或圆锥状，长约 2cm，径 1~1.5cm，果序梗粗壮。坚果椭圆形至倒卵形，具狭翅。花期 2—3 月，果期 9—10 月。

［生长习性］喜水湿，常生于低湿滩地、河谷、溪边，形成纯林或与枫杨、河柳等混生。生长速度快，根系发达，具根瘤菌和菌根；萌芽力强。

［繁育栽培］可播种繁育，春、秋两季均可播种，但以春播为好。春播宜在 2 月中旬至 3 月中旬进行。条播或撒播，撒播的播种量为 3~3.5kg/667m^2，条播播种量为 2~2.5kg/667m^2，覆土厚度 2mm。

［常见病虫害］桤木煤污病、桤木斑点病、铜绿丽金龟、黄刺蛾、大蓑蛾、玉带凤蝶等。

［园林用途］是低湿地、护岸固堤、改良土壤的优良造林树种，适于水边、池畔等处列植或丛植，适宜庭院种植为庭荫树。

三、红桦

红桦（*Betula albosinensis* Burk.），桦木科桦木属。别名：纸皮桦、红皮桦等。

［产地分布］产于云南、四川东部、湖北西部、河南、河北、山西、陕西、甘肃、宁夏，多生于海拔1 000m 以上落叶阔叶林中。

［形态特征］落叶大乔木，高达 30m。树皮暗橘红色或紫红色，纸质薄片状剥落，横生白色皮孔。小枝紫红色，无毛。叶卵形或椭圆状卵形，长 3~8cm，宽 2~5cm，有不规则重锯齿；侧脉 10~14 对。雄花序圆柱形，长 3~8cm，径 3~7mm。果序圆柱形，单生或 2~4 枚排成总状，长 3~4cm，径约 1cm，果苞中裂片显著长于侧裂片：小坚果卵形。花期 4—5 月；果期 6—7 月。

［生长习性］喜光，较耐阴，喜湿润，耐寒性强。

［繁育栽培］播种繁育，春、秋两季均可播种，但以春播为宜，春播宜在 2 月下旬至 3 月中旬进行。

［常见病虫害］铜绿丽金龟、黄刺蛾、大蓑蛾等。

［园林用途］红桦树皮橘红色，光洁亮丽，是山地风景林重要树种，风景区内宜片植为风景林，草坪上散植、丛植景观效果好。

第六节　榆　科

一、垂榆

垂榆（*Ulmus pumila*‘Pendula’），榆科榆属。别名：龙爪榆、垂枝榆。

［**产地分布**］西北华北普遍栽植。中国内蒙古、河南、河北、辽宁均有栽培。

［**形态特征**］落叶小乔木。单叶互生，椭圆状窄卵形或椭圆状披针形，长 2～9cm，基部偏斜，叶缘具单锯齿。枝条柔软、细长下垂、生长快、自然造型好、树冠丰满，花先叶开放。翅果近圆形。

［**生长习性**］喜光，耐盐碱、耐土壤瘠薄，耐旱，耐寒，耐-35℃低温。不耐水湿。根系发达，对有害气体有较强的抗性。

［**繁育栽培**］可嫁接繁育，3 月下旬至 4 月进行皮下枝接，6 月进行当年新生芽嫁接，将削好的接穗插入砧木的木质部和皮层之间，长削面紧贴砧木木质部，然后用塑料条绑缚。

［**常见病虫害**］榆叶黑斑病、榆叶炭疽病、榆毒蛾、榆凤蛾、绿尾大蚕蛾、大蓑蛾、黄刺蛾、木橑尺蛾、扁刺蛾、豆毒蛾、苹掌舟蛾、褐带卷叶蛾、小蓑蛾、天幕毛虫、榆毛胸萤叶甲、斑点喙丽金龟、铜绿丽金龟、黑绒金龟、白星花金龟、星天牛、光肩星天牛、桑天牛、云斑天牛、刺角天牛、芳香木蠹蛾、褐盔蜡蚧、秋四脉绵蚜、麻皮蝽、茶翅蝽等。

［**园林用途**］可孤植、列植，常植于公园绿地、居住绿地、道路绿地，适合作为庭院树、道路、行道树，是园林绿化栽植的优良观赏树种。

二、中华金叶榆

中华金叶榆（*Ulmus pumila*‘Jinye’），榆科榆属。别名：金叶榆。

［**产地分布**］生长区域北至黑龙江、内蒙古，东至长江以北的江淮平原，西至甘肃、青海、新疆，南至江苏、湖北等，是我国目前彩叶树种中应用范围较广的树种。

［**形态特征**］叶片金黄，有自然光泽；叶脉清晰；叶卵圆形，平均长 3～5cm，宽 2～3cm，比普通白榆叶片稍短；叶缘具锯齿，叶尖渐尖，互生于枝条上。花期 3—4 月，果期 4—5 月。

［**生长习性**］对寒冷、干旱气候具有极强的适应性，同时有很强的抗盐碱性。

［**繁育栽培**］播种繁育、嫁接繁育，通常采用播种繁育。播种时间宜在4月初，在播种之前，要进行选地和整地，播种量为5kg/667m²左右，种子撒入沟内后，不覆土，用脚轻轻踩踏。播种后，喷灌4~5h，连续喷灌3d。

［**常见病虫害**］榆叶黑斑病、榆叶炭疽病、榆毒蛾、榆凤蛾、绿尾大蚕蛾、大蓑蛾、黄刺蛾、木檫尺蛾、扁刺蛾、豆毒蛾、苹掌舟蛾、褐带卷叶蛾、小蓑蛾、天幕毛虫、榆毛胸萤叶甲、斑点喙丽金龟、铜绿丽金龟、黑绒金龟、白星花金龟、星天牛、光肩星天牛、桑天牛、云斑天牛、刺角天牛、芳香木蠹蛾、褐盔蜡蚧、秋四脉绵蚜、麻皮蝽、茶翅蝽等。

［**园林用途**］可孤植、片植、群植，广泛应用于绿篱、色带、拼图、造型，还可大量应用于山体景观生态绿化中，营造景观生态林和水土保持林。

三、白榆

白榆（*Ulmus pumila* L.），榆科榆属。别名：家榆、榆钱、春榆等。

［**产地分布**］分布于中国东北、华北、西北及西南各省区，长江下游各省均有栽培。朝鲜、俄罗斯、蒙古国也有分布。生于海拔1 000~2 500m以下的山坡、山谷、川地、丘陵、沙岗等处。

［**形态特征**］落叶乔木，高可达25m，胸径可达1m。幼树树皮平滑，灰褐色或浅灰色，大树皮暗灰色，不规则深纵裂，粗糙；小枝无毛或有毛，淡黄灰色、淡褐灰色或灰色，稀淡褐黄色或黄色。叶椭圆状卵形、长卵形、椭圆状披针形或卵状披针形，长2~8cm，宽1. 2~3. 5cm，先端渐尖或长渐尖，基部偏斜或近对称；叶面平滑无毛，叶背幼时有短柔毛，后变无毛或部分脉腋有簇生毛，边缘具重锯齿或单锯齿。叶柄长4~10mm，通常仅上面有短柔毛。花先叶开放，在生枝的叶腋呈簇生状。翅果近圆形，稀倒卵状圆形，长1. 2~2cm，初淡绿色，后白黄色，花期3—4月，果期4—5月。

［**生长习性**］阳性树种，喜光，耐旱，耐寒，耐瘠薄，不择土壤，适应性强。根系发达，抗风力、保土力强。萌芽力强耐修剪，生长快，寿命长。能耐干冷气候及中度盐碱，但不耐水湿（能耐雨季水涝）。具抗污染性，叶面滞尘能力强。

［**繁育栽培**］可播种繁育、嫁接繁育、分蘖繁育、扦插繁育，主要采用播种繁育。4月中旬榆钱由绿变浅黄色时适时采种，随采随播，采用条播行距30cm，覆土0. 5~1cm，播种量为4kg/667m²左右。苗高10cm左右时间苗10~20cm，第二年间苗至行株距60cm×30cm。

［**常见病虫害**］榆毒蛾、绿尾大蚕蛾、榆凤蛾、大蓑蛾、黄刺蛾、木檫尺蛾、扁刺蛾、豆毒蛾、苹掌舟蛾、褐带卷叶蛾、小蓑蛾、天幕毛虫、榆毛胸萤叶甲、斑点喙丽金龟、铜绿丽金龟、黑绒金龟、白星花金龟、星天牛、光肩星天牛、桑天牛、云斑天牛、刺角天牛、芳香木蠹蛾、褐盔蜡蚧、秋四脉绵蚜、麻皮蝽、茶翅蝽等。

［**园林用途**］可孤植、列植、片植、群植，是城市绿化、工厂绿化、营造防护林的重要树种，也是营造防风林、水土保持林和盐碱地造林的重要树种。

四、旱榆

旱榆（*Ulmus glaucescens* Franch.），榆科榆属。别名：灰榆、崖榆、粉榆等。

［**产地分布**］分布于中国东北、华北、西北及西南各地，在中国辽宁、河北、山东、河南、山西、内蒙古、陕西、甘肃、宁夏等地均有栽培。朝鲜、俄罗斯、蒙古国也有分布。生于海拔 1 000~2 500m 以下的山坡、山谷、川地、丘陵及沙岗等处。

［**形态特征**］落叶乔木，高可达 18m。树皮浅纵裂；幼枝多少被毛；冬芽近球形。叶卵形、菱状卵形至椭圆状披针形，长 2.5~5cm，宽 1~2.5cm，基部偏斜，常两面光滑无毛，边缘具钝而整齐的单锯齿或近单锯齿，侧脉 6~12 对；叶柄长 5~8mm。花自混合芽抽出，散生于新枝基部，或自花芽抽出，簇生在去年生枝上。翅果宽椭圆形或近圆形，长 2~2.5cm，宽 1.5~2cm，果翅较厚，果核位于翅果中上部，果梗长 2~4mm，密被短毛。花果期 3—5 月。

［**生长习性**］喜光，耐寒，耐旱，不耐水湿。能适应干凉气候；喜肥沃、湿润而排水良好的土壤，在干旱、瘠薄和轻盐碱土也能生长，生长较快。

［**繁育栽培**］可播种繁育、嫁接繁育、分蘖繁育、扦插繁育，主要采用播种繁育。4 月中旬榆钱由绿变浅黄色时适时采种，随采随播，采用条播行距 30cm，覆土 0.5~1cm，播种量为 $4kg/667m^2$左右。

［**常见病虫害**］榆毒蛾、绿尾大蚕蛾、榆凤蛾、大蓑蛾、黄刺蛾、木橑尺蛾、扁刺蛾、豆毒蛾、苹掌舟蛾、褐带卷叶蛾、小蓑蛾、天幕毛虫、榆毛胸萤叶甲、斑点喙丽金龟、铜绿丽金龟、黑绒金龟、白星花金龟、星天牛、光肩星天牛、桑天牛、云斑天牛、刺角天牛、芳香木蠹蛾、褐盔蜡蚧、秋四脉绵蚜、麻皮蝽、茶翅蝽等。

［**园林用途**］可孤植、列植、片植、群植，是城市绿化、工厂绿化、营造防护林的重要树种，也是营造防风林、水土保持林和盐碱地造林的主要树种之一。也可制作盆景，可作行道树、庭荫树。在干瘠、严寒之地常呈灌木状，有用作绿篱者。又因其老茎残根萌芽力强，可在野外掘取。在林业上也是营造防风林、水土保持林和盐碱地造林的主要树种之一。

五、榔榆

榔榆（*Ulmus parvifolia* Jacq.），榆科榆属。别名：小叶榆、秋榆、掉皮榆等。

［**产地分布**］分布于河北、山东、江苏、安徽、浙江、福建、台湾、江西、广东、广西、湖南、湖北、贵州、四川、陕西、河南等地。日本、朝鲜也有分布。

［**形态特征**］落叶乔木，高可达 25m，胸径可达 1m。冬季叶变为黄色或红色宿存至第二年新叶开放后脱落，树冠广圆形，树干基部有时呈板状根，树皮灰色或灰褐色，裂成不规则鳞状薄片剥落，露出红褐色内皮，近平滑，微凹凸不平；当年生枝密被短柔毛，深褐色；冬芽卵圆形，红褐色，无毛。叶质地厚，披针状卵形或窄椭圆形，稀卵形或倒卵形，先端尖或钝，基部偏斜，楔形或一边圆，叶面深绿色，有光泽，边缘从基部

到先端有钝而整齐的单锯齿，叶柄长 2~6mm，仅上面有毛。花秋季开放，花被上部杯状，下部管状，花梗极短，被疏毛。翅果椭圆形或卵状椭圆形，长 10~13mm，宽 6~8mm，花果期 8—10 月。

［**生长习性**］喜光，耐干旱，在酸性、中性及碱性土壤均能生长，但以气候温暖，土壤肥沃、排水良好的中性土壤为最适宜的生境，对有毒气体、烟尘抗性较强。

［**繁育栽培**］可播种繁育、扦插繁育，但榔榆的种子获取比较困难，一般用扦插繁育。插条选用健壮植株的 1~2 年生枝条，插条长为 7~8cm，扦插的深度为插条的 1/3，株距 4cm，行距 8cm，插后及时喷水，空气湿度一般保持在 85%左右。

［**常见病虫害**］榔榆根腐病、榆凤蛾、大蓑蛾、黄刺蛾、木橑尺蛾、黑绒金龟、白星花金龟、铜绿丽金龟、榆毛胸萤叶甲、星天牛、光肩星天牛、桑天牛、云斑天牛、刺角天牛、褐盔蜡蚧、秋四脉绵蚜、麻皮蝽等。

［**园林用途**］孤植、丛植，适宜种植于池畔、亭榭附近，或配于山石之间，也可选作厂矿区绿化、住宅树种和盆景。

六、榉树

榉树［*Zelkova serrata*（Thunb.）Makino］，榆科榉属。别名：光叶榉、鸡油树、光光榆、血榉、金丝榔、沙榔树、毛脉榉等。

［**产地分布**］主产长江流域，北达辽宁、山东、甘肃和陕西，中国华中、华南、西南各地及朝鲜半岛、日本等均有分布。

［**形态特征**］落叶乔木，高可达 30m，胸径可达 10m。树皮灰白色或褐灰色，呈不规则的片状剥落；当年生枝紫褐色或棕褐色，疏被短柔毛，后渐脱落；冬芽圆锥状卵形或椭圆状球形。叶薄纸质至厚纸质，大小形状变异很大，卵形、椭圆形或卵状披针形，长 3~10cm，宽 1.5~5cm，先端渐尖或尾状渐尖，基部有的稍偏斜，圆形或浅心形，稀宽楔形，叶面绿，叶背浅绿，幼时被短柔毛，后脱落或仅沿主脉两侧残留有稀疏的柔毛，边缘有圆齿状锯齿，具短尖头，侧脉 7~14 对；叶柄粗短，长 2~6mm，被短柔毛；托叶膜质，紫褐色，披针形，长 7~9mm。花期 4 月，果期 9—11 月。

［**生长习性**］阳性树种，喜光，喜温暖环境。耐烟尘及有害气体，忌积水，不耐干旱和贫瘠。对土壤的适应性强，酸性、中性、碱性土及轻度盐碱土均可生长，但深厚、肥沃、湿润的土壤生长最佳，深根性，侧根广展，抗风力强。生长慢，寿命长。

［**繁育栽培**］可播种繁育，播种可在晚秋和初春进行，秋播随采随播。翌春 3 月上中旬发芽，种子发芽率和出苗率高，苗木生长期长；春播宜在雨水至惊蛰时播种，最迟不得迟于 3 月下旬。播种采用条播，行距 20cm，覆土厚度 0.5cm，播种量为 150~200kg/hm^2，并盖草浇透水。播种后 25~30d，种子发芽出土，应及时揭草炼苗，并预防鸟害，幼苗期需及时间苗、松土除草和灌溉追肥，栽植宜在 3 月上中旬进行。

［**常见病虫害**］榉树溃疡病、秋四脉绵蚜、榆毛萤叶甲、榆叶蜂、豆毒蛾、大红蛱蝶、铜绿丽金龟、小地老虎等。

［**园林用途**］可孤植、列植、丛植，常植于居住绿地、公园绿地、广场绿地、道路

绿地，作为庭荫树、行道树，或与常绿树种混植为风景林，也可作为盆栽、盆景。

七、朴树

朴树（*Celtis sinensis* Pers.），榆科朴属。别名：黄果朴、紫荆朴、小叶朴、沙朴等。

［**产地分布**］我国淮河流域、秦岭以南都有分布，产山东、河南、江苏、安徽、浙江、福建、江西、湖南、湖北、四川、贵州、广西、广东、台湾，常散生于平原及低山丘陵地区。

［**形态特征**］落叶乔木，高可达 20m，胸径可达 1m。树冠扁球形。幼枝有短柔毛后脱落。叶宽卵形、椭圆状卵形，先端短渐尖，基部歪斜，中部以上有粗钝锯齿，三出脉，网脉隆起。核果近球形，橙红色，果梗与叶柄等长。花期 3—4 月，果期 9—10 月。

［**生长习性**］喜光、稍耐阴。喜肥厚湿润疏松的土壤，耐干旱瘠薄，耐轻度盐碱，耐水湿。适应性强，深根性，萌芽力强，抗风。耐烟尘，抗污染。生长较快，寿命长。抗污染性强，病虫害少。

［**繁育栽培**］可播种繁育、扦插繁育，通常用播种繁育。种子 9—10 月成熟后采收、阴干、沙藏，冬播或湿沙层积至翌年春播，播前用木棒敲碎种壳或用沙子擦伤外种皮，条播，行距 25cm，沟深 2cm，覆土 1cm。

［**常见病虫害**］朴树白粉病、朴树煤污病、朴树叶斑病、黑脉蛱蝶、桑白盾蚧、浙江朴盾木虱等。

［**园林用途**］可孤植、列植、片植、群植，常用于公园绿地、居住绿地、工矿绿地、道路绿地，作为庭荫树、行道树，也是优良的四旁绿化和防风固堤树种。

八、小叶朴

小叶朴（*Celtis bungeana* Bl.），榆科朴属。别名：黑弹朴、黑弹树等。

［**产地分布**］产于辽宁、河北、山东、山西、内蒙古、甘肃、宁夏、青海、陕西、河南、安徽、江苏、浙江、湖南、江西、湖北、四川、云南东南部、西藏东部等。

［**形态特征**］落叶乔木，高可达 23m。树皮灰色或暗灰色；当年生小枝淡棕色，多年生色较深，无毛，散生椭圆形皮孔；叶厚纸质，狭卵形、长圆形、卵状椭圆形至卵形；叶柄淡黄色，长 5~15mm，上面有沟槽，幼时槽中有短毛，树龄大后脱净；萌发枝上的叶形变异较大，先端可具尾尖且有糙毛；果单生叶腋，果柄较细软，无毛，果成熟时蓝黑色，近球形。核近球形。花期 4—5 月，果期 10—11 月。

［**生长习性**］喜光，稍耐阴，耐寒；喜深厚、湿润的中性黏质土壤。深根性，萌蘖力强，生长较慢。对病虫害、烟尘污染等抗性强。

［**繁育栽培**］可播种繁育、扦插繁育，通常用播种繁育。播种宜在 4 月进行，通常采用条播，行距 30cm，覆土厚度以不见种子为宜。播种量脱皮种为 20kg/667m^2，带皮种为 40kg/667m^2，当年生苗高可达 50cm 以上。移植期以春季为主，移植株行距按苗木的规格及培育要求而定，大苗移栽需带土球。

[**常见病虫害**] 朴树白粉病、朴树煤污病、朴树叶斑病、黑脉蛱蝶、桑白盾蚧、浙江朴盾木虱等。

[**园林用途**] 可孤植、列植、片植、群植，可做庭荫树、行道树；主要用于道路绿化、公园绿化、街道广场绿化、矿区绿化。

第七节 豆 科

一、合欢

合欢（*Albizia julibrissin* Durazz.），豆科合欢属。别名：绒花树、夜合花、马缨花等。

［产地分布］ 原产美洲南部，我国黄河流域至珠江流域各地亦有分布。分布于华东、华南、西南地区，以及辽宁、河北、河南、陕西等。

［形态特征］ 落叶乔木，高4~15m。树冠伞形，二回偶数羽状复叶，羽片4~12对，各有小叶10~30对，小叶长圆形至线形，两侧极偏斜，长6~12mm，宽1~4mm。花序头状，雄蕊多数，伞房状排列，腋生或顶生；花淡红色。荚果线形，扁平，长9~15cm，宽1.2~2.5cm，幼时有毛。花期6—7月，果期9—11月。

［生长习性］ 喜温暖湿润和阳光充足环境，对气候和土壤适应性强，宜在排水良好、肥沃土壤生长，生长迅速，耐瘠薄土壤和干旱气候，但不耐水涝。

［繁育栽培］ 可播种繁育，春季3—4月，将种子浸泡8~10h即可播种，开沟条播，沟距60cm，覆土2~3cm，播后保持畦土湿润，约10d发芽。播种量约为150kg/hm^2。苗出齐后，应加强除草、松土、追肥等管理工作。翌年春或秋季移栽，株距3~5m。

［常见病虫害］ 合欢枯萎病、合欢溃疡病、合欢锈病、合欢吉丁虫、合欢双条天牛、日本纽绵蚧、合欢木虱、麻皮蝽、侧多食跗线螨等。

［园林用途］ 树形姿态优美，叶形雅致，盛夏绒花满树，有色有香。可孤植、对植、列植、丛植，常植于公园绿地、居住绿地、道路绿地、滨河绿地、工矿企业绿地，宜作庭荫树、行道树、园景树、滨河护堤绿化树。

二、皂荚

皂荚（*Gleditsia sinensis* Lam.），豆科皂荚属。别名：皂角树、皂角、猪牙皂、牙皂、皂荚树、三刺皂角等。

［产地分布］ 原产中国长江流域，分布极广，产于河北、山东、河南、山西、陕西、甘肃、江苏、安徽、浙江、湖南、湖北等，中国北部至南部及西南均有分布。多生于平原、山谷及丘陵地区。

［形态特征］ 落叶乔木或小乔木，高可达30m。枝为刺圆柱形，小叶卵状披针形或长圆形，灰色至深褐色；刺粗壮，圆柱形，常分枝，多呈圆锥状，长可达16cm；叶为

一回羽状复叶，纸质，卵状披针形至长圆形；花杂性，黄白色，组成总状花序，花序腋生或顶生，长5~14cm，被短柔毛；荚果带状，长12~37cm，宽2~4cm，劲直或扭曲，果肉稍厚，两面鼓起，或有的荚果短小，多少呈柱形，花期3—5月，果期5—12月。

[**生长习性**] 性喜光而稍耐阴，喜温暖湿润的气候及深厚肥沃适当的湿润土壤，对土壤要求不严，在石灰质及盐碱甚至黏土或沙土均能正常生长。皂荚的生长速度慢但寿命很长，可达六七百年，属于深根性树种。

[**繁育栽培**] 可播种繁育、分根繁育。播种繁育选用饱满的无病虫害的种子，然后放入45℃水中浸泡后，再用湿润的细河沙搅拌均匀，放在适宜的温度下进行催芽，待种子裂开口时即可进行播种。分根繁育则需要选用健壮的没有病虫害的根，然后切成7~8cm小段进行栽种。种植宜在秋冬进行。

[**常见病虫害**] 皂荚炭疽病、幼苗猝倒病、皂荚锈病、皂荚干腐病、日本长白蚧等。

[**园林用途**] 可孤植、列植、片植、群植，常植于公园绿地、居住绿地、防护绿地，作为庭荫树、四旁绿化树，也是荒山造林、护坡固沙、防止水土流失的优良树种。

三、紫荆

紫荆（*Cercis chinensis* Bunge），豆科紫荆属。别名：紫珠、裸枝树、满条红、白花紫荆、短毛紫荆等。

[**产地分布**] 产于我国东南部，北至河北，南至广东、广西，西至云南、四川，西北至陕西，东至浙江、江苏和山东等地。

[**形态特征**] 落叶乔木，丛生或单生，高2~5m，野生高可达15m。树皮和小枝灰白色、叶纸质，近圆形或三角状圆形，长5~10cm，宽与长基本相等或略短于长，先端急尖，基部浅至深心形，两面通常无毛，嫩叶绿色，仅叶柄略带紫色，叶缘膜质透明，新鲜时明显可见。花紫红色或粉红色，2~10朵成束，簇生于老枝和主干上，尤以主干上花束较多，通常先于叶开放，但嫩枝或幼株上的花则与叶同时开放，花长1~1.3cm；花梗长3~9mm；龙骨瓣基部具深紫色斑纹；子房嫩绿色，花蕾时光亮无毛，后期则密被短柔毛，有胚珠6~7颗。荚果扁狭长形，绿色，长4~8cm，宽1~1.2cm；种子2~6颗，阔长圆形，长5~6mm，宽约4mm，黑褐色，光亮。花期3—4月，果期8—10月。

[**生长习性**] 喜光，喜温暖湿润环境，有一定的耐寒性。喜肥沃、排水良好的土壤，不耐淹。萌蘖性强，耐修剪。

[**繁育栽培**] 可播种繁育、嫁接繁育、扦插繁育、分株繁育、压条繁育，播种繁育为主。播种于3月下旬至4月上旬进行，播前需对种子进行催芽处理。用60℃温水浸泡种子，继续浸泡3~5d，放在15℃环境中催芽，待露白后撒播于苗床。嫁接可枝接和芽接，枝接在4—5月或8—9月进行，芽接在7月进行。扦插在夏季进行，选取当年生的嫩枝做插条，插于沙土基质中也可成活，分株繁育于秋季10月或春季发芽前进行，用利刀割断蘖苗和母株连接的侧根另植，秋季分株的应假植保护越冬。压条时间以3—4月最佳。选1~2年生枝条作压条，生根后剪下另植。

［**常见病虫害**］紫荆炭疽病、紫荆枯萎病、紫荆角斑病、黄刺蛾、小蓑蛾、褐边绿刺蛾、丽绿刺蛾、扁刺蛾、白囊袋蛾、茶蓑蛾、云斑天牛、棉蚜等。

［**园林用途**］可孤植、片植、丛植，宜植于庭院、草坪、岩石及建筑物前，多用于公园绿地、居住绿地、道路绿地的绿化，具有较好的观赏效果。

四、巨紫荆

巨紫荆（*Cercis gigantea* W. C. Cheng & Keng f.），豆科紫荆属。别名：满条红、乌桑树、湖北紫荆、乔木紫荆等。

［**产地分布**］分布于中国浙江、安徽、湖北、河南、贵州、广东、江苏等地。

［**形态特征**］落叶乔木，高可达20m，胸径可达55cm。树冠伞形，因树形高大、花同紫荆而得名巨紫荆。单叶互生、薄革质，叶心形或近圆形，全缘，叶片短尖，叶边缘透明，表面光滑，长6~13cm；幼叶紫红色，成叶绿色，叶柄红褐色。大树树皮呈灰黑色，有纵裂纹，新枝暗紫绿色，无毛，皮孔淡灰色。总状花序，先叶开放，簇生于老枝上，花冠紫红色，形似彩蝶，花开达半月之久。荚果条形，呈紫红色。种子深绿色，近圆形，5~11粒，扁平。

［**生长习性**］巨紫荆适应能力强，耐寒、耐旱、耐盐碱，性喜阳光，不耐水涝，对土质要求不严，无论肥瘠或酸碱性土壤均能生长，但以深厚肥沃、排水良好的土壤生长最好。速生树种，寿命长。

［**繁育栽培**］可播种繁育、嫁接繁育、扦插繁育、分株繁育、压条繁育。播种繁育在当年10月下旬至11月上旬，适时采集成熟种荚，处理好的种子可装透气袋中，置于阴凉通风处干贮或沙藏，待翌年2月上旬播种，将巨紫荆种子用80℃热水浸泡20h，捞出后冲洗干净，再用0.5%硫酸铜溶液浸泡2h，净水冲洗阴干，均匀播于沙床上，覆盖1cm厚粗黄沙，再用75%多菌灵可湿性粉剂800倍液对沙床进行喷雾消毒。沙床上搭建小拱棚覆盖薄膜保湿。

［**常见病虫害**］紫荆茎枯病、紫荆角斑病、大蓑蛾、褐边绿刺蛾、扁刺蛾、白囊袋蛾、茶蓑蛾、云斑天牛、棉蚜等。

［**园林用途**］是优良的行道树树种。可列植于道路两侧做行道树，也可孤植、丛植于建筑周围，宜植于庭院、草坪、岩石及建筑物前，多用于城市道路绿化、河岸绿化、公园绿化、居住绿化，具有较好的观赏效果。

五、国槐

国槐［*Styphnolobium japonicum*（L.）Schott］，豆科槐属。别名：槐树、槐蕊、豆槐、白槐、细叶槐、金药材、护房树、家槐等。

［**产地分布**］原产于中国，在许多国家都有引种，尤其在亚洲；在中国北部较为集中，北自辽宁、河北，南至广东、台湾，东自山东，西至甘肃、四川、云南。

［**形态特征**］落叶乔木，高6~25m。干皮暗灰色，小枝绿色，皮孔明显。羽状复叶

长 15~25cm；叶轴有毛，基部膨大；小叶 9~14 片，卵状长圆形，长 2.5~7.5cm，宽 1.5~5cm，顶端渐尖而有细突尖，基部阔楔形，下面灰白色，疏生短柔毛。圆锥花序顶生；萼钟状，有 5 小齿；花冠乳白色，旗瓣阔心形，有短爪，并有紫脉，翼瓣、龙骨瓣边缘稍带紫色；雄蕊 10 条，不等长。荚果肉质，串珠状，长 2.5~20cm，无毛，不裂；种子 1~15 颗，肾形。花果期 6—11 月。

［生长习性］性耐寒，喜阳光，稍耐阴，不耐湿而抗旱，在低洼积水处生长不良，深根，对土壤要求不严，较耐瘠薄，石灰及轻度盐碱地上也能正常生长。但在湿润、肥沃、深厚、排水良好的沙质土壤上生长最佳。耐烟尘，能适应城市街道环境。

［繁育栽培］主要播种繁育、扦插繁育。播种繁育适宜春播，播种前，用 85~90℃ 的水浸种 24h，种子吸水膨胀可播种。条播行距 20~25cm，覆土厚度 1.5~2cm，播种量为 8~10kg/667m^2，7~10d 幼苗出土。

［常见病虫害］国槐白粉病、国槐腐烂病、国槐尺蠖、国槐小卷蛾、锈色粒肩天牛、国槐截形叶螨、国槐木虱、日本双棘长蠹等。

［园林用途］可孤植、对植、列植、丛植，常植于公园绿地、居住绿地、道路绿地、工矿区绿地，作为行道树、庭荫树、工矿区绿化树。

六、刺槐

刺槐（*Robinia pseudoacacia* L.），豆科刺槐属。别名：洋槐。

［产地分布］原生于北美洲，现被广泛引种到亚洲、欧洲等地，甘肃、青海、内蒙古、新疆、山西、陕西、河北、河南、山东等地均有栽培。

［形态特征］落叶乔木，高达 10~25m。树皮灰黑褐色，纵裂；枝具托叶性针刺，小枝灰褐色，无毛或幼时具微柔毛。奇数羽状复叶，互生，小叶柄长约 2mm，被短柔毛，小叶片卵形或卵状长圆形，基部广楔形或近圆形，先端圆或微凹，具小刺尖，全缘，表面绿色，被微柔毛，背面灰绿色被短毛。总状花序腋生，比叶短，花序轴黄褐色，被疏短毛。被短柔毛，萼钟状，具不整齐的 5 齿裂，表面被短毛；花冠白色，芳香，基部具爪，先端微凹，翼瓣倒卵状长圆形，基部具细长爪，顶端圆，长 18mm，龙骨瓣向内弯，基部具长爪；雄蕊 10 枚，子房线状长圆形，被短白毛，花柱几乎弯成直角，荚果扁平，线状长圆形，长 3~11cm，褐色，光滑。含 3~10 粒种子，二瓣裂。花期 4—6 月，果期 8—9 月。

［生长习性］强阳性树种，喜光。不耐阴，喜干燥、凉爽气候，较耐干旱、贫瘠，能在中性、石灰性、酸性及轻度碱性土壤上生长。

［繁育栽培］常播种繁育，于 5 月上旬灌水后播种，畦床或大田式条播均可，一般采用大田式育苗，先将苗地平整，再开沟条播，行距 30~40cm，沟深 2.0~2.5cm，沟底宜平，深浅一致，将种子均匀地撒在沟内，然后及时覆土厚 1~2cm 并轻轻按压，播种量为 60~90kg/hm^2。一般在 4 月下旬至 5 月上旬进行移植，刺槐移植多采用穴植，移植前应剪去地上部分。

［常见病虫害］紫纹羽病、幼苗猝倒病、桑刺尺蛾、黄刺蛾、枣刺蛾、丽绿刺蛾、

褐边绿刺蛾、迹斑绿刺蛾、豆天蛾、小黄卷叶蛾、小蓑蛾、茶蓑蛾、白囊袋蛾、大灰象甲、斑点喙丽金龟、铜绿丽金龟、星天牛、刺角天牛、咖啡木蠹蛾、日本双棘长蠹、大青叶蝉、麻皮蝽等。

[园林用途] 可孤植、对植、列植、丛植，常植于公园绿地、居住绿地、道路绿地、工矿企业绿地，作为行道树、庭荫树、工矿区绿化及荒山荒地绿化的优势树种。

七、龙爪槐

龙爪槐（*Sophora japonica*‘Pendula’），豆科槐属。别名：盘槐、垂槐等。

[产地分布] 原产中国北部，北自辽宁，南至广东、台湾，东自山东，西至甘肃，四川、云南均有栽植。

[形态特征] 落叶乔木，高可达25m。树冠呈伞形，树皮灰褐色，具纵裂纹。奇数羽状复叶，互生，小叶7~17枚，全缘，表面深绿色，背面淡绿色。小枝绿色，有明显皮孔，枝条弯曲下垂，颇似龙爪，故名。花期7—8月，果期8—10月。

[生长习性] 喜光、耐寒。耐旱，喜湿润、排水良好、土层深厚的土壤。深根性，耐烟尘、瘠薄，多风、低洼处生长不良。

[繁育栽培] 可扦插繁育、嫁接繁育。扦插繁育是在10月剪取生长健壮新枝条，截成15cm左右的小段，捆成捆放入水中浸泡30h，插条根部蘸用生根剂溶液，及时扦插到温室育苗沙床上。嫁接繁育在4月上中旬进行，选择生长健壮、发育旺盛、干形通直、胸径在5~10cm的国槐苗木作砧木；选择和采集生长健壮、抗性强、无病虫害的优良龙爪槐母株做接穗，用劈接、切接和插皮舌接法进行嫁接繁育；也可在7月上中旬用当年的新生芽进行芽接。

[常见病虫害] 槐树腐烂病、国槐尺蛾、国槐羽舟蛾、小线角木蠹蛾、国槐小卷蛾、国槐截形叶螨、星天牛、刺角天牛、麻皮蝽等。

[园林用途] 宜孤植、对植、列植，常植于公园绿地、居住绿地、道路绿地，常作为门庭及道旁树，或作庭荫树，或置于草坪中作观赏树。

第八节 楝 科

一、楝树

楝树（*Melia azedarach* L.），楝科楝属。别名：苦楝、川楝、紫花树、金铃子等。

［**产地分布**］在中国分布于河南、河北、山西、陕西、甘肃、台湾、四川、云南、海南等多个省份。

［**形态特征**］落叶乔木，高 10~15m。树皮暗褐色，纵裂；幼枝有星状毛，及时脱落。叶 2~3 回单数羽状复叶，长 20~50cm，幼时有星状毛；小叶卵形至椭圆形，长 3~7cm，宽 2~3. 5cm，边缘有钝尖锯齿，深浅不一，有时微裂。圆锥花序与叶近等长或较短；花萼 5 裂，裂片披针形，有短柔毛和星状毛；花瓣 5，淡紫色，倒披针形，有短柔毛；雄蕊 10。核果近球形，直径 1. 5~2cm，淡黄色，4~5 室，每室有 1 种子。花期 4—5 月，果期 10 月。

［**生长习性**］喜光，不耐阴，喜温暖、湿润气候。对土壤要求不严，在酸性、中性、钙质土及盐碱土均可生长。耐干旱、瘠薄，也能生长于水边，但在深厚、肥沃、湿润的土壤中生长较好。

［**繁育栽培**］可播种繁育、扦插繁育。播种宜在 3 月下旬至 4 月上中旬进行，播种前需对种子进行催芽处理，播种量为 12~15kg/667m^2，行距 20~25cm，沟深 3~5cm，播种后覆土，轻轻镇压。扦插宜在 2 月下旬或 3 月上旬进行，选取直径为 0. 5cm 的苗根或枝条，剪成长 15cm 的插条后再进行扦插。插条上口平截，下口斜截，扦插株距为 15~20cm、行距为 30~40cm，深度为长度的 1/3，扦插后将周围土壤压实，当苗长到 5~8cm 时，只保留 1 个萌蘖，培养成苗干，其余的萌蘖抹去。

［**常见病虫害**］幼苗猝倒病、星天牛、光肩星天牛、霜天蛾等。

［**园林用途**］可孤植、列植、丛植、片植、群植，常植于公园绿地、居住绿地、道路绿地、防护绿地，适宜作庭荫树和行道树，是良好的城市及矿区绿化树种，也是沿海地区造林树种。

二、香椿

香椿［*Toona sinensis*（A. Juss.）Roem.］，楝科香椿属。别名：香椿铃、香铃子、香椿芽、红椿、椿芽树、椿花、椿等。

［**产地分布**］产于我国中部，目前分布于陕西、贵州和云南，以及长江南北的广泛地区。

［**形态特征**］落叶乔木，雌雄异株，树木可高可达25m。树皮粗糙，深褐色，片状脱落。叶互生，纸质，卵状披针形或卵状长椭圆形。圆锥花序与叶等长或更长，被稀疏的锈色短柔毛或有时近无毛，聚伞花序生于短的小枝上，多花；花长4~5mm，具短花梗；花萼5齿裂或浅波状，外面被柔毛，花瓣5，白色，长圆形，先端钝，长4~5mm，宽2~3mm，无毛；雄蕊10枚，其中5枚能育，5枚退化；花盘无毛，近念珠状；子房圆锥形，有5条细沟纹，无毛，每室有胚珠8颗，花柱比子房长，柱头盘状。蒴果狭椭圆形，长2~3.5cm，深褐色，有小而苍白色的皮孔，果瓣薄；种子基部通常钝，上端有膜质的长翅，下端无翅。花期6—8月，果期10—12月。

［**生长习性**］喜光，耐寒、耐干旱、耐瘠薄、耐盐碱，根系发达，萌蘖性强，适应性强，适宜在平均气温8~10℃的地区栽培，较耐湿，适宜生长于河边、宅院周围肥沃湿润的土壤中，一般以砂壤土为宜，适宜的土壤酸碱度为pH值5.5~8.0。抗病虫能力强。

［**繁育栽培**］可播种繁育、扦插繁育、分株繁育，播种繁育是最常用的方法。播种一般在4—5月进行，播种前，宜先用温度20~30℃水浸种处理12h，浸种后取出用清水冲洗置于袋中催芽，温度维持25℃左右，待种子萌芽后及时播种，行距30cm，沟宽5~6cm，沟深5cm，覆土厚2cm。当小苗出土长出4~6片真叶时，应进行间苗和定苗。定苗前先浇水，以株距20cm定苗，到秋冬季时幼苗即可移栽。扦插繁育一般于4—6月进行，取当年生且半木质化枝条剪成15cm左右，用吲哚丁酸钾溶液稀释1 000倍后浸泡40min，扦插于沙床中。

［**常见病虫害**］香椿叶锈病、桑黄萤叶甲、斑衣蜡蝉、铜绿丽金龟等。

［**园林用途**］可孤植、列植，常植于居住绿地、道路绿地，作为观赏树种、行道树种及四旁绿化树种。

第九节　苦木科

一、臭椿

臭椿［*Ailanthus altissima*（Mill.）Swingle］，苦木科臭椿属。别名：臭椿皮、大果臭椿等。

［产地分布］ 在中国以黄河流域为分布中心，南自广东、广西、云南，向北到辽宁南部，共跨22个省区。

［形态特征］ 落叶乔木，高可达30m，胸径达1m以上。树冠呈扁球形或伞形。树皮灰白色或灰黑色，平滑，稍有浅裂纹。枝条粗壮。奇数羽状复叶，互生，小叶近基部叶缘具少数粗齿，卵状披针形，叶总柄基部膨大，齿端有1腺体，有臭味。雌雄同株或雌雄异株，圆锥花序顶生，花小，杂性，白绿色，花瓣5~6，雄蕊10。翅果，有扁平膜质翅，长椭圆形，种子位于中央。花期4—5月，果期8—10月。

［生长习性］ 喜光，不耐阴。适应性强，除黏土外，中性、酸性及钙质土等各种土壤均能生长，适生于深厚、肥沃、湿润的砂质土壤。耐寒，耐旱，不耐水湿，长期积水会烂根死亡。深根性。对烟尘与二氧化硫的抗性较强，病虫害较少。能耐盐碱，且生长迅速。

［繁育栽培］ 可播种繁育、根蘖苗分株繁育，常用播种繁育。以春季播种危宜，在黄河流域一带有晚霜为害，春播不宜过早，采用条播，用40℃水浸种24h，种子有1/3露白即可播种，行距25~30cm，覆土1~1.5cm，略镇压，播种量为3~5kg/667m^2。臭椿的栽植冬春两季均可，春季栽苗易早栽，在苗干上部壮芽膨大呈球状时栽植成活率最高。

［常见病虫害］ 臭椿白粉病、臭椿瘿螨、绿盲蝽、斑衣蜡蝉、臭椿皮蛾、刺角天牛、桑褐刺蛾、黑绒金龟等。

［园林用途］ 可孤植、列植、丛植或与其他树种混栽，适宜于道路绿化、工厂绿化、矿区等绿化。

二、千头椿

千头椿（*Ailanthus altissima* ‘Qiantou’），苦木科臭椿属。别名：多头椿、千层椿等。

［**产地分布**］原产于中国北部，以华北、黄河流域栽培最盛。东北南部、西北及长江流域均有栽培。

［**形态特征**］落叶乔木，高 6~30m。树冠圆球形，树皮灰褐色，分枝较多。叶为奇数羽状复叶互生，小叶 3~7 枚，卵状披针形至椭圆状披针形。花单性，雌雄异株，全缘，淡黄色，圆锥花序顶生。翅果倒卵形至椭圆形，长 2~3cm，褐黄色，幼时稍带红晕。花期 5 月中旬至 6 月上旬，不结籽或少有结籽。

［**生长习性**］喜光、耐寒、耐旱、耐瘠薄、耐中度盐碱，不耐阴。不耐水湿，但在土层深厚、排水良好而又肥沃的土壤中生长良好。

［**繁育栽培**］可播种繁育、扦插繁育、嫁接繁育。播种繁育在 3 月上旬至 4 月下旬播种，播种前可用 40℃的温水浸泡 24h，播种量为 5~8kg/667m^2，条播行距 25~40cm，覆土 1~1.5cm。扦插繁育选择充分木质化的 1 年生枝条，先截取 15cm 长度枝条作插条，上切口平行，下切口斜行，扦插在消毒后的基质中。栽植在春秋两季均可，春季以 4 月中旬栽植为宜，即苗木上部壮芽膨大呈球状时栽植成活率最高，秋季宜在开始落叶至 12 月上旬进行栽植。

［**常见病虫害**］斑衣蜡蝉、樗蚕蛾、臭椿沟眶象、云斑天牛、臭椿瘿螨、绿盲蝽等。

［**园林用途**］可孤植、列植，常植于居住绿地、道路绿地、各类庭院绿地及工矿区绿地，作为庭荫树、观赏树、行道树。

第十节 桑 科

一、桑

桑（*Morus alba* L.），桑科桑属。别名：桑树、家桑等。

［**产地分布**］原产于我国中部和北部，有约4 000年的栽培史，栽培范围广泛，东北自哈尔滨以南；西北从内蒙古南部至新疆、青海、甘肃、陕西；南至广东、广西，东至台湾；西至四川、云南；以长江中下游各地栽培最为广泛。

［**形态特征**］落叶乔木，高可达16m，胸径约1m。树冠倒卵圆形，树皮厚，灰色，具不规则浅纵裂；叶卵形或宽卵形，先端尖或渐短尖，基部圆或心形，锯齿粗钝，幼树叶常有浅裂、深裂，上面无毛，下面沿叶脉疏生毛，脉腋簇生毛；花单性，腋生或生于芽鳞腋内，与叶同时生出；聚花果（桑椹）紫黑色、淡红色或白色，多汁味甜。花期4—5月，果期5—8月。

［**生长习性**］喜光，幼时稍耐阴，喜温暖湿润气候，耐寒，耐干旱，耐水湿能力极强。对土壤的适应性强，耐瘠薄和轻碱性，喜土层深厚、湿润、肥沃土壤。抗风，耐烟尘，抗有毒气体。根系发达，生长快，萌芽力强，耐修剪，寿命长。

［**繁育栽培**］可播种繁育、嫁接繁育、扦插繁育。播种有夏播、春播两种，常在4—6月春播，条播，行距20~30cm，播幅6~10cm，覆土1cm，以不见种子为宜，播种量为0.5~1.0kg/667m^2。扦插繁育一般选择在夏季用桑树半木质化的枝条进行扦插，插条的长度在15cm左右，保留顶端2片叶。

［**常见病虫害**］桑白粉病、紫纹羽病、乌桕黄毒蛾、黄尾毒蛾、八点灰灯蛾、绒绿象甲、泥翅象甲、铜绿丽金龟、黑绒金龟、星天牛、桑天牛、瘤胸天牛、云斑天牛、薄翅锯天牛、石榴毡蚧、广翅蜡蝉等。

［**园林用途**］桑树叶茂密，秋季叶色变黄，颇为美观，且能抗烟尘及有毒气体，适于城市、工矿区及农村四旁绿化。

二、构树

构树［*Broussonetia papyrifera*（L.）L'Hér. ex Vent.］，桑科构属。别名：楮桃、楮、谷桑、楮实、角树子、假杨梅、构泡等。

［**产地分布**］产于中国南北各地，分布于中国黄河流域、长江流域和珠江流域地

区，也常见于越南、日本。

[**形态特征**] 落叶乔木，高可达16m。树冠开张，卵形至广卵形；树皮平滑，浅灰色或灰褐色，不易裂，全株含乳汁；单叶互生，有时近对生，叶卵圆至阔卵形，长8~20cm，宽6~15cm，顶端锐尖，基部圆形或近心形，边缘有粗齿，3~5深裂（幼枝上的叶更为明显），两面有厚柔毛；叶柄长3~5cm，密生绒毛；托叶卵状长圆形，早落；聚花果球形，径1.5~3cm，熟时橙红色或鲜红色；花期4—5月，果期6—7月。

[**生长习性**] 强阳性树种，适应性强，抗逆性强，抗污染性强。根系浅，侧根分布广，生长快，萌芽力和分蘖力强，耐修剪。

[**繁育栽培**] 可播种繁育、扦插繁育，常用播种繁育。播种时间一般在3月中下旬，播种前要将种子用清水浸泡2~3h，用湿细沙进行催芽，采用条播，行距25~30cm，播种时，将种子和细沙混合均匀后撒入2cm深的条沟内，覆土以不见种子为宜，当年生苗木达到80~90cm，即可出圃造林。

[**常见病虫害**] 桑叶褐斑病、根结线虫病、桑煤污病、桑粒肩天牛、黄尾毒蛾等。

[**园林用途**] 可孤植、列植、丛植、群植，常用作荒滩、偏僻地带及污染严重的工厂的绿化树种和防护林，也可用作行道树、庭荫树。

第十一节 杉 科

一、水杉

水杉（*Metasequoia glyptostroboides* Hu & W. C. Cheng），杉科水杉属。别名：水桫等。

［**产地分布**］水杉这一古老稀有的珍贵树种为我国特产，水杉树原产地是在中国四川省。目前北至辽宁辽东半岛，南抵广东，东达江苏、浙江，西至云南、四川，目前在中国各地广泛引种栽培。

［**形态特征**］落叶乔木，高 35～41.5m，胸径 1.6～2.4m。雌雄同株，雄球花单生叶腋或苞腋，卵圆形，交互对生排成总状或圆锥花序状，雄蕊交互对生，花丝短，药隔显著；雌球花单生侧枝顶端。球果下垂，当年成熟，果蓝色，可食用，近球形或长圆状球形，微具四棱；种鳞极薄，透明；苞鳞木质，盾形，背面横菱形，有一横槽，熟时深褐色；种子倒卵形，扁平，周围有窄翅，先端有凹缺。花期 2 月下旬，果期 11 月。

［**生长习性**］喜光，喜温暖湿润气候；速生树种，喜深厚肥沃的酸性土壤，耐贫瘠，不耐旱，适应温度为-8～38℃。对二氧化硫等有害气体的抗性较弱。

［**繁育栽培**］可播种繁育、扦插繁育，常用播种繁育。春季 3 月进行播种，在大田中采用条播或撒播，播后覆土不宜过厚，经常保持土壤湿润。扦插采用硬枝扦插和嫩枝扦插均可，硬枝扦插于 3 月上旬进行，在健壮母株上剪取 2～3 年生生长健壮枝条作插条，留取长 15cm 左右；嫩枝扦插一般在 5 月下旬进行，选择半木质化嫩枝作插条。经过处理后进行扦插。

［**常见病虫害**］水杉赤枯病、水杉锈病、木橑尺蛾、大蓑蛾、杉木针叶小爪螨等。

［**园林用途**］可列植、丛植、片植，但最适于列植。水杉是“活化石”树种，是秋叶观赏树种，可用于堤岸、湖滨、池畔、庭院、道路、工矿区等绿化，可作为盆栽，也可成片栽植营造风景林。

二、池杉

池杉（*Taxodium ascendens* Brongn.），杉科落羽杉属。别名：池柏、沼杉、沼落羽松等。

［**产地分布**］原产北美东南部，中国江苏、浙江、河南、湖北等黄河流域以南地区均有栽培。

[**形态特征**] 落叶乔木，在原产地高可达25m。树干基部膨大，通常有屈膝状的呼吸根（低湿地生长尤为显著）；树皮褐色，纵裂，成长条片脱落；枝条向上伸展，树冠较窄，呈尖塔形；当年生小枝绿色，细长，通常微向下弯垂，2年生小枝呈褐红色。叶钻形，微内曲，在枝上螺旋状伸展，上部微向外伸展或近直展，下部通常贴近小枝，基部下延，长4~10mm，基部宽约1mm，向上渐窄，先端有渐尖的锐尖头，下面有棱脊，上面中脉微隆起，每边有2~4条气孔线，球果圆球形或矩圆状球形，有短梗，向下斜垂，熟时褐黄色，长2~4cm，径1.8~3cm；种鳞木质，盾形，中部种鳞高1.5~2cm；种子不规则三角形，微扁，红褐色，长1.3~1.8cm，宽0.5~1.1cm，边缘有锐脊。花期3—4月，球果10月成熟。

[**生长习性**] 速生树种，强阳性，不耐阴，耐寒性较强，极耐水淹，抗风力强，萌芽力强，也耐干旱。适宜于年均温度12~20℃地区生长，温度偏高，更有利于生长；能耐-17℃短暂的低温。喜深厚、疏松、湿润的酸性土壤，对酸碱性较敏感。当土壤pH值达到7以上时，出现不同程度的黄化现象，生长不良，当土壤pH值达到9时，常导致幼苗死亡。。

[**繁育栽培**] 可播种繁育、扦插繁育，以播种繁育为主。在10月下旬采收球果，播种宜在12月或翌年2月中下旬进行，播种前可用冷水或40~50℃温水浸种4~5d，每天换水一次，捞出沥干水分即可播种。播种多用宽幅条播，条宽10~15cm，条距30cm，沟深10cm，沟内施足基肥，填些细土，再播入种子，覆土不宜太厚，以2cm左右为宜，覆土后及时覆盖一层稻草或地膜。每米条沟播种30~50粒，播种量为120~150kg/hm^2，折合带壳播种量为300~350kg/hm^2。栽植以春季阴雨天为宜。

[**常见病虫害**] 针叶斑点病、针叶黄化病、大蓑蛾、针叶小爪螨等。

[**园林用途**] 可孤植、列植、片植、丛植，可做行道树和园景树，特别适合水边湿地种植，是长江流域重要的造树和园林树种。

三、落羽杉

落羽杉 [*Taxodium distichum*（L.）Rich.]，杉科落羽杉属。别名：落羽松等。

[**产地分布**] 原产于北美及墨西哥，现在中国广东、浙江、江苏、湖北、河南、福建等地均引种栽培。

[**形态特征**] 落叶乔木，树高25~50m，胸径可达2m。树干尖削度大，干基通常膨大，常有屈膝状的呼吸根；树皮棕色，裂成长条片脱落；枝条水平开展，幼树树冠圆锥形，老则呈宽圆锥状；新生幼枝绿色，到冬季则变为棕色；生叶的侧生小枝排成二列。叶条形，扁平，基部扭转在小枝上列成二列，羽状，长1~1.5cm，宽约1mm，先端尖，上面中脉凹下，淡绿色，下面黄绿色或灰绿色，中脉隆起，每边有4~8条气孔线，凋落前变成暗红褐色。雄球花卵圆形，有短梗，在小枝顶端排列成总状花序状或圆锥花序状。球果球形或卵圆形，有短梗，向下斜垂，熟时淡褐黄色，有白粉，径约2.5cm；种鳞木质，盾形，顶部有明显或微明显的纵槽；种子不规则三角形，有锐棱，长1.2~1.8cm，褐色。花期3月，球果10月成熟。

[生长习性] 强阳性树种，适应性强，能耐低温、干旱、耐盐碱、耐水淹，抗污染。

[繁育栽培] 可播种繁育、扦插繁育，以播种繁育为主。播种以3月中旬至4月初最佳，选择肥沃、湿润的微酸性沙壤土做苗床条播，行距为20cm，播种量为8～10kg/hm²。播后常规管理，一年生苗达60～80cm时即可出圃定植。在3月可裸根移植1～2m高的幼苗，2m以上的大苗宜带土球，起苗时需深挖多留根，栽植时应深穴深栽植。

[常见病虫害] 蛴螬、大地老虎、小地老虎等。

[园林用途] 可孤植、列植、片植、丛植，常植于居住绿地、道路绿地、水边绿地、防护绿地，常作庭院树、行道树、水边护岸树、防护林。

第十二节　金缕梅科

一、枫香

枫香（*Liquidambar formosana* Hance），金缕梅科枫香树属。别名：枫树、路路通等。

[产地分布] 分布于我国秦岭及淮河以南各省，北起河南、山东，东至台湾，西至四川、云南及西藏，南至广东；在越南北部，老挝及朝鲜南部也有分布。

[形态特征] 落叶乔木，高可达30m，胸径最大可达1m。树皮灰褐色，方块状剥落；小枝干后灰色，被柔毛，略有皮孔；芽体卵形，长约1cm，略被微毛，鳞状苞片敷有树脂，干后棕黑色，有光泽。叶薄革质，阔卵形，叶柄长达11cm，常有短柔毛；托叶线形，游离，或略与叶柄连生，长1~1.4cm，红褐色，被毛，早落。雄性短穗状花序常多个排成总状，雄蕊多数，花丝不等长，花药比花丝略短。头状果序圆球形，木质，直径3~4cm；蒴果下半部藏于花序轴内，有宿存花柱及针刺状萼齿。种子多数，褐色，多角形或有窄翅。花期4月，果期10月。

[生长习性] 喜光，喜温暖湿润气候，幼树稍耐阴，不耐水涝，不耐寒，不耐盐碱及干旱。深根性，主根粗长，抗风力强，不耐移植及修剪。耐火烧，萌芽性极强。

[繁育栽培] 常用播种繁育。枫香播种可冬播，也可春播，冬播较春播发芽早而整齐。春季播种一般在3月中旬进行，播种可采取撒播和条播，撒播应用的一般较多，播种量为22.5~30.0kg/hm^2，播种后及时覆土，以微可见种子为佳。

[常见病虫害] 黄毒蛾、绿尾大蚕蛾、天幕毛虫、日本纽绵蚧、刺角天牛等。

[园林用途] 可在草地孤植、丛植或与其他树木混植，植于庭院作庭荫树，栽植于山坡、池畔和厂矿区绿地。一般不宜列植作行道树。

二、北美枫香

北美枫香（*Liquidambar styraciflua* L.），金缕梅科枫香树属。别名：北美糖胶树、甜枫等。

[产地分布] 分布于北美洲东部。国内常见栽培。

[形态特征] 落叶乔木，高可达30m。幼树树干及枝条具木栓质的棱脊。叶互生，5~7裂，长7~19（~25）cm，宽4.4~16cm，有细锯齿；托叶线状披针形，长3~4mm，早落。花单性同株，雄花簇生呈穗状，长3~6cm，每朵花具雄蕊4~8（~10）枚；雌花无花

被。头状果序熟时褐色，球形，径3~4cm。花期3—5月。

[**生长习性**] 生长极迅速。喜光，喜湿润气候，在潮湿、排水良好的微酸性土壤上生长较好。深根性，抗风；萌发力强。

[**繁育栽培**] 主要以播种繁育为主，种子在冬季（1~5℃）进行沙藏层积处理3个月，3月上中旬将经层积处理的种子播入沙床内，播种量为0.1kg/m²，深度为种子直径的1~1.5倍。播种后浇足水分，补水时应用雾状水喷洒。

[**常见病虫害**] 黄毒蛾、绿尾大蚕蛾、日本纽绵蚧、刺角天牛等。

[**园林用途**] 北美枫香是著名的秋季彩叶树种，春、夏叶色暗绿，秋季叶色变为黄色、紫色或红色，彩叶期长，其树体高大，非常优美、壮观，是重要的园林树种。可孤植、丛植、群植，可作庭院绿化、道路绿化、公园绿地、景区绿化、矿区绿化等。也可作防护林和湿地生态林。

第十三节　无患子科

一、栾树

栾树（*Koelreuteria paniculata* Laxm.），无患子科栾树属。别名：木栾、栾华、五乌拉叶、黑叶树、石栾树、北京栾等。

［**产地分布**］产于我国大部分省区，东北自辽宁起经中部至西南部的云南，以华中、华东较为常见，主要繁育基地有江苏、浙江、江西、安徽，河南也是栾树生产基地之一。日本、朝鲜等世界各地均有栽培。

［**形态特征**］落叶乔木，高可达20m。树皮灰褐色，细纵裂；小枝稍有棱，无顶芽，皮孔明显，树冠为近似的圆球形，冠幅8~12m，奇数羽状复叶互生，有时部分小叶深裂而为不完全的二回羽状复叶，长可达40cm，小叶7~15cm，卵形或长卵形，边缘具锯齿或裂片，背面沿脉有短柔毛。春季嫩叶褐红色，秋季变为黄褐色，花小，花瓣黄色，基部有红色斑，在枝顶组成圆锥花序，苞叶三角状卵形，蒴果黑色，圆球形，顶生大型圆锥花序。花期6—8月，果期9—10月。

［**生长习性**］喜光，稍耐半阴，耐寒，但是不耐水湿，耐干旱和瘠薄，对环境的适应性强，喜欢生长于石灰质土壤中，耐盐渍及短期水涝。栾树具有深根性，萌蘖力强，生长速度中等，有较强抗烟尘能力。

［**繁育栽培**］可播种繁育、扦插繁育。播种繁育可秋播，也可春播，春播时需要进行催芽处理，一般采用垄播，垄距60~70cm，播种量为30~40kg/667m^2。播种后覆一层1~2cm厚的疏松细碎土。扦插繁育于春季进行，扦插在含腐殖质较丰富、土壤疏松、通气性、保水性好的黏质土，施腐熟有机肥，株行距30cm×50cm，先用木棍打孔，直插，插条外露1~2个芽。移植宜在春季进行，移植时要适当剪短主根和粗侧根，以促发新根，移植结束后从根茎处截去苗干，即从地表处平茬，及时浇透水。

［**常见病虫害**］栾树枝枯病、栾树煤污病、桑刺尺蛾、光肩星天牛、六星黑点豹蠹蛾、日本双棘长蠹、栾多态毛蚜、枣大球坚蚧、日本纽绵蚧、朱砂叶螨等。

［**园林用途**］栾树春季嫩叶多为红叶，夏季黄花满树，入秋叶色变黄，果实紫红，形似灯笼，是理想的观叶、观花、观果树种。可孤植、列植、片植，常用作庭荫树、行道树、园景树，同时也可作为居民区、工厂区及四旁绿化树种。

二、复羽叶栾树

复羽叶栾树（*Koelreuteria bipinnata* Franch.），无患子科栾树属。别名：黄山栾。

［**产地分布**］分布于中国云南、贵州、四川、湖北、河南、湖南、广西、广东等地。

［**形态特征**］落叶乔木，高可达20m；树冠广卵形。树皮暗灰色，片状剥落；小枝暗棕红色，密生皮孔。二回羽状复叶，长45~70cm；各羽片有小叶7~17，互生，稀对生，斜卵形，长3.5~7cm，宽2~3.5cm，全缘或有锯齿。花序开展，长达35~70cm；花金黄色，花萼5裂，花瓣4，稀5。蒴果椭球形，长4~7cm，径3.5~5cm，顶端钝而有短尖，嫩时紫色，熟时红褐色。花期6—9月，果期8—11月。

［**生长习性**］喜光，幼年耐阴；喜温暖湿润气候，耐寒性较栾树差，在山东中部幼树有冻害；对土壤要求不严，微酸性、中性土壤均能生长。深根性，不耐修剪。

［**繁育栽培**］可播种繁育、扦插繁育。播种繁育在果实红褐色而未开裂时进行采种、晾晒、处理种子，经过冬季低温2~3个月的保湿贮藏、催芽。在3月上旬进行播种。

［**常见病虫害**］栾树煤污病、桑刺尺蛾、光肩星天牛、六星黑点豹蠹蛾、日本双棘长蠹、栾多态毛蚜、枣大球坚蚧、日本纽绵蚧等。

［**园林用途**］复羽叶栾树树体高大，枝叶茂密，冠大荫浓，夏秋开花，金黄夺目，不久就有淡红色灯笼似的果实挂满树梢；黄花红果。可孤植、列植、片植，常用作庭荫树、行道树、园景树，常植于居住绿地、道路绿地、公园绿地、防护绿地。

第十四节　七叶树科

七叶树

七叶树（*Aesculus chinensis* Bunge），七叶树科七叶树属。别名：梭椤树、梭椤子、天师栗、开心果等。

［**产地分布**］中国黄河流域及东部各省均有栽培，仅秦岭有野生。

［**形态特征**］落叶乔木，高可达25m。树皮深褐色或灰褐色，小枝圆柱形，黄褐色或灰褐色，无毛或嫩枝有微柔毛，有圆形或椭圆形淡黄色的皮孔。冬芽大，有树脂。掌状复叶，有灰色微柔毛；小叶纸质，长圆披针形至长圆倒披针形，稀长椭圆形，先端短锐尖，基部楔形或阔楔形，边缘有钝尖形的细锯齿，上面深绿色，无毛；树皮灰褐色，片状剥落。花杂性，雄花与两性花同株，花萼管状钟形，果实球形或倒卵圆形。花期4—5月，果期10月。

［**生长习性**］喜光，稍耐阴；喜温暖气候，也能耐寒；喜深厚、肥沃、湿润而排水良好的土壤。深根性，萌芽力强；生长速度中等偏慢，寿命长。

［**繁育栽培**］以播种繁育为主，春播、秋播均可。以秋季随采随播最佳。开沟条播，条距20~30cm，株距10cm左右，播种时要将种脐向下，播后覆土盖草，翌春发芽出土。移植时间一般为冬季落叶后至翌年春季苗木未发芽时，移植时均应带土球，土球的大小一般为树木胸径的8~10倍。

［**常见病虫害**］七叶树叶枯病、扶桑炭疽病、七叶树干腐病、桑褐刺蛾等。

［**园林用途**］可孤植、列植、丛植、片植，常植于公园绿地、居住绿地、道路绿地、广场绿地，是优良的庭荫树、行道树和四旁绿化树种。

第十五节　槭树科

一、鸡爪槭

鸡爪槭（*Acer palmatum* Thunb.），槭树科槭属。别名：鸡爪枫、槭树等。

［**产地分布**］分布于山东、河南南部、江苏、浙江、安徽、江西、湖北、湖南、贵州等地。朝鲜和日本也有分布。

［**形态特征**］落叶小乔木，高 5~8m。树冠伞形，枝条开张，细弱。树皮深灰色，小枝细瘦；幼枝青绿色，细弱；单叶对生，近圆形，薄纸质，掌状 7~9 深裂，裂深常为全叶片的 1/3~1/2，基部心形，裂片卵状长椭圆形至披针形，先端尖，有细锐重锯齿，背面脉腋有白簇毛。伞房花序直径为 6~8mm，萼片暗红色，花瓣紫色。果长 1~2.5cm，两翅开展成钝角。花期 5 月，果期 9—10 月。

［**生长习性**］弱阳性树种，耐半阴，耐酸碱，较耐燥，不耐水涝，喜温暖湿润气候及肥沃、湿润而排水良好的土壤，耐寒性不强，酸性、中性及石灰质土壤均能适应。生长速度中等偏慢。

［**繁育栽培**］可播种繁育、嫁接繁育，一般常用播种繁育，而园艺变种常用嫁接繁育。播种春播秋播均可，条播，行距 15~20cm，覆土厚约 1cm，盖稻草，3 月下旬发芽出土，应及时揭草。嫁接在春季萌芽前进行，可用切接、靠接及芽接，砧木一般常用 1~3 年生实生苗枝条做插条。幼苗需适当遮阴，当年苗高 30~50cm。移栽要在落叶休眠期进行，小苗可露根移植，但大苗需带土球移植。

［**常见病虫害**］槭白粉病、槭茎腐病、槭炭疽病、鸡爪槭叶斑病、黄刺蛾、大蓑蛾、星天牛、皱大球坚蚧、白蜡绵粉蚧、蛴螬、蝼蛄等。

［**园林用途**］可孤植、对植、列植、片植、群植，常植于道路绿地、居住绿地、公园绿地、风景区，可用作行道树、庭荫树及风景区观赏树种，也可作为盆栽。

二、梣叶槭

梣叶槭（*Acer negundo* L.），槭树科槭属。别名：复叶槭、白蜡槭、糖槭、美国槭、羽叶槭等。

［**产地分布**］原产北美，目前在辽宁、内蒙古、河北、山东、河南、陕西、甘肃、新疆，江苏、浙江、江西、湖北等地均有栽培。

［形态特征］落叶乔木，高可达 20m。树皮黄褐色或灰褐色。小枝圆柱形，无毛，当年生枝绿色，多年生枝黄褐色。奇数羽状复叶，小叶纸质，卵形或椭圆状披针形，叶缘有不规则锯齿，叶柄长 5~7cm，嫩时有稀疏的短柔毛。花单性，雌雄异株；雄花的花序聚伞状，雌花的花序总状，花小，黄绿色，开于叶前。果翅狭长，近于长圆形或长圆卵形，无毛，张开成锐角或直角。花期 4—5 月，果期 9 月。

［生长习性］喜光，耐寒、耐旱、耐干冷、耐轻度盐碱、耐烟尘。喜温寒气候，适宜在土层深厚湿润的中性土壤种植。暖湿地区生长不良。

［繁育栽培］可播种繁育、嫁接繁育。播种前先用 40℃温水浸种，水自然冷却后换清水浸泡 24h，每 24h 换水 1 次，连续更换 4d。种子捞出控干，种子露白在 50%以上及时条播播种，播种量为 5~7.5kg/667m^2，行距 25cm，覆土厚约 2cm。嫁接繁育砧木应选 4~5 年生的实生苗，在离地面 3~4m 高处截除以上树体，采取劈接进行嫁接繁育。

［常见病虫害］槭枝枯病、槭叶枯病、槭白粉病、幼苗猝倒病、星天牛、黄刺蛾、皱大球坚蚧、白蜡绵粉蚧等。

［园林用途］可孤植、列植、片植、丛植、群植，常栽植于道路绿地、居住绿地、厂矿绿地、风景区，是良好的行道树、庭荫树。

三、色木槭

色木槭（*Acer pictum* Thunb.），槭树科槭属。别名：五龙皮、五角枫、地锦槭、水色树、细叶槭、弯翅色木槭、色树等。

［产地分布］产我国东北、华北、长江流域，以及云南、四川。朝鲜、日本也有分布。

［形态特征］落叶乔木，高 15~20m。树皮粗糙，常纵裂，灰色，稀深灰色或灰褐色。冬芽紫褐色，有短柄。叶长 6~8cm，宽 9~11cm，基部心形或浅心形，通常 5 裂，裂深达叶片中部，有时 3 或 7 裂，裂片卵状三角形，顶部渐尖或长尖，全缘，表面绿色，无毛，背面淡绿色，基部脉腋有簇毛。花黄绿色，顶生伞房花序；萼片和花瓣各 5；雄蕊生于花盘内侧。翅果极扁平，长 3~3.5cm，两翅开展成钝角或近水平，翅长为小坚果的 1~2 倍。花期 4—5 月，果熟期 8—9 月。

［生长习性］温带树种，弱度喜光，稍耐阴，喜温凉湿润气候。对土壤要求不严，在中性、酸性及石灰性土壤均能生长，但以土层深厚、肥沃及湿润土层生长最好，黄黏土上生长较差。生长速度中等，深根性，抗风力强。

［繁育栽培］常用播种繁育。5 月上旬采用条播，行距 15cm，播种深度为 2~3cm。播种量为 15~20kg/667m^2，播后可覆盖地膜或细碎作物秸秆，出苗率达 40%左右时，应撤除覆盖物。苗高 10cm 时可间苗、定苗，株距 8~10cm。

［常见病虫害］幼苗猝倒病、槭枝枯病、槭叶枯病、槭白粉病、星天牛、黄刺蛾、皱大球坚蚧、白蜡绵粉蚧等。

［园林用途］色木槭树冠宽阔，树形优美，秋叶红艳，是优良的秋季色叶树种，可孤植、列植、片植、丛植，是北方重要秋天观叶树种，可用作庭院树、行道树和风景林树种。

四、三角槭

三角槭（*Acer buergerianum* Miq.），槭树科槭属。别名：三角枫、君范槭、福州槭、宁波三角槭等。

［**产地分布**］中国山东、河南、江苏、浙江、安徽、江西、湖北、湖南、贵州、广东、台湾等地均有分布。日本也有分布。

［**形态特征**］落叶乔木，高 5~10m，稀达 20m。树皮褐色或深褐色，粗糙。小枝细瘦；当年生枝紫色或紫绿色，近于无毛；多年生枝淡灰色或灰褐色，稀被蜡粉。冬芽小，褐色，长卵圆形，鳞片内侧被长柔毛。叶纸质，椭圆形或倒卵形，基部近于圆形或楔形；叶柄长 2.5~5cm，淡紫绿色，细瘦，无毛。萼片黄绿色，卵形，无毛；花瓣淡黄色，狭窄披针形或匙状披针形，先端钝圆，雄蕊与萼片等长或微短，花盘无毛，微分裂，位于雄蕊外侧；子房密被淡黄色长柔毛，花柱无毛；花梗细瘦，嫩时被长柔毛，渐老近于无毛。翅果黄褐色；小坚果特别凸起；中部最宽，基部狭窄，张开成锐角或近于直立。花期 4 月，果期 8 月。

［**生长习性**］弱阳性树种，稍耐阴。喜温暖、湿润环境及中性至酸性土壤。耐寒，较耐水湿，萌芽力强，耐修剪。树系发达，根蘖性强。

［**繁育栽培**］主要采用播种繁育。秋季采种，去翅干藏，至翌年春季在播种前 2 周浸种、混沙催芽后播种，也可当年秋播。一般采用条播，条距 25cm，覆土厚 1.5~2cm，播种量为 3~4kg/667m^2；幼苗出土后适当遮阴。移植在秋季落叶后或春季芽萌动前进行，根系发达，裸根移栽易成活，大树移栽须带土球。

［**常见病虫害**］幼苗猝倒病、槭叶斑病、槭枝枯病、槭白粉病、星天牛、黄刺蛾、皱大球坚蚧、白蜡绵粉蚧等。

［**园林用途**］秋季叶色景观宜人，可孤植、丛植、列植于湖岸、溪边、谷地、草坪，或点缀于亭廊、山石间，用作庭荫树、行道树、护岸树，也可制绿篱，老桩可制成盆景。

五、元宝槭

元宝槭（*Acer truncatum* Bunge），槭树科槭属。别名：元宝树、平基槭、五脚树、色树、枫香树、元宝枫等。

［**产地分布**］广泛分布于吉林、辽宁、内蒙古、河北、河南、山西、山东、安徽、江苏、陕西、四川、湖北、浙江、江西、甘肃等地。

［**形态特征**］落叶乔木，高达 8~10m。树皮灰褐色或深褐色，深纵裂。小枝无毛，当年生枝绿色，多年生枝灰褐色，具圆形皮孔。叶纸质，长 5~10cm，宽 8~12cm，常 5 裂，稀 7 裂，基部截形，稀近于心脏形；裂片三角卵形或披针形，先端锐尖或尾状锐尖，边缘全缘，长 3~5cm，宽 1.5~2cm，上面深绿色，无毛，下面淡绿色，嫩时脉腋被丛毛，其余部分无毛，渐老全部无毛；叶柄长 3~5cm，稀可达 9cm，无毛，稀嫩时顶

端被短柔毛。花黄绿色，杂性，雄花与两性花同株，长约 5cm，直径约 8cm；花瓣 5 枚，淡黄色或淡白色，长圆倒卵形，长 5~7mm；翅果嫩时淡绿色，成熟时淡黄色或淡褐色；花期 4 月，果期 8 月。

[**生长习性**] 耐阴，喜温凉湿润气候，喜湿润、肥沃、土层深厚的土壤；耐寒性强，但过于干冷、炎热对生长不利。对土壤要求不严，在酸性土、中性土及石灰性土壤中均能生长。深根性，生长速度中等。对二氧化硫、氟化氢的抗性较强，吸附粉尘的能力较强。

[**繁育栽培**] 播种繁育为主。春季播种前需对种子进行催芽处理，先用 30℃温水浸泡并不断搅拌，4~5d 后取出控干，用 1∶3 沙拌匀催芽，种子 30%露白后及时播种；播种量为 15~20kg/667m^2。播后覆草遮阴保湿。

[**常见病虫害**] 槭流胶病、槭褐斑病、槭白粉病、幼苗猝倒病、槭枯枝病、光肩星天牛、小线角木蠹蛾、黄刺蛾、桑刺尺蛾、皱大球坚蚧、白蜡绵粉蚧等。

[**园林用途**] 为优良的秋季色叶树种，可孤植、列植、丛植、片植，常植于公园绿地、居住绿地、道路绿地，宜作庭荫树、行道树或风景林树种。

六、银白槭

银白槭（*Acer saccharinum* L.），槭树科槭属。别名：银槭、白糖槭树等。

[**产地分布**] 产北美东部，适应性广，从温带到亚热带，中国可在北至辽宁及内蒙古南部，南至云南、广西、广东北部区域内生长。

[**形态特征**] 落叶乔木，高 15~35m。树干通直，冠幅 11~21m，树冠卵形至圆形。老树树皮灰色，有毛，幼树树枝和树干，树皮光滑，银灰色。先花后叶，叶掌形，对生，叶片 5 裂，长 8~16cm，宽 6~12cm，纤细的叶茎长 5~12cm，叶片正面亮绿色，背面银白色，故名银白槭，秋叶黄。花密集成簇，种子在初夏成熟，每个翅形果实中都有 1 粒种子，翅果长 3~5cm，种子直径 5~10mm。生长速度快，在槭属植物中长势最快。

[**生长习性**] 喜光，稍耐阴，喜温凉气候，耐寒耐干燥，忌水涝；喜潮湿、排水性好的酸性到碱性土壤，易成活，能适应各种土壤。

[**繁育栽培**] 主要用播种繁育。6 月采种后及时播种，或用湿沙层积于翌年 2 月进行春播。条播，覆土 1cm，盖草，播种量为 4~5kg/667m^2。3 月下旬发芽出土，为防日灼，幼苗在 7—8 月需短期遮阴，浇水防旱。

[**常见病虫害**] 槭锈病、槭白粉病、白纹羽病、槭褐斑病、光肩星天牛、小线角木蠹蛾、黄刺蛾、桑刺尺蛾、皱大球坚蚧、白蜡绵粉蚧等。

[**园林用途**] 可孤植、列植、丛植，适合种植在较开阔的地域，可用于行道树、遮阴树，园林观赏树。

七、建始槭

建始槭（*Acer henryi* Pax），槭树科槭属。别名：亨利槭、三叶槭、亨氏槭、三叶枫等。

［**产地分布**］产于山西南部、河南、陕西、甘肃、江苏、浙江、安徽、湖北、湖南、四川、贵州等地。

［**形态特征**］落叶乔木，高可达10m。小叶3，椭圆形或长椭圆形，长6~12cm，宽3~5cm，全缘或近先端有稀疏钝锯齿，顶生小叶柄长1cm。穗状花序下垂，长7~9cm，常由2~3年生老枝旁边生出；花淡绿色，雌雄异株。翅果长2~2.5cm，嫩时淡紫色，熟后黄褐色，小坚果突起，长约1cm，果翅张开成锐角或近直立。花期4月，果期9月。

［**生长习性**］喜阳光，适应能力强，对土壤要求不严，喜深厚、肥沃、排水良好的酸性、中性、石灰性土壤。

［**繁育栽培**］以播种繁育为主，春季播种前需对种子进行催芽处理后播种。

［**常见病虫害**］槭锈病、槭白粉病、白纹羽病、槭褐斑病、光肩星天牛、小线角木蠹蛾、黄刺蛾、桑刺尺蛾、皱大球坚蚧、白蜡绵粉蚧等。

［**园林用途**］可孤植、列植、丛植，适合种植在较开阔的地域，可用作行道树、庭荫树及园林观赏树。可用于树群外围丰富景观层次。

第十六节　鼠李科

一、枣

枣（*Ziziphus jujuba* Mill.），鼠李科枣属。别名：枣子、大枣、刺枣、贯枣等。

［**产地分布**］该种原产中国，亚洲、欧洲和美洲常有栽培。中国分布吉林、辽宁、河北、山东、山西、陕西、河南、甘肃、新疆、安徽、江苏、浙江、江西、福建、广东、广西、湖南、湖北、四川、云南、贵州等多地。

［**形态特征**］落叶小乔木，高可达 10m。树冠卵形，树皮褐色或灰褐色，条裂。枝有长枝、短枝与脱落性小枝之分。长枝红褐色，呈“之”字形弯曲，光滑，有托叶刺或托叶刺不明显；短枝在 2 年生以上的长枝上互生；脱落性小枝较纤细，无芽，簇生于短枝上，秋后与叶俱落。叶卵形至卵状长椭圆形，先端钝尖，边缘有细锯齿，基生三出脉，叶面有光泽，两面无毛。花期 5—7 月，聚伞花序腋生，花小，黄绿色。果期 8—9 月，核果卵形至长圆形，果熟，熟时暗红色。

［**生长习性**］枣树喜光性强，耐旱、耐涝性较强，惧风。对光反应较敏感，对土壤适应性强，耐贫瘠、耐盐碱。

［**繁育栽培**］可播种繁育、分株繁育、嫁接繁育、扦插繁育，但以嫁接繁育为主。嫁接方法主要有木质芽接和枝接（枝接多采用皮下接），将接穗与砧木对准并将接穗面削平，在接好后用嫁接膜将嫁接口环绕绑紧，嫁接后埋土或套塑料袋保持湿度。

［**常见病虫害**］枣树锈病、枣疯病、缩果病、枣树炭疽病、枣瘿蚊、枣黏虫、枣步曲、黄刺蛾等。

［**园林用途**］可孤植、片植，宜植于公园绿地、居住绿地、防护绿地，其老根古干亦可作树桩盆景。

二、北枳椇

北枳椇（*Hovenia dulcis* Thunb.），鼠李科枳椇属。别名：拐枣、甜半夜、鸡爪梨、枳椇子等。

［**产地分布**］产华北、西北东部至长江流域各地；分布于中国河南、河北、山东、山西、陕西、甘肃、四川北部、湖北西部、安徽、江苏、江西。日本、朝鲜也有分布。

［**形态特征**］落叶乔木，高可达 15m。树皮灰黑色，深纵裂。小枝褐色或黑紫色，

无毛。叶广卵形至卵状椭圆形，长 7~17cm，宽 4~11cm，有不整齐粗钝锯齿，先端短渐尖，基部近圆形，3 出脉。聚伞圆锥花序不对称，顶生，稀兼腋生；花小，黄绿色，径 6~10mm，花瓣倒卵状匙形，子房球形，花柱 3 浅裂。浆果状核果近球形，直径 6.5~7.5mm，有 3 粒种子；果梗肥大肉质，经霜后味甜可食。花期 5—7 月，果期 8—10 月。

［**生长习性**］喜光，较耐寒；深根性，萌芽力强，生长较快。对土壤要求不严，在微酸性、中性和石灰性土壤上均能生长，以土层深厚而排水良好的砂壤土为宜。

［**繁育栽培**］可播种繁育、扦插繁育、分蘖繁育；以播种繁育为主。10 月采种后晒干去果梗，碾碎果皮，种子处理后及时沙藏。春季催芽进行条播，行距 30cm，沟深 2~3cm，将种子均匀播入沟内，覆土后浇水。

［**常见病虫害**］幼苗猝倒病、枣锈病、枣疯病、缩果病、炭疽病、枣瘿蚊、枣黏虫、枣步曲、黄刺蛾等。

［**园林用途**］可孤植、片植、列植。宜植于公园绿地、居住绿地或防护绿地，是优良的庭荫树、行道树、防护林和山地造林树种。

第十七节 杜仲科

杜仲

杜仲（*Eucommia ulmoides* Oliv.），杜仲科杜仲属。别名：丝楝树皮、丝棉皮、棉树皮、胶树等。

［**产地分布**］中国特有树种。分布于陕西、甘肃、河南、湖北、四川、云南、贵州、湖南、安徽、陕西、广西及浙江等地，目前各地广泛栽种。

［**形态特征**］落叶乔木，高可达20m，胸径可达50cm。树冠圆球形。树皮深灰色，树体各部折断均具银白色胶丝。小枝光滑，无顶芽。单叶互生，椭圆形，长7~14cm，有锯齿，羽状脉，老叶表面网脉下陷，无托叶。花单性，花期4—5月，雌雄异株，无花被，生于幼枝基部的苞叶内，与叶同放或先叶开放。翅果扁平，长椭圆形，顶端2裂，种子1粒。果期10—11月。

［**生长习性**］喜温暖湿润气候和阳光充足的环境，能耐严寒，成株在-30℃的条件下可正常生存，适应性强。多生长于海拔300~500m的低山、谷地或低坡的树林里，对土壤的选择并不严格，但以土层深厚、疏松肥沃、湿润、排水良好的壤土最宜，在瘠薄的红土，或岩石峭壁均能生长。

［**繁育栽培**］可播种繁育、扦插繁育、嫁接繁育、根插繁育、压条繁育。播种繁育在冬季11—12月或春季2—3月选择饱满种子，平均气温达10℃以上时播种，一般暖地宜冬播，寒地可秋播或春播。扦插繁育在春夏之交，取1年生嫩枝5~6cm作插条，插入基质中深2~3cm。嫁接繁育用2年生苗作砧木，选优良母本树上1年生枝作接穗，早春用切接法嫁接到砧木上。根插繁育在苗木出圃时，取径粗1~2cm的根，剪成10~15cm长的根段，进行扦插，粗的一端微露地表，在断面下方可萌发新梢。压条繁育在春季选强壮枝条压入土中15cm，待萌蘖抽芽高达7~10cm时，培土压实，深秋或翌春挖起，将萌蘖逐个分开定植。

［**常见病虫害**］幼苗猝倒病、杜仲叶枯病、杜仲根腐病、豹纹木蠹蛾等。

［**园林用途**］可孤植、列植、丛植、片植。宜植于公园绿地、居住绿地、道路绿地、荒山，是优良的庭院树、景观树、行道树、农田防护林、荒山绿化树种。

第十八节　漆树科

一、黄连木

黄连木（*Pistacia chinensis* Bunge），漆树科黄连木属。别名：楷木、楷树、黄楝树、药树、药木、黄华、石连、黄木连、木蓼树、鸡冠木、洋杨、烂心木、黄连茶等。

［**产地分布**］原产中国，分布很广，北自黄河流域，南至广东及西南各省均有；常散生于低山丘陵及平原，其中以河北、河南、山西、陕西等省份栽培最多。

［**形态特征**］落叶乔木，高可达 30m，胸径可达 2m。树冠近圆球形；树皮薄片状剥落。通常为偶数羽状复叶，披针形或卵状披针形，先端渐尖，基部偏斜，全缘。雌雄异株，圆锥花序，雄花序淡绿色，雌花序紫红色。核果径约 6mm，初为黄白色，后变红色至蓝紫色，若红而不紫多为空粒。花期 3—4 月，先叶开放；果 9—11 月成熟。

［**生长习性**］喜光，幼时稍耐阴；喜温暖，畏严寒；耐干旱瘠薄，对土壤要求不严，微酸性、中性和微碱性的砂质、黏质土均能适应，而以在肥沃、湿润而排水良好的石灰岩山地生长最好。深根性，主根发达，抗风力强；萌芽力强。生长较慢，寿命可长达 300 年以上。对二氧化硫、氯化氢和煤烟的抗性较强。

［**繁育栽培**］可播种繁育，分秋冬播和春播。秋冬播随采随播，宜在土壤上冻前进行，播后浇封冻水；春播宜在 3 月上旬至 4 月中旬进行，播种前需对种子进行处理。采用开沟条播，行距 20~30cm，株距 5~10cm，播种深度 1~2cm，播后覆土，播种量为 75~120kg/hm^2。

［**常见病虫害**］幼苗猝倒病、炭疽病、黄连木尺蛾、黄连木种子小蜂、梳齿毛根蚜、缀叶丛螟等。

［**园林用途**］可孤植、列植、片植，栽植于公园绿地、道路绿地、居住绿地、厂区绿地，宜作庭荫树、行道树及观赏风景树，也常作四旁绿化树及低山区造林树种。

二、黄栌

黄栌（*Cotinus coggygria* var. *cinereus* Engl.），漆树科黄栌属。别名：灰毛黄栌、红叶、黄栌木、红叶黄栌、黄栌树、黄栌台、黄道栌、黄溜子、黄龙头、摩林罗、黄杨木等。

［**产地分布**］原产于中国西南、华中、华北（河南、河北、山东、湖北）、浙江；

南欧、叙利亚、伊朗、巴基斯坦及印度北部也有分布。

［**形态特征**］落叶小乔木或灌木，高3~5m。叶倒卵形或卵圆形，先端圆形或微凹，基部圆形或阔楔形，全缘，两面或尤其叶背显著被灰色柔毛，侧脉6~11对，先端常叉开；叶柄短。圆锥花序被柔毛；花杂性，径约3mm；花梗长7~10mm，花萼无毛，裂片卵状三角形；花瓣卵形或卵状披针形无毛；雄蕊长约1.5mm，花药卵形，与花丝等长，花盘5裂，紫褐色；子房近球形，花柱分离；不等长果序长5~20cm，有多数不育花的紫绿色羽毛状细长花梗宿存，核果肾形。花期5—6月，果期7—8月。

［**生长习性**］喜光，也耐半阴；耐寒，耐干旱瘠薄和碱性土壤，但不耐水湿，以深厚、肥沃而排水良好的砂壤土生长最好。生长快，根系发达，萌蘖性强，对二氧化硫有较强抗性。

［**繁育栽培**］可播种繁育、分株繁育、扦插繁育，以播种繁育为主。播种时间以3月下旬至4月上旬为宜，播前3~4d用多菌灵溶液进行土壤消毒，灌足底水。开沟将种沙混合物稀疏撒播，播种量为6~7kg/667m^2。播种后覆土1.5~2cm，轻轻镇压、整平后覆盖地膜。

［**常见病虫害**］幼苗猝倒病、黄栌白粉病、黄栌黄萎病、缀叶丛螟、木橑尺蠖等。

［**园林用途**］黄栌是中国重要的彩叶观赏树种，可孤植、片植、丛植、群植，适合栽植于公园绿地、居住绿地、四旁绿地或风景林中，是北方园林绿化或山区绿化的首选树种。

第十九节　壳斗科

一、栗

栗（*Castanea mollissima* Blume），壳斗科栗属。别名：板栗、栗子、毛栗、油栗、风栗等。

［**产地分布**］分布于北半球的亚洲、欧洲、美洲和非洲，在我国除青海、宁夏、新疆、海南等少数地区外南北各地均有栽培。

［**形态特征**］落叶乔木，高可达 20m，胸径可达 80cm。小枝灰褐色，托叶长圆形，长 10~15mm，被疏长毛及鳞腺。叶椭圆至长圆形，长 11~17cm，宽稀达 7cm，顶部短至渐尖，基部近截平或圆，或两侧稍向内弯而呈耳垂状，叶背被星芒状伏贴绒毛或因毛脱落变为无毛；叶柄长 1~2cm。雄花序长 10~20cm，花序轴被毛；花 3~5 朵聚生成簇，雌花 1~3 朵发育结实，花柱下部被毛。成熟壳斗的锐刺有长有短，有疏有密，密时全遮蔽壳斗外壁，疏时则外壁可见，壳斗连刺径 4.5~6.5cm；坚果高 1.5~3cm，宽 1.8~3.5cm。花期 4—6 月，果期 8—10 月。

［**生长习性**］喜光，耐寒、耐旱，对土壤要求不严，喜肥沃温润、排水良好的砂质土，忌积水，忌土壤黏重。深根性，根系发达，萌芽力强，耐修剪。

［**繁育栽培**］可播种繁育、嫁接繁育，以播种繁育为主。2—3 月进行条播，种子腹面向下，播种量为 $70kg/667m^2$。嫁接对砧木要求严格，选用 2~3 年当地野生苗作砧木，接穗选择枝条健壮，节间短，充实饱满的 1 年生所需品种的幼枝。以砧木芽萌动，展叶初期，带木质部的芽接为好，也可用切接、腹接或插皮接。

［**常见病虫害**］栗叶锈病、板栗膏药病、栗腐烂病、栗六点天蛾、银杏大蚕蛾、樟蚕、薄翅锯天牛、栗实象鼻虫、栗瘿蜂、栗大蚜等。

［**园林用途**］可孤植、列植、丛植、群植，常植于居住绿地、工矿区绿地、风景区，常用作庭荫树、防护树，或与其他的常绿、色叶树种配置作风景林。

二、麻栎

麻栎（*Quercus acutissima* Carruth.），壳斗科栎属。别名：栎、橡椀树、扁果麻栎、北方麻栎等。

［**产地分布**］分布于辽宁、河北、山西、山东、江苏、安徽、浙江、江西、福建、

河南、湖北、湖南、广东、海南、广西、四川、贵州、云南等地。朝鲜、日本、越南、印度也有分布。

［**形态特征**］落叶乔木，高可达 30m，胸径可达 1m。树皮深灰褐色，深纵裂。幼枝被灰黄色柔毛，后渐脱落，老时灰黄色，具淡黄色皮孔。冬芽圆锥形，被柔毛。叶片形态多样，通常为长椭圆状披针形，长 8~19cm，宽 2~6cm，顶端长渐尖，基部圆形或宽楔形，叶缘有刺芒状锯齿，叶片两面同色，幼时被柔毛，老时无毛或叶背面脉上有柔毛；叶柄长 1~5cm，幼时被柔毛，后渐脱落。雄花序常数个集生于当年生枝下部叶腋，有花 1~3 朵，花柱 3。壳斗杯形，包着坚果约 1/2，连小苞片直径 2~4cm，高约 1.5cm；小苞片钻形或扁条形，向外反曲，被灰白色绒毛。坚果卵形或椭圆形，直径 1.5~2cm，高 1.7~2.2cm，顶端圆形，果脐突起。花期 3—4 月，果期翌年 9—10 月。

［**生长习性**］喜光，深根性，萌芽力强，但不耐移植。对土壤条件要求不严，耐干旱、瘠薄，耐寒；宜酸性土壤，也适于石灰岩钙质土，是荒山瘠地造林的先锋树种。抗污染、抗尘土、抗风能力强。寿命长，可达 500~600 年。

［**繁育栽培**］常用播种繁育。播种宜在 3 月进行，采用开沟点播法，将露白后的麻栎种子按行距 30cm，播幅 3~4cm，均匀点播在宽 10cm、深 3cm 沟内，播种量为 1 500kg/hm^2，播后覆土 2~3cm，稍加填压、耙平。栽植一般在早春 2 月下旬至 3 月上旬，栽植时将苗木扶正，不窝根，如主根过长可截根，从根际向下保留 15~20cm 处截根，然后栽植培土呈馒头形。

［**常见病虫害**］栎叶锈病、乌桕黄毒蛾、栗六点天蛾、褐带卷叶蛾、樟蚕、天幕毛虫、白星花金龟、薄翅天牛、栗大蚜、咖啡木蠹蛾、桃蛀螟、栗链蚧、松叶螨等。

［**园林用途**］可孤植、列植、片植、群植，常植于道路绿地、居住绿地、防护绿地，是常见的庭荫树、行道树和防护林树种。

三、槲栎

槲栎（*Quercus aliena* Blume），壳斗科栎属。别名：青冈树、细皮青冈、大叶青冈、大叶栎树、白栎树、虎朴、板栎树、白皮栎、菠萝树、槲树、橡树等。

［**产地分布**］分布广泛，中国陕西、山东、江苏、安徽、浙江、江西、河南、湖北、湖南、广东、广西、四川、贵州、云南均有分布。生于海拔 100~2 000m 的向阳山坡，常与其他树种组成混交林或成小片纯林。

［**形态特征**］落叶乔木，高可达 30m。树皮暗灰色，深纵裂。小枝灰褐色，近无毛，具圆形淡褐色皮孔；芽卵形，芽鳞具缘毛。叶片长椭圆状倒卵形至倒卵形，长 10~30cm，宽 5~16cm，顶端微钝或短渐尖，基部楔形或圆形，叶缘具波状钝齿，叶背被灰棕色细绒毛；叶柄长 1~1.3cm，无毛。雄花序长 4~8cm，雄花单生或数朵簇生于花序轴，微有毛；雌花序生于新枝叶腋，单生或 2~3 朵簇生。坚果椭圆形至卵形，直径 1.3~1.8cm，高 1.7~2.5cm，果脐微凸起。花期 3—5 月，果期 9—10 月。

［**生长习性**］喜光，耐寒，耐干旱瘠薄，耐烟尘，对有害气体抗性强，萌芽力强。对土壤适应性强，在肥沃、湿度较大、排水良好的半阴坡、半阳坡及阳坡上生长良好，

在土层瘠薄的向阳陡坡也可生长，在褐色土壤上生长缓慢。

[繁育栽培] 常用播种繁育。春秋均可播种，春播于3月下旬进行，秋播在种子成熟后随采随播，选择地势高燥、平坦、有排灌条件的砂壤土作圃地。播种前将种子放在水中浸泡1d，捞出后摊放在阴凉处晾干，播种量为150~250kg/667m^2。

[常见病虫害] 栎叶锈病、乌桕黄毒蛾、栗六点天蛾、褐带卷叶蛾、樟蚕、天幕毛虫、铜绿丽金龟、薄翅锯天牛、栗大蚜、咖啡木蠹蛾、栗实象鼻虫、桃蛀螟等。

[园林用途] 常孤植、片植、群植，可作为庭荫树、工矿区绿化树和浅山风景区造景树等，也可与其他树种组成混交林或成小片纯林。

四、栓皮栎

栓皮栎（*Quercus variabilis* Blume），壳斗科栎属。别名：塔形栓皮栎、软木栎、粗皮青冈等。

[产地分布] 分布于中国辽宁、河北、山西、陕西、甘肃、山东、江苏、安徽、浙江、江西、福建、台湾、河南、湖北、湖南、广东、广西、四川、贵州、云南等地。朝鲜、日本亦有分布。

[形态特征] 落叶乔木，高可达30m，胸径达1m以上。树皮黑褐色，深纵裂，木栓层发达。小枝灰棕色，无毛；芽圆锥形，芽鳞褐色，具缘毛。叶片卵状披针形或长椭圆形，长8~20cm，宽2~8cm，顶端渐尖，基部圆形或宽楔形，叶缘具刺芒状锯齿，叶背密被灰白色星状绒毛；叶柄长1~5cm，无毛。雄花序长达14cm，花序轴密被褐色绒毛，花被4~6裂，雄蕊10枚或较多；雌花序生于新枝上端叶腋，花柱3。壳斗杯形，包着坚果2/3，连小苞片直径2.5~4cm，高约1.5cm；小苞片钻形，反曲，被短毛。坚果近球形或宽卵形，高、径约1.5cm，顶端圆，果脐突起。花期3—4月，果期翌年9—10月。

[生长习性] 喜光，幼苗能耐阴。深根性，根系发达，萌芽力强。适应性强，抗风、抗旱、耐火耐瘠薄、不耐积水；在酸性、中性及钙质土壤均能生长，尤以在土层深厚肥沃、排水良好的壤土或砂壤土上生长最好。

[繁育栽培] 可播种繁育、扦插繁育、嫁接繁育，常用播种繁育。播种一般采取苗床冬播，播种前种子进行催芽处理，用50℃温水浸种或用湿沙层积催芽，待种壳开裂露白时播种。株行距10cm×20cm或15cm×15cm，沟深6~7cm，沟内每隔10~15cm平放1粒种子，播种量为175~200kg/667m^2。幼苗出土前后，苗床必须保持一定湿度，并注重浇灌和松土除草。栓皮栎具主枝扩展特性，需修枝，修枝季节以冬末春初较好，修枝宜小、宜早、宜平。

[常见病虫害] 栎叶锈病、云斑天牛、栗实象鼻虫、乌桕黄毒蛾、栎褐天社蛾、栗六点天蛾、褐带卷叶蛾、天幕毛虫、咖啡木蠹蛾、铜绿丽金龟、栗大蚜、桃蛀螟等。

[园林用途] 可孤植、丛植或与其他树混植，常植于防护绿地，是防风、防火等防护林木和涵养水源的优良树种。

第二十节　悬铃木科

一、三球悬铃木

三球悬铃木（*Platanus orientalis* L.），悬铃木科悬铃木属。别名：祛汗树、净土树、法国梧桐、悬铃木等。

[**产地分布**] 原产欧洲，印度、小亚细亚亦有分布。中国江苏、河南、河北、湖北等多省份均有栽培。

[**形态特征**] 落叶大乔木，高达 20~30m。树冠阔钟形；干皮灰褐色至灰白色，呈薄片状剥落。幼枝、幼叶密生褐色星状毛。叶掌状 5~7 裂，深裂达中部，裂片长大于宽，叶基阔楔形或截形，叶缘有齿牙，掌状脉；托叶小。花序头状，黄绿色。多数坚果聚全叶球形，3~6 球成一串，宿存花柱长，呈刺毛状，果柄长而下垂。花期 4—5 月，果 9—10 月成熟。

[**生长习性**] 喜阳光充足、温暖湿润气候，略耐寒，较能耐湿及耐干旱，萌芽力强，耐修剪，对城市环境适应性强，具有超强的吸收有害气体、抵抗烟尘、隔离噪声能力，生长速度快。

[**繁育栽培**] 可播种繁育、扦插繁育。播种一般宜在春季傍晚或阴天，日均温度连续稳定在 15℃左右为适播期，播种前，可用冷水把种子浸泡 24h，升温进行催芽后均匀撒播在垄面上；用河沙覆盖，厚度以看不见种子为准，盖好后轻轻镇压一下。扦插繁育宜在春季进行，随采随插，选 1 年生的枝条作为插条，截取 15~20cm 长含 2 个节、3 个饱满芽苞的插条，按株行距 15cm×30cm 进行扦插，插条露出地面约 5cm，整床插完后用细土封堵插条周围，使插条与土壤紧密接触。栽植最佳时间是春季 3 月。

[**常见病虫害**] 悬铃木白粉病、悬铃木叶枯病、悬铃木方翅网蝽、黄刺蛾、褐边绿刺蛾、丽绿刺蛾、桑褐刺蛾、扁刺蛾、霜天蛾、棉大卷叶螟、小蓑蛾、茶蓑蛾、大蓑蛾、小青花金龟、星天牛、云斑天牛、六星吉丁虫、咖啡木蠹蛾、日本龟蜡蚧、褐盔蜡蚧、麻皮蝽等。

[**园林用途**] 可孤植、对植、列植、群植。常植于道路绿地、公园绿地、居住绿地、厂矿绿地，是优良的庭荫树和行道树，在城市绿化中应用广泛。

二、二球悬铃木

二球悬铃木［*Platanus acerifolia*（Aiton）Willd.］，悬铃木科悬铃木属。别名：英国梧桐、槭叶悬铃木等。

［**产地分布**］原产欧洲，现广植于全世界，中国东北、北京以南各地均有栽培，尤以长江中下游各地为多见，在新疆北部伊犁河谷地带亦可生长。

［**形态特征**］落叶大乔木，高可达35m。树皮光滑，片状脱落；幼枝密被灰黄色星状绒毛，老枝无毛，红褐色；叶宽卵形，长10~24cm，宽12~25cm，基部平截或微心形，幼叶两面被灰黄色星状绒毛，下面毛厚密，后脱落无毛，下面脉腋被毛，上部掌状3~5中裂，有时7裂，中裂片宽三角形，长宽约相等，裂片全缘或具1~2粗齿，掌状脉3；叶柄长3~10cm，密被黄褐色星状毛，托叶长1~1.5cm，基部鞘状，上部开裂；花常4数；雄花萼片卵形，被毛；花瓣长圆形，长为萼片2倍；雄蕊长于花瓣，盾形药隔被毛；球形果序常2个串生，稀1个或3个，下垂；果序径约2.5cm，宿存花柱长2~3mm，绒毛不突出。花期4—5月，果熟9—10月。

［**生长习性**］喜光，耐寒、耐旱，也耐湿；对土壤要求不严，无论酸性、中性或碱性土均可生长，并耐盐碱；萌芽力强，耐修剪；对城市环境适应性强，具有超强的吸收有害气体、抵抗烟尘、隔离噪声能力，生长速度快。

［**繁育栽培**］可播种繁育、扦插繁育，常用扦插繁育。播种繁育选择成熟果在10月下旬采摘，种子处理后，在当年或翌年春季选择排水良好的砂壤地作为苗圃，施足基肥，翻耕平整后播种。条播行距30cm，播深1~2cm，覆土，镇压后灌水。扦插繁育在11月中下旬进行采条，翌年4月中下旬，气温、地温上升后进行扦插，扦插地需排水良好、土质肥沃、土地平整，按株行距20~30cm进行扦插，先用插棍扎出孔再插入插条，深度为条长的1/2左右，扦插后及时浇水。

［**常见病虫害**］悬铃木白粉病、悬铃木霉斑病、悬铃木溃疡病、星天牛、光肩星天牛、桑天牛、咖啡豹蠹蛾、黄刺蛾、褐边绿刺蛾、丽绿刺蛾、樗蚕、大蓑蛾、茶蓑蛾、白囊蓑蛾、草履蚧、日本龟蜡蚧、麻皮蝽、黑蚱蝉、悬铃木方翅网蝽等。

［**园林用途**］可孤植、对植、列植、群植，常植于道路绿地、公园绿地、居住绿地、工矿绿地，是世界著名的城市绿化树种、优良庭荫树和行道树。

第二十一节　大戟科

一、乌桕

乌桕［*Triadica sebifera*（L.）Small］，大戟科乌桕属。别名：桂林乌桕、米桕、多果乌桕、蜡子树、桕子树、木子树等。

［**产地分布**］原产长江流域及珠江流域，分布于中国黄河以南各省区，北达陕西、甘肃。日本、越南、印度也有；此外，欧洲、美洲和非洲亦有栽培。

［**形态特征**］落叶乔木，高 15~20m。各部均无毛且具乳状汁液；树皮暗灰色，有纵裂纹；枝广展，具皮孔。叶互生，纸质，叶片菱形、菱状卵形或稀有菱状倒卵形，叶柄纤细。花单性，雌雄同株，聚集成顶生的总状花序，雌花通常生于花序轴最下部或罕有在雌花下部亦有少数雄花着生，雄花生于花序轴上部或有时整个花序全为雄花，花期4—7 月。

［**生长习性**］喜光，喜温暖气候，耐寒性不强。适应性强，耐修剪整形。对土壤适应性较强，红壤、黄壤、棕壤及冲积土均能生长，中性、微酸性和钙质土都能适应，在含盐量为 0.3%以下的盐碱土也能生长良好。深根性，侧根发达，抗风、抗有毒气体（氟化氢），生长快，寿命在 70 年左右。

［**繁育栽培**］可播种繁育、嫁接繁育、埋根繁育，一般常用播种繁育。在 11 月中下旬选择生长健壮、无病虫害，结种量大的植株进行采种，分级筛选，并对筛选好的种子沙藏。播种一般在 3 月中下旬进行，播种量为 $7.5kg/667m^2$，条播，行距 12cm，覆土 1.5cm，然后盖草并浇水。移栽宜在 4—5 月进行，移栽时须带土球，土球直径为胸径的 7~8 倍，栽后浇一次透水，视天气情况和土壤墒情及时浇水。

［**常见病虫害**］樗蚕、乌桕癣皮夜蛾、油桐尺蛾、褐边绿刺蛾、迹斑绿刺蛾、桑褐刺蛾、乌桕黄毒蛾、茶毛虫、绿尾大蚕蛾、乌桕大蚕蛾、绒绿象甲、斑点喙丽金龟、云斑天牛、咖啡木蠹蛾等。

［**园林用途**］可孤植、对植、列植、丛植、群植，常植于公园绿地、居住绿地、广场绿地、道路绿地、滨河绿地，可作为庭荫树、行道树、护堤树、观赏树。

二、重阳木

重阳木［*Bischofia polycarpa*（H. Lév.）Airy Shaw］，大戟科秋枫属。别名：朱树、

乌杨、茄冬树、红桐等。

［**产地分布**］为中国原产树种，产于秦岭、淮河流域以南至福建和广东的北部。

［**形态特征**］落叶乔木，高可达15m，胸径可达50cm，有时可达1m。树皮褐色，厚约6mm，纵裂；木材表面槽棱不显；树冠伞形状，大枝斜展，小枝无毛，当年生枝绿色，皮孔明显，灰白色，老枝变褐色，皮孔变锈褐色；芽小，顶端稍尖或钝，具有少数芽鳞；全株均无毛。三出复叶；叶柄长9~13.5cm；顶生小叶通常较两侧的大，小叶片纸质，卵形或椭圆状卵形，有时长圆状卵形，长5~9cm，宽3~6cm，顶端突尖或短渐尖，基部圆或浅心形，边缘具钝细锯齿每1cm长4~5个；顶生小叶柄长1.5~4cm，侧生小叶柄长3~14mm；托叶小，早落。花雌雄异株，春季与叶同时开放，组成总状花序；花序通常着生于新枝的下部，花序轴纤细而下垂；雄花序长8~13cm；雌花序3~12cm；雄花萼片半圆形，膜质，向外张开；花丝短；有明显的退化雌蕊；雌花萼片与雄花的相同，有白色膜质的边缘；子房3~4室，每室2胚珠，花柱2~3，顶端不分裂。果实浆果状，圆球形，直径5~7mm，成熟时褐红色。花期4—5月，果期10—11月。

［**生长习性**］暖温带树种，喜光，稍耐阴。喜温暖气候，耐寒性较弱。对土壤的要求不严，但在湿润、肥沃的土壤中生长好。耐旱，也耐瘠薄，且能耐水湿。根系发达，抗风力强。

［**繁育栽培**］常用播种繁育，播种宜在3月进行，一般采用条播，行距20cm，株距9cm，覆土厚约0.5cm，并搭建2m高的90%遮阳棚，以保证其幼苗不受日灼损伤。当幼苗长到3片真叶时开始间苗，间苗在阴雨天进行为宜，要间小留大，去劣留优，间密留稀，保证充分光照，并注意病虫害防治，等苗高长到2m左右时即可移苗种植，移苗宜在阴天和无风天进行，株行距20cm×50cm。

［**常见病虫害**］重阳木丛枝病、重阳木茎腐病、黄刺蛾、迹斑绿刺蛾、重阳木锦斑蛾、小蓑蛾、茶蓑蛾、六星吉丁虫、咖啡木蠹蛾、日本龟蜡蚧等。

［**园林用途**］可孤植、对植、列植、丛植，常植于道路绿地、居住绿地、堤岸、溪边、湖畔等滨河绿地，常作为行道树和庭荫树。

第二十二节　木犀科

一、白蜡树

白蜡树（*Fraxinus chinensis* Roxb.），木犀科梣属。别名：梣、青榔木、白荆树、蜡条等。

［**产地分布**］产于中国南北各省区。越南、朝鲜也有分布。在国内各地均有栽培，北自中国东北中南部，经黄河流域、长江流域，南达广东、广西，东南至福建，西至甘肃均有分布。

［**形态特征**］落叶乔木，高 10~15m。树皮灰褐色，纵裂。芽阔卵形或圆锥形，被棕色柔毛或腺毛。小枝黄褐色，粗糙，无毛或疏被长柔毛，旋即秃净，皮孔小，不明显。羽状复叶长 15~25cm；叶柄长 4~6cm，基部不增厚；叶轴挺直，上面具浅沟，初时疏被柔毛，旋即秃净；小叶 5~7 枚，硬纸质，卵形、倒卵状长圆形至披针形，长 3~10cm，宽 2~4cm，顶生小叶与侧生小叶近等大或稍大，先端锐尖至渐尖，基部钝圆或楔形，叶缘具整齐锯齿，上面无毛，下面无毛或有时沿中脉两侧被白色长柔毛。花雌雄异株，圆锥花序顶生或腋生枝梢，长 8~10cm。翅果匙形，长 3~4cm；坚果圆柱形，长约 1.5cm。花期 3—5 月，果期 8—9 月。

［**生长习性**］喜光，稍耐阴，喜温暖湿润气候，耐寒，喜湿耐涝，也耐干旱。对土壤的适应性较强，在酸性土、中性土及钙质土上均能生长，耐轻度盐碱，喜湿润、肥沃和砂质土壤。抗烟尘，对二氧化硫、氯气有较强抗性。萌芽、萌蘖力均强，耐修剪；生长较快，寿命较长，可达 200 年以上。

［**繁育栽培**］可播种繁育、扦插繁育。播种一般选择 2 月下旬或 3 月上旬，开沟条播，播种量为 $3\sim4kg/667m^2$，开沟深度为 4cm，覆土厚度 2~3cm，覆土后及时镇压。秋播适宜在秋季干旱地区播种，一般在秋末至土壤封冻前进行。10 月采种后播种，播种量为 $4\sim5kg/667m^2$，覆土厚度 3~4cm，覆土后及时镇压。扦插一般在 3 月下旬至 4 月上旬进行，选取 1 年生的萌芽枝条作为插条，随采随插，株行距 15~25cm，插后及时喷水保持苗床湿润。

［**常见病虫害**］白蜡褐斑病、桑刺尺蛾、褐边绿刺蛾、霜天蛾、云斑天牛、小线角木蠹蛾、白蜡卷叶绵蚜、草履蚧、白蜡绵粉蚧等。

［**园林用途**］可孤植、对植、列植、丛植、群植。常植于公园绿地、居住绿地、广场绿地、道路绿地、防护绿地，作为庭荫树、行道树及观赏树，是防风固沙和护堤护路

的优良树种。

二、湖北梣

湖北梣（*Fraxinus hupehensis* S. Z. Qu，C. B. Shang & P. L. Su），木犀科梣属。别名：对节白蜡、湖北白蜡等。

［**产地分布**］我国特有树种，产于湖北，河北、河南和山东等省份均有引进栽培。

［**形态特征**］落叶大乔木，高可达 19m，胸径可达 1.5m。树皮深灰色，老时纵裂；营养枝常呈棘刺状。小枝挺直，被细绒毛或无毛。羽状复叶长 7~15cm；叶柄长约 3cm，基部不增厚；叶轴具狭翅，小叶着生处有关节，至少在节上被短柔毛；小叶革质，披针形至卵状披针形，长 1.7~5cm，宽 0.6~1.8cm，先端渐尖，基部楔形，叶缘具锐锯齿，上面无毛，下面沿中脉基部被短柔毛；小叶柄长 3~4mm，被细柔毛。花杂性，密集簇生于去年生枝上，呈短的聚伞圆锥花序，长约 1.5cm。翅果匙形，长 4~5cm，宽 5~8mm，中上部最宽，先端急尖。花期 2—3 月，果期 9 月。

［**生长习性**］阳性树种，喜光，稍耐阴，喜温暖湿润气候和土层，病虫害少，萌芽力强，适应性强，在极端最低气温-20.3℃、最高气温 42.3℃下均无不良反应。

［**繁育栽培**］可播种繁育、嫁接繁育、扦插繁育。播种宜在 3—4 月进行，条播，播种量为 4~5kg/667m^2，覆土厚度 1~2cm，播种后温度 30℃左右为宜。扦插的基质要选择透水效果好的沙土，扦插前要适当喷水保持湿润，取生长健壮的 10cm 枝条作插条，扦插前后要适当喷水保持湿润。

［**常见病虫害**］白蜡流胶病、白蜡褐斑病、桑刺尺蛾、褐边绿刺蛾、霜天蛾、云斑天牛、小线角木蠹蛾、白蜡卷叶绵蚜、草履蚧、白蜡绵粉蚧等。

［**园林用途**］可孤植、列植、群植，常植于公园绿地、居住绿地、广场绿地、道路绿地，作为庭荫树和观赏树，也可制作盆景或作为绿篱。

三、美国白梣

美国白梣（*Fraxinus americana* L.），木犀科梣属。别名：美国白蜡、大叶白蜡等。

［**产地分布**］原产北美。在中国黄河流域各省和东北三省都有引种栽培，适生于北纬 35°~48°，中国多引种为行道树及庭园树。

［**形态特征**］落叶大乔木，原产地高可达 48m。叶痕上缘凹形。小枝较粗，冬芽酱紫色；小叶常 7 枚，卵形、椭圆状卵形或椭圆状披针形，有不整齐圆钝锯齿，小叶柄长 0.5~1.5cm。圆锥花序侧生于去年生枝叶腋，长 5~8cm，无毛。果翅下延不超过坚果的 1/3 处。

［**生长习性**］喜光，能耐侧方荫庇，喜温暖，也耐寒。喜肥沃湿润也能耐干旱瘠薄，稍耐水湿，喜钙质壤土或砂壤土，并耐轻盐碱，抗烟尘，深根性。

［**繁育栽培**］可播种繁育、扦插繁育。春播一般在 3 月初，种子催芽处理，湿沙催芽后播种，秋播在 10 月采种后及时播种，种子不用处理。播种量为 4~5kg/667m^2，条

播行距60cm，深度3cm，撒种均匀，边播种、边覆盖、边镇压。春播沟深应稍深于秋播。

［**常见病虫害**］白蜡褐斑病、白蜡流胶病、云斑天牛、洋白蜡卷叶绵蚜、草履蚧、白蜡绵粉蚧、大青叶蝉等。

［**园林用途**］可孤植、对植、列植、丛植、群植，常植于公园绿地、居住绿地、广场绿地、道路绿地、防护绿地，可作为庭荫树、行道树及观赏树，是防风固沙和护堤护路的优良树种。

四、紫丁香

紫丁香（*Syringa oblata* Lindl.），木犀科丁香属。别名：华北紫丁香、白丁香、毛紫丁香、丁香等。

［**产地分布**］产于东北南部、华北、西北，目前黑龙江、吉林、辽宁、内蒙古、山东、陕西、甘肃、四川、河北、河南、湖北、四川、云南、西藏等普遍栽培，生长于山坡丛林、山沟溪边、山谷路旁、滩地水边。朝鲜也有栽培。

［**形态特征**］落叶小乔木。高可达6m。树冠扁球形，枝条粗壮。小枝近圆柱形或四棱形，具皮孔。叶对生，单叶，稀复叶，全缘，稀分裂；具叶柄。花两性，聚伞花序排列成圆锥花序，顶生或侧生，与叶同时抽生或叶后抽生；具花梗或无花梗；花萼小，钟状，具4齿或为不规则齿裂，或近截形，宿存；花冠漏斗状、高脚碟状或近幅状，展开或近直立，花蕾呈镊合状排列；花柱丝状，短于雄蕊；果为蒴果，倒卵状椭圆形、卵形至长椭圆形。花期4—5月，果期9—10月。

［**生长习性**］喜光，稍耐阴，喜温暖湿润、肥沃、排水良好的土壤。忌积水不耐水淹，抗寒、抗旱性强、抗污染。对土壤的要求不严，耐瘠薄。

［**繁育栽培**］可播种繁育、嫁接繁育、扦插繁育、分株繁育、压条繁育。播种一般在春季进行，播种前将种子浸泡在水中1~2d，沙藏催芽后7d播种。扦插繁育选择1~2年生的健壮枝条作为插条，直接扦插在基质中。嫁接常用的是芽接，接穗选择当年生枝条上饱满的叶芽，砧木选择1~2年生的丁香植株。分株一般在早春或秋季落叶后，将植株根系长出的小芽挖出后栽植养护。压条繁育在2月进行，选择一个生长健壮的长枝条，若枝条太粗，可以在下压处轻划一刀，然后压入土中。

［**常见病虫害**］丁香黑斑病、丁香斑枯病、霜天蛾、小黄卷叶蛾、小线角木蠹蛾、考氏白盾蚧、桑白蚧、大青叶蝉、茶翅蝽、丁香饰棍蓟马、柑橘粉虱等。

［**园林用途**］可孤植、列植、丛植，常植于公园绿地、庭院绿地，广场绿地、道路绿地，作为庭荫树和观赏树。适合丛植于建筑前、亭廊周围或草坪中，也可列植作园路树。

五、北京丁香

北京丁香［*Syringa reticulata* subsp. *pekinensis*（Ru pr.）P. S. Green & L. M. C. Chang］，

木犀科丁香属。别名：臭多萝、山丁香等。

[**产地分布**] 产于内蒙古、河北、山西、河南、陕西、宁夏、甘肃、四川北部，生长于山坡灌丛、疏林、密林或沟边。

[**形态特征**] 落叶小乔木，高 2~5m，偶达 10m。叶卵形或卵状披针形，长 4~10cm，宽 2~5cm，先端渐尖，基部宽楔形或近圆形，叶面平坦，下面平滑无毛，叶脉不隆起或微隆起；叶柄纤细，长 1.5~3cm。花序长 8~20cm 或更长；花黄白色，辐状，直径 3~4mm；雄蕊与花冠裂片近等长。蒴果长 1.5~2.5cm，果顶锐尖。花期 5—8 月，果期 8—10 月。

[**生长习性**] 性喜阳，稍耐阴，耐寒、耐旱、耐高温、忌积水；喜湿润、排水良好的肥沃土壤。对土壤要求不严，适应性强，较耐密实度高的土壤。

[**繁育栽培**] 可播种繁育、扦插繁育。播种一般在春季进行，播种前将种子浸泡在水中 1~2d，沙藏催芽后 7d 播种。选择 1~2 年生的健壮枝条作为插条，直接扦插在基质中。

[**常见病虫害**] 丁香黑斑病、丁香斑枯病、霜天蛾、小黄卷叶蛾、小线角木蠹蛾、考氏白盾蚧、桑白蚧、大青叶蝉、茶翅蝽、丁香饰棍蓟马、柑橘粉虱等。

[**园林用途**] 可孤植、列植、丛植，常植于公园绿地、庭院绿地、广场绿地、道路绿地，作为庭荫树和观赏树。适合丛植于建筑前、亭廊周围或草坪中，也可列植作园路树。

六、流苏树

流苏树（*Chionanthus retusus* Lindl. & Paxton），木犀科流苏树属。别名：炭栗树、晚皮树、铁黄荆、萝卜丝花、牛筋子、乌金子、茶叶树、四月雪等。

[**产地分布**] 产于甘肃、陕西、山西、河北、河南、湖北、湖南、云南、四川、广东、福建、台湾。朝鲜、日本也有分布。

[**形态特征**] 落叶小乔木，高可达 20m。小枝灰褐色或黑灰色，圆柱形，开展，无毛，幼枝淡黄色或褐色，疏被或密被短柔毛。叶片革质或薄革质，长圆形、椭圆形或圆形，有时卵形或倒卵形至倒卵状披针形，长 3~12cm，宽 2~6.5cm，先端圆钝，有时凹入或锐尖，基部圆或宽楔形至楔形，稀浅心形，全缘或有小锯齿，叶缘稍反卷；叶柄长 0.5~2cm，密被黄色卷曲柔毛。单性而雌雄异株或为两性花，聚伞状圆锥花序，长 3~12cm，顶生于枝端，近无毛；花冠白色，4 深裂，裂片线状倒披针形，果椭圆形，被白粉，长 1~1.5cm，直径 6~10mm，呈蓝黑色或黑色。花期 3—6 月，果期 6—11 月。

[**生长习性**] 喜光、不耐阴，耐寒、耐旱，忌积水，生长速度较慢，寿命长。耐瘠薄，对土壤要求不严，但以在肥沃、通透性好的砂壤土中生长最好，有一定的耐盐碱能力，在 pH 值 8.7、含盐量 0.2%的轻度盐碱土中能正常生长。

[**繁育栽培**] 可播种繁育、扦插繁育、嫁接繁育，常用播种繁育和扦插繁育。播种于 3 月中旬进行，播种前对种子进行催芽，种子露白及时播种，一般采用高垄播种，垄距 30cm，垄高 20cm，播种沟深度为 2cm，行距 30~40cm，播种量为 15~20kg/667m^2，

播种后盖细土，并覆草保湿。扦插繁育是在7—8月选取当年生半木质化枝条，将其剪成长10~15cm的插条，插条上口平，下口呈马蹄形；在消毒后的基质中进行扦插。

[**常见病虫害**] 流苏褐斑病、流苏炭疽病、流苏疮痂病、黄刺蛾、丁香饰棍蓟马、小黄卷叶蛾、小线角木蠹蛾、考氏白盾蚧、桑白蚧、大青叶蝉、茶翅蝽等。

[**园林用途**] 可孤植、列植、丛植、群植，宜植于水旁或公园中作庭院树，或植于小路旁做行道树，也可作盆栽盆景。

第二十三节　紫葳科

一、梓

梓（*Catalpa ovata* G. Don），紫葳科梓属。别名：梓树、楸、花楸、水桐、河楸、臭梧桐、黄花楸、水桐楸、木角豆等。

［**产地分布**］产于我国东北南部、华北、西北、华中、西南。日本也有栽培。目前黑龙江、吉林、辽宁、河北、河南、山东、江苏、安徽、湖北、四川、云南、贵州、陕西、甘肃、青海、新疆等地均有栽培。

［**形态特征**］落叶乔木，高约6m，最高可达15~20m。树冠伞形，主干通直平滑，呈暗灰色或者灰褐色，浅纵裂，嫩枝具稀疏柔毛。圆锥花序顶生，小苞片早落；花梗长3~8mm，疏生毛；花萼蕾时圆球形，2唇开裂，花萼2裂，裂片广卵形，先端锐尖；花冠钟状，浅黄色，长约2cm，蒴果线形，下垂，深褐色，长20~30cm，粗5~7mm，冬季不落；叶对生或近于对生，有时轮生，阔卵形，长宽近相等，顶端渐尖，基部心形，全缘或浅波状，叶片上面及下面均粗糙，微被柔毛或近于无毛，侧脉4~6对，基部掌状脉5~7条；叶柄长6~18cm；种子长椭圆形，两端密生长柔毛，连毛长约3cm，宽约3mm，背部略隆起。能育雄蕊2枚，花丝插生于花冠筒上，花药叉开；退化雄蕊3枚。子房上位，棒状。花柱丝形，柱头2裂。花期6—7月，果期8—10月。

［**生长习性**］喜光、幼苗耐阴。喜温暖湿润气候，有一定的耐寒性，冬季可耐-20℃低温。深根性，喜深厚、湿润、肥沃、疏松的中性土，微酸性土及轻度盐碱土也可生长。抗污染能力强，生长较快。

［**繁育栽培**］可播种繁育、嫁接繁育，以播种繁育为主。播种宜在3月中下旬进行，播种前用30℃温水浸种4h，捞出后用3~4倍于种子的湿沙混合均匀进行催芽，定期翻动、洒水保湿。种子有30%露白时及时条播播种。行距6~8cm，播种后用细沙土覆盖，厚度0.5cm左右，播后可用地膜覆盖保温保湿。

［**常见病虫害**］梓树白粉病、铜绿丽金龟、叶蝉等。

［**园林用途**］可孤植、列植、片植、群植，常植于公园绿地、居住绿地、道路绿地，不仅可作行道树、庭荫树，还是良好的环保树种，可营建生态风景林。

二、楸

楸（*Catalpa bungei* C. A. Mey.），紫葳科梓属。别名：木王、金丝楸等。

［**产地分布**］主产黄河流域和长江流域，陕西、甘肃、河北、河南、山东、安徽、浙江等地均有分布。

［**形态特征**］落叶乔木，高6~15m。叶三角状卵形或卵状长圆形，长6~15cm，宽可达8cm，顶端长渐尖，基部截形，阔楔形或心形，叶面深绿色，叶背无毛；叶柄长2~8cm。顶生伞房状总状花序，有花2~12朵。花萼蕾时圆球形，2唇开裂，顶端有2尖齿。花冠淡红色，内面具黄色条纹及暗紫色斑点，长3~3.5cm。蒴果线形，长25~45cm，宽约6mm。种子狭长椭圆形，长约1cm，宽约2mm，两端生长毛。花期5—6月，果期6—10月。

［**生长习性**］喜光，幼苗稍耐阴，喜温暖湿润气候，但不耐严寒。楸树既不耐干旱也不耐水湿，不耐贫瘠，根蘖和萌芽能力强。在深厚、湿润、肥沃、疏松的中性土、微酸性土和钙质土中生长迅速，在轻盐碱土中也能正常生长，在干燥瘠薄的砾质土和结构不良的黏土上生长不良，对二氧化硫及氯气有较强抗性，有较强的滞尘能力。

［**繁育栽培**］可播种繁育、埋根繁育、扦插繁育、嫁接繁育，常用的是埋根繁育和嫁接繁育。埋根在3月下旬进行，在长势健壮、胸径15cm以上的楸树上选取粗1~2cm的根条，截取长12~20cm，剪口平滑，斜埋入土，大头朝上小头朝下，埋根后压实土壤，使根与土壤紧密结合。根的上端略低于地面2cm。嫁接繁育选用梓树实生苗作砧木，采取芽接法进行嫁接，嫁接后用塑料袋包裹接芽进行保湿，接芽成活去掉包裹塑料。栽植一般在3月下旬至4月中旬，11月中旬至12月上旬也可进行。

［**常见病虫害**］楸树炭疽病、根瘤线虫病、泡桐龟甲、霜天蛾、银杏大蚕蛾、楸蠹野螟、叶蝉等。

［**园林用途**］可孤植、列植、片植、群植，具有较高的观赏价值和绿化效果，常作行道树、庭荫树，是城市绿化改善环境的优良树种。

第二十四节　蓝果树科

喜树

喜树（*Camptotheca acuminata* Decne.），蓝果树科喜树属。别名：旱莲木、千丈树、水栗、水桐树、天梓树、旱莲子、野芭蕉、水漠子等。

［**产地分布**］我国特有树种。产于江苏南部、浙江、福建、江西、湖北、河南、湖南、四川、贵州、广东、广西、云南等地，在四川西部成都平原和江西东南部较常见。

［**形态特征**］落叶乔木，高 20~25m。树皮灰色，叶互生，纸质，长卵形，长 12~28cm，宽 6~12cm，先端渐尖，基部宽楔形，全缘或微呈波状，上面亮绿色，下面淡绿色，疏生短柔毛，脉上较密。花单性同株，多数排成球形头状花序，雌花顶生，雄花腋生；苞片 3，两面被短柔毛；花萼 5 裂，边缘有纤毛；花瓣 5，淡绿色，外面密被短柔毛；花盘微裂；雄花有雄蕊，两轮，外轮较长；雌花子房下位，花柱 2~3 裂。瘦果窄矩圆形，长 2~2.5cm，顶端有宿存花柱，有窄翅。花期 7 月，果熟期 11 月。

［**生长习性**］喜光，不耐严寒干燥。喜土层深厚，湿润而肥沃的土壤，在干旱瘠薄地种植，生长发育不良。深根性，萌芽率强。较耐水湿，在酸性、中性、微碱性土壤均能生长，在石灰岩风化土及冲积土生长良好。

［**繁育栽培**］多用播种繁育。采种宜在 11 月下旬进行，播前需对种子经催芽处理，用 0.5%高锰酸钾液消毒 1~2h，然后漂洗干净，用 40℃温水浸泡 12h，然后将种子取出与 1/3 河沙混合均匀；80%的种子张口露芽时及时播种，播种量为 4~5kg/667m^2，播后盖土 0.5~2cm，用稻草、麦秸等进行覆盖。

［**常见病虫害**］喜树根腐病、喜树黑斑病、绿尾大蚕蛾、褐边绿刺蛾、铜绿丽金龟、叶蝉等。

［**园林用途**］喜树树干通直，树冠硕大，枝叶开展，叶绿荫浓，可作庭荫树、园景树及行道树。列植于房前屋后、溪边池畔、渠旁沟边、农园山庄周围。也可孤植、丛植于庭院、公园、风景区、园林小区、休闲广场、绿地草坪、花坛中，也可与其他树木如栾树、榆树、水杉等混植，是我国优良的行道树和庭荫树。

第二十五节 五加科

刺楸

刺楸［*Kalopanax septemlobus*（Thunb.）Koidz.］，五加科刺楸属。别名：鼓钉刺、刺枫树、刺桐、茨楸、云楸、鸟不宿、钉木树、丁桐皮等。

［产地分布］ 在中国分布于中国的东北、华北、长江流域、华南、西南等地。日本、朝鲜半岛、俄罗斯也有分布。

［形态特征］ 落叶乔木，高可达 30m，胸径达 70cm 以上。树皮暗灰棕色，小枝淡黄棕色或灰棕色，具粗刺。叶在长枝上互生，短枝上簇生；坚纸质；叶片纸质，在长枝上互生，在短枝上簇生，圆形或近圆形，裂片三角状圆卵形至长椭圆状卵形，先端长尖，边缘有锯齿，上面绿色，下面淡绿色；叶柄细长，长 8~50cm，无毛。圆锥花序大，长 15~25cm，直径 20~30cm；伞形花序直径 1~2.5cm，有花多数，花白色或淡绿黄色。果实近于圆球形，直径约 5mm，蓝黑色。花期 7—10 月，果期 9—12 月。

［生长习性］ 适应性很强，喜阳光充足和湿润的环境，稍耐阴，耐寒冷，适宜在腐殖质丰富、土层深厚、疏松且排水良好的中性或微酸性土壤中生长。

［繁育栽培］ 可播种繁育、扦插繁育、压条繁育、根插繁育，以播种繁育为主。播种可在 5 月上旬至 6 月中旬或 8 月上旬至 9 月上旬进行，春季播种前需对种子进行催芽处理，采用条播或撒播均可，条播行距 10cm，覆土 1.5~3cm，播种量约为 $2kg/667m^2$。移栽一般在 4 月下旬至 5 月上旬进行，行株距 120cm×50cm。

［常见病虫害］ 楸树褐斑病、泡桐龟甲、楸蠹野螟等。

［园林用途］ 可孤植、列植、丛植。作为行道树列植，可孤植于庭隅、路角或林间空地，或结合其他植物进行园林配置应用。可丛植作庇荫树。可用于油库绿化及营造防火林带。

第二十六节　柿　科

一、柿

柿（*Diospyros kaki* Thunb.），柿科柿属。别名：柿子、朱果、猴枣等。

［**产地分布**］原产我国长江流域，目前辽宁、浙江、江苏、湖南、湖北、河南、河北、山东、安徽、陕西、山西、江西、贵州、四川、云南、甘肃、西藏、广东、广西、福建、台湾等地均有栽培。朝鲜、日本、法国、俄罗斯、意大利、美国等也有栽培。

［**形态特征**］落叶大乔木，高 10~27m。树皮深灰色至灰黑色，或者黄灰褐色至褐色，沟纹较密，裂成长方块状；树冠球形或长圆球形，老树冠直径 10~18m。枝开展，绿色至褐色，无毛，散生纵裂的长圆形或狭长圆形皮孔；嫩枝初时有棱，有棕色柔毛或绒毛或无毛。叶纸质，卵状椭圆形、倒卵形或近圆形，新叶疏被柔毛，老叶上面深绿色，有光泽，无毛，下面绿色，有柔毛或无毛，中脉在上面凹下，有微柔毛。花雌雄异株，稀雄株有少数雌花，雌株有少数雄花；聚伞花序腋生；花梗长约 3mm；花萼钟状，两面有毛，花冠钟形，黄白色。果形有球形，扁球形，球形而略呈方形，卵形等，基部通常有棱，嫩时绿色，后变黄色，橙黄色，果肉较脆硬，老熟时果肉变成柔软多汁，呈橙红色或大红色等。褐色种子数颗，卵状椭圆形至倒卵形或近圆形。花期 5—6 月，果期 9—10 月。

［**生长习性**］阳性树种，深根性，喜温暖气候，阳光充足和深厚、肥沃、湿润、排水良好的土壤，适生于中性土壤，耐寒，耐瘠薄，抗旱性强，不耐盐碱土壤。

［**繁育栽培**］可嫁接繁育、扦插繁育，主要用嫁接繁育。嫁接可枝嫁、芽接，但芽接应用较广。芽接 6—9 月均可进行嫁接，通常用君迁子、野柿和华东油柿 3 种为砧木，选择进入盛果期的优良植株为采穗母树，剪取其上年秋梢或当年春梢中段壮芽作接芽。芽片削成 3cm 长，稍带木质部。接位在砧木离地面 7~10cm 处，切成与芽片削面大小相同的切口，深度至形成层，不伤木质部。将芽片贴合于砧木切面上，用塑料薄膜带绑扎好露芽接口，在接位上方 10cm 处剪除砧木。接后 20d 解除绑带。

［**常见病虫害**］柿角斑病、柿圆斑病、柿炭疽病、苹梢鹰夜蛾、油桐尺蛾、枣刺蛾、褐边绿刺蛾、豆毒蛾、后黄卷叶蛾、柿星尺蠖、桃蛀螟、日本双棘长蠹、柿蒂虫、草履蚧、柿绒蚧、红蜡蚧、糠片盾蚧、橘棘粉蚧、橘声蚜等。

［**园林用途**］可孤植、丛植于庭院、园林小区绿地草坪中、园区一隅、花坛中，也宜植于房前宅旁、路边坡坎、田园山坡、公园、风景区、园区空旷地、山石间、庭廓

旁，是良好的观叶、观果树、庭荫树。

二、君迁子

君迁子（*Diosryros lotus* L.），柿科柿属。别名：牛奶柿、软枣、黑枣、野柿子、丁香枣、小柿等。

［**产地分布**］产于各地山区，野生于山坡、谷地或栽培；分布于辽宁、河北、河南、山东、山西、陕西、甘肃、江苏、浙江、安徽、江西、湖南、湖北、贵州、四川、云南、西藏等地。

［**形态特征**］落叶乔木，高可达30m，一般5~10m，胸径可达1.3m。树皮灰黑色或灰褐色，深裂成方块状；幼枝灰绿色，有短柔毛。单叶互生；叶柄长5~25mm；叶片椭圆形至长圆形，长5~13cm，宽2.5~6cm，先端渐尖或急尖，基部钝圆或阔楔形，上面深绿色，初时密生柔毛，有光泽，下面近白色，至少在脉上有毛。花单性，雌雄异株，簇生于叶腋；花淡黄色至淡红色；雄花1~3朵腋生；花萼钟形，4裂，稀5裂，裂片卵形，先端急尖，内面有绢毛，花冠壶形，4裂，雄蕊16枚，每2枚连生成对，子房退化；雌花单生，几无梗；浆果近球形至椭圆形，初熟时淡黄色，后则变为蓝黑色，被白蜡质。花期5—6月，果期10—11月。

［**生长习性**］喜光，耐半阴，耐寒及耐旱性均比柿树强，耐湿。喜肥沃深厚土壤，但对瘠薄土、中等碱性土及石灰质土有一定的忍耐力。生长较迅速，寿命较长；对二氧化硫抗性强。

［**繁育栽培**］一般采用播种繁育。播种宜在3月下旬进行，播种前将种子浸泡在40℃温水中48h，种子膨胀后再进行播种，播种量为5~7.5kg/667m²，播种后覆土0.5cm。

［**常见病虫害**］柿角斑病、柿圆斑病、柿炭疽病、苹梢鹰夜蛾、油桐尺蛾、枣刺蛾、褐边绿刺蛾、豆毒蛾、后黄卷叶蛾、柿星尺蠖、桃蛀螟、日本双棘长蠹、柿蒂虫、草履蚧、柿绒蚧、红蜡蚧、糠片盾蚧、橘棘粉蚧、橘声蚜、麻皮蝽、茶翅蝽等。

［**园林用途**］可孤植、列植、丛植，常植于居住绿地、道路绿地、公园绿地，作为庭荫树和行道树。

第二十七节　卫矛科

丝绵木

丝绵木（*Euonymus maackii* Rupr.），卫矛科卫矛属。别名：白杜、桃叶卫矛、明开夜合、华北卫矛、白皂树、野杜仲、白樟树等。

［**产地分布**］产于我国中部，北起黑龙江包括华北、内蒙古，南到长江南岸各省区，西至甘肃均有分布。

［**形态特征**］落叶小乔木，高 6~8m。树冠圆形与卵圆形，幼时树皮灰褐色、平滑，老树纵状沟裂。小枝细长，无毛，绿色，近四棱形，2 年生枝四棱，每边各有白线。叶对生，卵状至卵状椭圆形，先端长渐尖，基部近圆形，缘有细锯齿，叶柄细长约为叶片长的 1/3，秋季叶色变红。伞形花序，腋生，有花 3~7 朵，淡绿色。蒴果粉红色，4 裂片。种子淡黄色，有红色假种皮，上端有小圆口，稍露出种子。花期 5—6 月，果期 9—10 月。

［**生长习性**］阳性树种，稍耐阴，对气候适应性强，耐寒，耐干旱，耐湿，耐瘠薄，对土壤要求不严。根系深而发达，能抗风，根蘖萌发力强，生长较缓慢。对二氧化硫、氟化氢、氯气的抗性和吸收能力较强，对粉尘的吸滞能力也强。

［**繁育栽培**］可播种繁育、扦插繁育。播种时间一般在 3 月中下旬至 4 月中上旬，一般常规播种量为 $10kg/667m^2$，宜早播；采用条播，开沟深 3~5cm，行宽 20~25cm，覆土厚度约 1cm，覆土后适当镇压。扦插在 3 月下旬至 4 月上旬进行，土壤解冻后、腋芽萌动前进行。6 月上中旬可进行嫩枝扦插，随采随插。插条长 12~15cm，插深 1/2，床土用河沙与腐殖土混合，插后保持基质湿润。

［**常见病虫害**］丝绵木金星尺蠖、糠片盾蚧、卫矛矢尖盾蚧等。

［**园林用途**］丝绵木枝叶娟秀细致，姿态秀丽，秋季叶色变红，果实挂满枝梢，可孤植、列植、丛植于林缘、草坪路旁、湖边及溪畔，可植于公园绿地、庭院绿地、矿厂区绿地及水边。也可作为防护林。

第二十八节　玄参科

一、毛泡桐

毛泡桐［*Paulownia tomentosa*（Thunb.）Steud.］，玄参科泡桐属。别名：紫花桐等。

［产地分布］ 我国特有树种，分布很广，主要分布于辽宁南部、河北、河南、山东、江苏、安徽、湖北、江西等地。日本、朝鲜、欧洲和北美洲也有引种栽培。

［形态特征］ 落叶乔木，高可达20m。树皮褐灰色；有白色斑点。叶柄常有黏性腺毛，叶全缘或具3~5浅裂；聚伞圆锥花序的侧枝不发达，小聚伞花序具有3~5朵花，花萼浅钟状，密被星状绒毛，5裂至中部，花冠漏斗状钟形，外面淡紫色，有毛，内面白色，有紫色条纹；蒴果卵圆形，先端锐尖，长约2.3cm，外果皮革质。花期4—5月，果期8—9月。

［生长习性］ 耐寒、耐旱，耐盐碱，耐风沙，抗性强，对气候的适应范围广，高温38℃以上影响生长，绝对最低温度在-25℃时受冻害。

［繁育栽培］ 可播种繁育、分根繁育、分蘖繁育、嫁接繁育，普遍使用分根和分蘖繁育。泡桐分根繁育宜在2月下旬至3月中旬，11—12月土壤上冻前也可进行。育苗地可选背风向阳、以砂壤土或壤土为主的圃地，做高15~20cm的高垄苗床，选用1~2年生健壮苗根，剪成长度10~12cm的种根条。将种根大头剪成平口，下头剪成斜口，将处理后的种根大头朝上直插基质内，压实基质。

［常见病虫害］ 泡桐丛枝病、根瘤线虫病、霜天蛾、乌桕大蚕蛾、泡桐龟甲、红头豆芫菁、大青叶蝉、云斑天牛、角菱背网蝽等。

［园林用途］ 可孤植、丛植，常栽植于公园绿地、道路绿地。

二、兰考泡桐

兰考泡桐（*Paulownia elongata* S. Y. Hu），玄参科泡桐属。别名：毛泡桐、光泡桐、楸叶泡桐、白花泡桐、台湾泡桐等。

［产地分布］ 分布于河北、河南、山西、陕西、山东、湖北、安徽、江苏等地，河南有野生，集中分布在中国河南东部平原和山东西南部地区。

［形态特征］ 落叶乔木，高达10m以上。树冠宽圆锥形，全体具星状绒毛；小枝褐

色，有突起的皮孔。叶片通常卵状心脏形，有时具不规则的角，长可达34cm，顶端渐狭长而锐头，基部心脏形或近圆形，上面毛不久脱落，下面密被无柄的树枝状毛。花序枝的侧枝不发达，故花序金字塔形或狭圆锥形，长约30cm，小聚伞花序的总花梗长8～20mm，几与花梗等长，有花3～5朵，稀有单花；花冠漏斗状钟形，紫色至粉白色，长7～9.5cm，花柱长30～35mm。蒴果卵形，稀卵状椭圆形，长3.5～5cm，果皮厚1～2.5mm；种子连翅长4～5mm。花期4—5月，果期9—10月。

［**生长习性**］阳性树种，喜光、耐寒、不耐旱、不耐水湿。最适宜生长于排水良好、土层深厚、通气性好的砂壤土或砂砾土上，喜湿润肥沃土壤，在pH值6～8土壤上生长良好。

［**繁育栽培**］可播种繁育、插根繁育、留根繁育，以插根繁育为主。2月下旬至3月中旬选择1～2年生、大头直径1～3cm、无机械损伤、无病虫害的泡桐苗根作插根繁育用种根。剪成长度10～12cm种根条。将种根大头剪成平口，下头剪成斜口，将处理后的种根大头朝上直插基质内，埋入基质中2～3cm，将基质压实。

［**常见病虫害**］泡桐丛枝病、根瘤线虫病、霜天蛾、乌桕大蚕蛾、泡桐龟甲、大青叶蝉、云斑天牛、角菱背网蝽等。

［**园林用途**］可孤植、丛植、列植，常植于居住绿地、道路绿地、厂矿绿地、防护绿地，是优良的庭荫树和行道树。

三、楸叶泡桐

楸叶泡桐（*Paulownia catalpifolia* T. Gong ex D. Y. Hong），玄参科泡桐属。别名：山东泡桐、无籽泡桐、小叶泡桐、长葛桐、胶东桐、楸叶桐等。

［**产地分布**］分布于亚洲东部，我国广泛分布于山东，河北、山西、河南、陕西等多个省份，太行山区有野生。

［**形态特征**］落叶大乔木，高可达20m。树冠为高大圆锥形，树干通直。叶片通常长卵状心脏形，长约为宽的2倍，顶端长渐尖，全缘或波状而有角，上面无毛，下面密被星状绒毛。花序枝的侧枝不发达，花序金字塔形或狭圆锥形，长一般在35cm以下，小聚伞花序有明显的总花梗，与花梗近等长；萼浅钟形，在开花后逐渐脱毛，浅裂达1/3～2/5处，萼齿三角形或卵圆形；花冠浅紫色，长7～8cm，较细，管状漏斗形，内部常密布紫色细斑点，顶端直径不超过3.5cm，喉部直径约1.5cm，基部向前弓曲，檐部唇形。蒴果椭圆形，幼时被星状绒毛，长4.5～5.5cm，果皮厚达3mm。花期4月，果期7—8月。

［**生长习性**］强阳光性，喜光，喜温暖，速生；不耐庇荫，耐寒性强，较抗干旱，对土壤性质要求不严，忌积水涝洼。

［**繁育栽培**］可播种繁育、插根繁育、留根繁育、嫁接繁育，常用插根繁育。在泡桐落叶后至翌年春季发芽前进行采根，采用1～2年生发育充实、生命力旺盛，直径1～3cm的根做种根，剪成10～12cm的条状，上端剪成平口，下端剪成斜口，将处理后的种根大头朝上直插基质内，埋入基质中2～3cm，将基质压实。嫁接繁育用毛泡桐幼苗

做砧木，嫁接繁育成楸叶泡桐。

［**常见病虫害**］泡桐丛枝病、泡桐黑痘病、泡桐炭疽病、根瘤线虫病、泡桐白绢病、泡桐腐烂病、红头芫菁、霜天蛾、乌桕大蚕蛾、泡桐龟甲、草履蚧、大青叶蝉、云斑天牛、角菱背网蝽等。

［**园林用途**］可孤植、丛植、列植，常植于居住绿地、道路绿地、厂矿绿地、防护绿地，是优良的庭荫树、行道树、园景树。

第二十九节 梧桐科

梧桐

梧桐［*Firmiana simplex*（L.）W. Wight］，梧桐科梧桐属。别名：青桐、桐麻等。

［**产地分布**］产我国南北各省，从广东、海南、福建、浙江、江西到华北的山东、江苏、河北、河南等地均有分布。在日本、韩国、朝鲜也有分布。

［**形态特征**］落叶乔木，高可达16m。树皮青绿色，平滑。叶心形，掌状3~5裂，裂片三角形，顶端渐尖，基部心形，两面均无毛或略被短柔毛，基生脉7条，叶柄与叶片等长。圆锥花序顶生，下部分枝长达12cm，花淡黄绿色；萼片条形，向外卷曲，外面被淡黄色短柔毛，内面仅在基部被柔毛；花梗与花几乎等长；雄花的雌雄蕊柄与萼等长，下半部较粗，无毛，花药15个不规则地聚集在雌雄蕊柄的顶端，退化子房梨形且甚小；雌花的子房圆球形，被毛。蓇葖果膜质，有柄，成熟前开裂成叶状，外面被短绒毛或几乎无毛，每蓇葖果有种子2~4个；种子圆球形，表面有皱纹，直径约7mm。花期6—7月，果期10—11月。

［**生长习性**］阳性树种，喜光植物，喜温暖湿润的环境；耐寒、耐干旱及瘠薄。夏季树皮不耐烈日，在沙质土壤上生长较好。

［**繁育栽培**］可播种繁育、扦插繁育、分根繁育，常用播种繁育。以春播为主，也可秋播。春播在土壤解冻后3月下旬至4月上旬进行，播前用温水浸种催芽处理，条播，行距25cm，覆土厚约15cm，播种量约为15kg/667m^2。

［**常见病虫害**］山茶藻斑病、霜天蛾、棉大卷叶螟、瓜绢野螟、薄翅锯天牛、大青叶蝉、棉叶蝉、梧桐木虱等。

［**园林用途**］可孤植、列植、片植，常点缀于庭院、宅前作庭荫树，也种植于道路两旁作行道树。

第三十节　椴树科

蒙椴

蒙椴（*Tilia mongolica* Maxim.），椴树科椴树属。别名：小叶椴、白皮椴、米椴等。

［**产地分布**］分布于内蒙古、河北、河南、山西等。

［**形态特征**］落叶乔木，高可达10m。树皮淡灰色，有不规则薄片状脱落；嫩枝无毛，顶芽卵形，无毛。叶阔卵形或圆形，长4~6cm，宽3.5~5.5cm，先端渐尖，常出现3裂，基部微心形或斜截形，上面无毛，下面仅脉腋内有毛丛，侧脉4~5对，边缘有粗锯齿，齿尖突出；叶柄长2~3.5cm，无毛，纤细。聚伞花序长5~8cm，有花6~12朵，花序柄无毛；花柄长5~8mm，纤细；苞片窄长圆形，长3.5~6cm，宽6~10mm，两面均无毛，上下两端钝，下半部与花序柄合生，基部有柄长约1cm；萼片披针形，长4~5mm，外面近无毛；花瓣长6~7mm。果实倒卵形，长6~8mm，被毛，有棱或有不明显的棱。花期7月。

［**生长习性**］喜光，耐阴，耐寒性强。喜冷凉湿润气候及肥厚而湿润的土壤，在微酸性、中性和石灰性土壤上均生长良好，但在干瘠、盐渍化或沼泽化土壤上生长不良。根系发达，主根深，固土能力强，适宜在山沟、山坡或平原生长。

［**繁育栽培**］可播种繁育、分株繁育、压条繁育，多用播种繁育。播种宜在3月中旬进行，蒙椴种子采收后应沙藏1年后才可开始播种。在种子沙藏期保持一定湿度，并需每隔30~45d倒翻1次，使种子经历"低温→高温→低温→回温"的变温阶段，第3年3月中旬种子发芽率达20%左右时可播种。幼苗需进行适当遮阴。

［**常见病虫害**］幼苗猝倒病、舞毒蛾、黄卷叶蛾、咖啡木蠹蛾、蛴螬、小地老虎等。

［**园林用途**］可孤植、列植、片植、丛植，常作为庭荫树、行道树，也是涵养水源的优良树种。

第三十一节　夹竹桃科

鸡蛋花

鸡蛋花（*Plumeria rubra* L.），夹竹桃科鸡蛋花属。别名：红鸡蛋花、缅栀子、大季花、鸭脚木、蛋黄花等。

［**产地分布**］原产美洲，现广植于亚洲热带及亚热带地区，中国广东、广西、云南、四川、贵州、山东、江苏、河南、福建等地均有栽培。

［**形态特征**］落叶小乔木，高5~8m，枝条粗壮，带肉质，具丰富乳汁，绿色，无毛。叶厚纸质，长圆状倒披针形或长椭圆形，长20~40cm，宽7~11cm，顶端短渐尖，基部狭楔形，叶面深绿色，叶背浅绿色，两面无毛；叶柄长4~7.5cm，上面基部具腺体，无毛。聚伞花序顶生，长16~25cm，宽约15cm，无毛；花梗长2~2.7cm，淡红色；花萼裂片小，卵圆形，顶端圆，长和宽分别约1.5mm，不张开而压紧花冠筒；花冠外面白色，花冠筒外面及裂片外面左边略带淡红色斑纹，花冠内面黄色，直径4~5cm；花冠裂片阔倒卵形，顶端圆，基部向左覆盖，长3~4cm，宽2~2.5cm。种子斜长圆形，扁平，长2cm，宽1cm，顶端具膜质的翅，翅长约2cm。花期5—10月，果期栽培极少结果，一般为7—12月。

［**生长习性**］阳性树种，喜高温、湿润和阳光充足的环境，土壤以深厚肥沃、通透良好、富含有机质的酸性砂壤土为佳。耐干旱，忌涝渍，耐寒性差，最适宜生长的温度为20~26℃，抗逆性好。

［**繁育栽培**］可播种繁育、嫁接繁育、扦插繁育、压条繁育，通常以扦插繁育为主。在热带亚热带适宜露地栽培，一年四季均可进行扦插。选取1~2年生粗壮枝条，从分枝基部剪取长20~30cm枝段作为插条，待剪口处流出的白色乳汁自然阴干或用清水洗净切口流出的乳汁，然后放在阴凉通风处2~3d，再插入基质中；基质保持湿润。前期适当遮阴，逐步适应露地生长。

［**常见病虫害**］鸡蛋花锈病、鸡蛋花白粉病、鸡蛋花角斑病、藤圆盾蚧、温室粉虱、螺旋粉虱等。

［**园林用途**］可孤植、丛植，广泛应用于公园、庭院、草坪四周等的绿化，也可盆栽，是中国南方绿化中不可或缺的优良树种。

第三十二节 芸香科

一、黄檗

黄檗（*Phellodendron amurense* Rupr.），芸香科黄檗属。别名：黄菠萝、黄柏、关黄柏、黄伯栗、檗木、黄波椤树、黄檗木等。

[产地分布] 产于东北和华北，河南、安徽北部、宁夏也有分布。朝鲜、日本、俄罗斯也有分布。

[形态特征] 落叶乔木，高 10~30m。树冠广圆形；树皮木栓层发达，浅灰或灰褐色，深沟状或不规则网状开裂；内皮鲜黄色。枝条粗壮，小枝橙黄色或黄褐色。奇数羽状复叶，小叶 5~13 片，薄纸质或纸质，卵状披针形或卵形，对生，长 5~12cm，宽 2.5~4.5cm，先端长渐尖，叶缘有细锯齿，齿间有透明油点。花单性，黄绿色，排成顶生聚伞状圆锥花序。核果球形，径约 1cm，熟时蓝黑色。花期 5—6 月，果期 10 月。

[生长习性] 喜光，不耐阴，耐寒性强；喜湿润、深厚、肥沃而排水良好的土壤，耐轻度盐碱，不宜在黏土和低湿地栽植。深根性，抗风力强。

[繁育栽培] 可播种繁育、扦插繁育。播种繁育以秋播为主，选择健康成熟种子在低温下自然催芽，春播应在秋冬季将种子层积沙藏。采用条播或撒播进行播种，覆盖适量的土壤，并保持土壤湿润。扦插繁育可在春季或秋季进行，选择健壮枝条，截成 10~15cm 长的插条，插入基质中并保持湿润。

[常见病虫害] 黄檗根腐病、黄檗锈病、花椒跳甲、花椒凤蝶、黄刺蛾等。

[园林用途] 黄檗树形浑圆，花朵黄色，秋叶金黄色，是重要的秋色叶树种。可作为庭荫树和园景树，可孤植、丛植、列植于草坪、山坡、道路两侧，也可用于林中、树群外围处丰富景观层次。

二、花椒

花椒（*Zanthoxylum bungeanum* Maxim.），芸香科花椒属。别名：香椒、大花椒、青椒、山椒、钉板刺、入山虎、麻药藤、蜀椒、秦椒、大椒、椒、胡椒木等。

[产地分布] 产于我国北部至西南地区，我国华北、华中、华南地区均有分布。

[形态特征] 落叶小乔木，高 3~7m。具香气，茎干通常有增大的皮刺。奇数羽状

复叶，互生，叶柄两侧常有一对扁平基部特宽的皮刺；小叶 5~13 片，对生，近于无柄，纸质，卵形或卵状矩圆形，边缘有细钝锯齿，齿缝处有粗大透明的腺点，下面中脉基部两侧常被一簇锈褐色长柔毛。聚伞状圆锥花序顶生或生于侧枝之顶，花序轴及花梗密被短柔毛或无毛，花被片 6~8 片，黄绿色。蓇葖果球形，红色至紫红色，密生疣状突起的腺体。花期 4—5 月，果期 8—10 月。

[**生长习性**] 喜光，耐寒，耐旱，抗病能力强，不耐涝，短期积水可致死亡。适宜生长在温暖湿润及土层深厚肥沃的壤土上、砂壤土，萌蘖性强，耐修剪，隐芽寿命长。

[**繁育栽培**] 可播种繁育、嫁接繁育、扦插繁育、分株繁育，以播种繁育为主。播种繁育春秋两季均可，春播一般在春分前后进行，秋播一般在土壤封冻前进行，开沟条播，行距 20cm，沟深 5cm，覆土 1cm，播种量为 4~6kg/667m^2，播后床面覆草保湿。

[**常见病虫害**] 花椒根腐病、花椒锈病、花椒膏药病、花椒流胶病、花椒跳甲、玉带凤蝶、黄刺蛾、大蓑蛾等。

[**园林用途**] 可孤植、丛植于公园绿地、居住绿地、防护绿地、风景区绿地，也可作为绿篱。

三、枳

枳 [*Doncirus Citrus trifoliata*（L.）Raf.]，芸香科枳属。别名：铁篱寨、臭橘、枸橘李、枸橘、臭杞等。

[**产地分布**] 产我国中部，陕西、甘肃、河北、河南、安徽、山东、江苏、浙江、江西、福建、湖北、湖南、广东、广西、四川、贵州、云南、台湾等地均有栽培。

[**形态特征**] 落叶小乔木，高可达 7m。树冠伞形或圆头形；枝绿色，嫩枝扁，有纵棱，刺长可达 4cm，刺尖干枯状，红褐色，基部扁平。小叶复叶，互生；叶柄长 1~3cm，有翅；小叶纸质或近革质，卵形、椭圆形或倒卵形，长 2~5cm，宽 1~3cm，先端圆而微凹缺，基部楔形，具钝齿或近全缘，近于无毛。花单生或成对腋生，常先叶开放，黄白色，有香气。柑果近圆球形或梨形，橙黄色，有香气。花期 5—6 月，果期 10—11 月。

[**生长习性**] 性喜光，稍耐阴，喜温暖湿润气候，较耐寒，耐热。对土壤要求不严，喜微酸性土壤，不耐碱。生长速度中等，发枝力强，耐修剪。

[**繁育栽培**] 可播种繁育、嫁接繁育、扦插繁育。播种在冬季和翌年春季均可进行，条播按行距 30cm 开沟，株距 3~6cm，盖肥土，再覆草，出苗前保持基质湿润，出苗后及时揭去盖草。苗高 10cm 进行间苗，苗高 1m 即可移栽。嫁接繁育在 3—5 月随采随用，剪取 15~20cm 长的带有成熟叶片和健壮叶芽的小段枝条，可用单芽切接法或“丁”字形芽接法。将枝条的下切口削成斜面，插入深度 4~6cm。用土压实之后浇透水。

[**常见病虫害**] 幼苗猝倒病、枳溃疡病、枳干腐病、桑盾蚧等。

[**园林用途**] 可孤植、列植、片植、群植于公园绿地、居住绿地、风景区绿地，是常用的观果树种。

第三十三节 蔷薇科

一、山楂

山楂（*Crataegus pinnatifida* Bunge.），蔷薇科山楂属。别名：山里果、山里红、酸里红、山里红果、酸枣、红果、红果子等。

[**产地分布**] 在山东、陕西、山西、河南、河北、江苏、浙江、辽宁、吉林、黑龙江、内蒙古等地均有分布。朝鲜和俄罗斯也有分布。

[**形态特征**] 落叶乔木，高可达 6m。树皮粗糙，暗灰色或灰褐色；刺长 1~2cm，有时无刺；小枝圆柱形，当年生枝紫褐色，老枝灰褐色；冬芽三角卵形，先端圆钝，无毛，紫色。叶片宽卵形或三角状卵形，稀菱状卵形，长 5~10cm，宽 4~7.5cm，先端短渐尖，基部截形至宽楔形，边缘有尖锐稀疏不规则重锯齿；叶柄长 2~6cm，无毛；托叶草质，镰形，边缘有锯齿。伞房花序具多花，直径 4~6cm，花梗长 4~7mm；花瓣倒卵形或近圆形，长 7~8mm，宽 5~6mm，白色。果实近球形或梨形，直径 1~1.5cm，深红色，有浅色斑点。花期 5—6 月，果期 9—10 月。

[**生长习性**] 适应性强，喜凉爽，湿润的环境；耐寒、耐高温，在-36~43℃均能生长。喜光也能耐阴，对土壤要求不严格，但在土层深厚、质地肥沃、疏松、排水良好的微酸性砂壤土中生长良好。

[**繁育栽培**] 可播种繁育、扦插繁育、嫁接繁育。播种繁育一般在 3 月中旬至 4 月上旬进行条播，行距 20cm，开沟深 4cm，宽 3~5cm，播种量为 25~30kg/667m^2，播后覆薄土。扦插繁育是选取直径为 0.5~1cm 的 1 年生健壮枝条，剪成 10~15cm 枝段作为插条，在消毒后的基质中进行扦插，保持基质湿润。嫁接繁育在春、夏、秋均可进行，可芽接、枝接或靠接，以芽接为主，选用实生苗或分株苗作为砧木。

[**常见病虫害**] 山楂枯梢病、山楂花腐病、山楂轮纹病、桧柏-梨锈病、桃蛀螟、梨小食心虫、二星叶蝉、桃一点斑叶蝉、伪角蜡蚧、柑橘粉虱、麻皮蝽、茶翅蝽、山楂叶螨、苹掌舟蛾、铜绿丽金龟等。

[**园林用途**] 可孤植、列植、丛植，常植于公园绿地、居住绿地、广场绿地，常用作庭荫树，也可作为绿篱或盆景使用。

二、木瓜

木瓜［*Chaenomeles sinensis*（Thouin）Koehne］，蔷薇科木瓜属。别名：木李、海棠、光皮木瓜、木瓜海棠、万寿果、乳瓜等。

［**产地分布**］中国木瓜栽培地区分布，目前在山东、河南、陕西、湖北、江西、安徽、江苏、浙江、广东、广西、福建、云南、台湾等地均有栽培。

［**形态特征**］落叶小乔木，高5~10m。树皮成片状脱落；小枝无枝刺；圆柱形，紫红色，幼时被淡黄色绒毛。叶片椭圆形或椭圆状长圆形，先端急尖，基部楔形或近圆形，边缘具刺芒状细锯齿，齿端具腺体，表面无毛，幼时沿叶脉被稀疏柔毛，背面幼时密被黄白色绒毛；叶柄粗壮，被黄白色绒毛，上面两侧具棒状腺体；托叶膜质，椭圆状披针形，先端渐尖，边缘具腺齿，沿叶脉被柔毛。花单生于短枝端，花梗粗短，无毛；萼筒外面无毛；萼裂片三角状披针形，先端长渐尖，边缘具稀疏腺齿，外面无毛或被稀疏柔毛，内面密被浅褐色绒毛；花瓣倒卵形，淡粉红色；果实长椭圆形，暗黄色，木质，味芳香，果梗短；花期4月，果期9—10月。

［**生长习性**］喜温暖湿润环境，不耐阴，对土质要求不严，但在土层深厚、疏松肥沃、排水良好的砂质土壤中生长较好，低洼积水处不宜种植。

［**繁育栽培**］可播种繁育、嫁接繁育、压条繁育、扦插繁育，以播种繁育为主。播种可于2—4月或10—12月进行，播种前用1%小苏打溶液浸泡6~8h，浸后捞起沥干，按行距20cm撒播于苗床中，覆薄土盖稻草，保持湿润。嫁接繁育宜在春季进行，以2~3年生木瓜实生苗做砧木，选取优良品种的1年结果枝做接穗。嫁接繁育是在9月底生长缓慢期采用芽接方式进行嫁接。

［**常见病虫害**］桧柏-梨锈病、桧柏-海棠锈病、木瓜叶枯病、木瓜干腐病、星天牛、桑天牛、梨眼天牛、朝鲜球坚蚧等。

［**园林用途**］可孤植、片植、丛植于公园、庭院、校园、广场，列植于道路两侧，还可做嫁接海棠的砧木，或作为盆景在庭院或园林中栽培，具有城市绿化和园林造景功能。

三、李

李（*Prunus salicina* Lindl.），蔷薇科李属。别名：李子、山李子、嘉庆子、嘉应子、玉皇李等。

［**产地分布**］中国陕西、甘肃、四川、云南、贵州、湖南、湖北、河南、江苏、浙江、江西、福建、广东、广西和台湾等地及世界各地均有栽培。

［**形态特征**］落叶乔木，高9~12m。树冠广圆形，树皮灰褐色，起伏不平；老枝紫褐色或红褐色，无毛；小枝黄红色，无毛。叶片长圆倒卵形、长椭圆形，稀长圆卵形，长6~12cm，宽3~5cm，先端渐尖、急尖或短尾尖，基部楔形，边缘有圆钝重锯齿，常混有单锯齿，幼时齿尖带腺，上面深绿色，有光泽；叶柄长1~2cm，通常无毛，顶端

有 2 个腺体或无腺体，有时在叶片基部边缘有腺体。花通常 3 朵并生；花梗 1~2cm，通常无毛；花直径 1.5~2.2cm；萼筒钟状；萼片长圆卵形，长约 5mm，先端急尖或圆钝，边有疏齿；花瓣白色，长圆倒卵形。核果球形、卵球形或近圆锥形，直径 3.5~5cm，栽培品种可达 7cm，黄色或红色，有时为绿色或紫色；核卵圆形或长圆形，有皱纹。花期 4 月，果期 7—8 月。

[**生长习性**] 对气候的适应性强，不耐积水。宜在土层深厚、土质疏松、排水良好的地方生长。

[**繁育栽培**] 可嫁接繁育、扦插繁育、分株繁育。嫁接繁育可芽接或切接，芽接于 6—8 月进行，切接于 1—2 月进行，常采用毛桃、中国李作为砧木，1 年生的健壮枝条作接穗随采随接。扦插繁育通常选取 1 年生健壮枝条，或冬季掘取直径 7~8mm 的根段进行扦插。分株繁育通常选取根际萌蘖进行分株繁育，在根际进行堆土，促进水平根上形成不定芽，萌芽抽梢后翌年将根蘖苗与母株分离，成为独立的小苗进行移植。

[**常见病虫害**] 桧李炭疽病、李褐斑穿孔病、桧李轮纹病、桧李细菌性黑斑病、桧李褐腐病、李流胶病、梨剑纹夜蛾、黄刺蛾、乌桕黄毒蛾、苹掌舟蛾、小黄卷叶蛾、后黄卷叶蛾、天幕毛虫、褐足角胸叶甲、绒绿象甲、白星花金龟、曲带弧丽金龟、苹毛丽金龟、梨眼天牛、顶斑筒天牛、桃蛀螟、梨小食心虫、褐软蜡蚧、褐盔蜡蚧、橘棘粉蚧、桃蚜、黑蚱蝉、茶翅蝽、山楂叶螨等。

[**园林用途**] 可孤植、片植，常作为庭荫树。

四、紫叶李

紫叶李（*Prunus cerasifera* ‘Pissardii’），蔷薇科李属。别名：红叶李、樱桃李等。

[**产地分布**] 原产于亚洲西南部及我国新疆天山一带，中国华北及其以南地区广为种植。目前四川、云南、湖南、山东、河南、广西、江苏、安徽、湖南、山西、浙江等地引种后广泛栽培。

[**形态特征**] 落叶小乔木，高可达 8m。多分枝，枝条细长，开展，暗灰色，有时有棘刺；小枝暗红色，无毛；冬芽卵圆形，先端急尖，有数枚覆瓦状排列鳞片，紫红色，有时鳞片边缘有稀疏缘毛。叶片椭圆形、卵形或倒卵形，极稀椭圆状披针形，长 2~6cm，宽 2~6cm，先端急尖，基部楔形或近圆形，边缘有圆钝锯齿，上面深绿色，下面颜色较淡；叶柄长 6~12mm，通常无毛或幼时微被短柔毛，无腺；托叶膜质，披针形，先端渐尖，边有带腺细锯齿，早落；花 1 朵，稀 2 朵；花梗长 1~2.2cm，无毛或微被短柔毛；花直径 2~2.5cm，花瓣白色，长圆形或匙形，边缘波状，基部楔形。核果近球形或椭圆形，长宽几乎相等，直径 2~3cm，黄色、红色或黑色，微被蜡粉，具有浅侧沟，黏核；核椭圆形或卵球形。花期 4 月，果期 8 月。

[**生长习性**] 喜光，喜温暖湿润气候，不耐寒，耐水湿；喜肥沃、土层深厚、排水良好的黏质中性土、酸性土壤，砂砾土、黏质土也能生长。

[**繁育栽培**] 可用嫁接繁育、扦插繁育。嫁接繁育在 6 月中下旬进行芽接，选取 2 年生苗作砧木，嫁接前先短截，保留地表上 5~7cm 的树桩，在选好做接穗的枝条上定

好芽位，在树皮上切“T”字形切口，使砧木和接芽紧密贴合，然后再用绑带将其绑扎牢固。扦插繁育在11月下旬至12月中旬进行，选择生长健壮的当年生枝条作为插条，剪取10~12cm的枝段作插条，留取3~5个芽，把插条下方靠近芽处剪成光滑的斜面，将插条的斜面向下插入基质中，扦插后保持土壤湿润。

［**常见病虫害**］棕李细菌性穿孔病、棕李炭疽病、棕李轮纹病、棕李褐腐病、红叶李流胶病、桃红颈天牛、朝鲜球坚蚧、草履蚧、棉蚜、双齿绿刺蛾等。

［**园林用途**］可孤植、列植、片植、群植，宜于建筑物前及园路旁或草坪角隅处栽植，常作庭荫树、园路树和观赏树。

五、西府海棠

西府海棠（*Malus* × *micromalus* Makino），蔷薇科苹果属。别名：海红、子母海棠、小果海棠、紫海棠、红海棠等。

［**产地分布**］中国辽宁、河北、山西、山东、河南、陕西、甘肃、云南等地均有栽培。

［**形态特征**］落叶小乔木，高2.5~5m。树枝直立性强；小枝圆柱形，直立，幼时红褐色，被短柔毛，老时暗褐色，无毛；叶片椭圆形至长椭圆形，先端渐尖或圆钝，基部宽楔形或近圆形，边缘有紧贴的细锯齿，有时部分全缘，幼时两面被柔毛，不久脱落无毛。花序近伞形，具花5~8朵；花梗细，被稀疏柔毛；萼筒外面无毛或有密柔毛；萼裂片三角状卵形，比萼筒短或近等长，先端急尖，全缘，外面无毛或近于无毛，内面被白色绒毛；花瓣卵形，基部具短爪，白色，初开放时粉红色至红色；雄蕊20~25(~30)枚；花柱5个，稀4个，比雄蕊稍长，基部具白色绒毛。果实近球形，黄色，基部不下陷，萼裂片宿存；果梗细，先端稍肥厚。花期4—5月，果期8—9月。

［**生长习性**］喜光，耐寒，忌水涝，忌空气过湿，较耐干旱，对土质和水分要求不高，适生于肥沃、疏松又排水良好的砂质壤土。

［**繁育栽培**］可用播种繁育、嫁接繁育、分株繁育、压条繁育、根插繁育，通常以嫁接繁育和分株繁育为主。嫁接于春季树液流动发芽进行枝接或秋季（7—9月）进行芽接。枝接可用切接、劈接等嫁接方法，接穗选取发育充实的1年生枝条，取其中段(有2个以上饱满的芽)，嫁接后包裹接穗；芽接多用“T”字形芽接法。分株繁育在早春萌芽前或秋冬落叶后进行，挖取从根际萌生的蘖条，分切成若干单株，或将2~3条带根的萌条为一簇，进行移栽，移栽保持土壤湿润，需要时予以遮阴。

［**常见病虫害**］海棠毛毡病、桧柏-梨锈病、桧柏-海棠锈病、银纹夜蛾、桑刺尺蛾、黄刺蛾、桑褐刺蛾、扁刺蛾、灰斑古毒蛾、苹掌舟蛾、桃六点天蛾、褐带卷叶蛾、棉大卷叶螟、梨叶斑蛾、绿尾大蚕蛾、大蓑蛾、天幕毛虫、大灰象甲、铜绿丽金龟、白星花金龟、苹毛丽金龟、星天牛、桑天牛、梨眼天牛、薄翅锯天牛、金缘吉丁虫、小线角木蠹蛾、梨小食心虫、朝鲜球坚蚧、桃蚜、大青叶蝉、桃一点斑叶蝉、绿盲蝽、梨冠网蝽、刘氏短须螨等。

［**园林用途**］可孤植、列植、丛植于公园绿地、居住绿地、道路绿地，最宜植于水

滨及小庭一隅。

六、垂丝海棠

垂丝海棠（*Malus halliana* Koehne），蔷薇科苹果属。别名：垂枝海棠等。

［**产地分布**］原产我国西南、中南、华东等地，尤以四川、云南、浙江、江苏、陕西、河南、安徽等地多有栽培。

［**形态特征**］落叶乔木，高可达5m。枝干峭立，树冠广卵形。树皮灰褐色、光滑。幼枝褐色，有疏生短柔毛，后变为赤褐色。叶互生，椭圆形至长椭圆形，长3.5~8cm，宽2.5~4.5cm，先端略为渐尖，基部楔形，边缘有平钝锯齿，表面深绿色而有光泽，背面灰绿色并有短柔毛，叶柄细长，基部有两个披针形托叶。伞房状花序，未开时红色，开后渐变为粉红色，多为半重瓣，也有单瓣花，萼片5枚，三角状卵形。花瓣5片，倒卵形，雄蕊20~25枚，花药黄色。果实梨形或倒卵形，直径6~8mm，略带紫色；果梗长2~5cm。花期3—4月，果期9—10月。

［**生长习性**］喜阳光，不耐阴，不耐寒，喜温暖湿润环境，适生于背风向阳，对土壤要求不严，微酸或微碱性土壤均可生长，但以土层深厚、疏松、肥沃、排水良好略带黏质土生长良好。

［**繁育栽培**］可扦插繁育、嫁接繁育、压条繁育。扦插繁育在春夏两季均可进行，多采用春插，从健壮母株株丛基部剪取12~16cm长的侧枝，插入基质中，插入的深度约为插条的1/3~1/2，插后基质稍加压实。嫁接繁育于3月进行切接或6—7月进行芽接，多以野海棠或山荆子的实生苗为砧木，接穗选择优良品种，生长健壮充实的1年生枝条，取其中段具有2个饱满的芽；切接在距砧木地上部分3~5cm处剪断，接穗下部一侧稍带木质部竖削2cm，将接穗插进砧木的切口处，使砧木和接穗的形成层紧密接合，接合处用绑带牢固绑缚，在根部浇透水，并给予遮阴。压条繁育宜在5—7月进行，选取母株周围1~2个小株的枝条拧弯，压埋土中深12~16cm，使枝梢大部分仍朝上露出地面，翌年4月上旬切离母株。

［**常见病虫害**］桧柏-梨锈病、桧柏-海棠锈病、茶蓑蛾、褐边绿刺蛾、丽绿刺蛾、日本龟蜡蚧、角蜡蚧、星天牛、桑天牛、梨眼天牛、金缘吉丁虫、小线角木蠹蛾、桃蚜、大青叶蝉、桃一点斑叶蝉、绿盲蝽、梨冠网蝽等。

［**园林用途**］可孤植、对植、列植、丛植于公园绿地、居住绿地、道路绿地、厂矿绿地，也可制作盆景。

七、河南海棠

河南海棠（*Malus honanensis* Rehder），蔷薇科苹果属。别名：山里锦、冬绿茶、牧孤梨、大叶毛楂等。

［**产地分布**］原产中国河南，河北、山西、陕西、甘肃等地也有栽培。

［**形态特征**］落叶小乔木，高5~7m。小枝细弱，圆柱形，嫩时被稀疏绒毛，不久

脱落，老枝红褐色，无毛，具稀疏褐色皮孔；冬芽卵形，先端钝，鳞片边缘被长柔毛，红褐色。叶片宽卵形至长椭卵形，长4~7cm，宽3.5~6cm，先端急尖，基部圆形、心形或截形，边缘有尖锐重锯齿，两侧具有3~6浅裂，裂片宽卵形，先端急尖，两面具柔毛，上面不久脱落；叶柄长1.5~2.5cm，被柔毛；托叶膜质，线状披针形，早落。伞形总状花序，具花5~10朵，花梗细，长1.5~3cm，嫩时被柔毛，不久脱落；花直径约1.5cm；萼筒外被稀疏柔毛；萼片三角卵形，先端急尖，全缘，长约2mm，外面无毛，内面密被长柔毛，比萼筒短；花瓣卵形，长7~8mm，基部近心形，有短爪，两面无毛，粉白色；雄蕊约20；花柱3~4个，基部合生，无毛。果实近球形，直径约8mm，黄红色，萼片宿存。花期5月，果期8—9月。

［**生长习性**］有一定抗寒、抗旱能力，对土壤要求不严格，喜肥沃壤土，不耐盐碱。

［**繁育栽培**］可扦插繁育、播种繁育、分株繁育、压条繁育，以嫁接繁育或分株繁育为主。夏季进行嫩枝劈接，多采用当年半木质化嫩枝劈接法嫁接河南海棠，也可在8月下旬至9月上旬选“T”字形芽接，以8月中下旬为最适芽接期。

［**常见病虫害**］桧柏-梨锈病、桧柏-海棠锈病、茶蓑蛾、铜绿丽金龟、白星花金龟、褐边绿刺蛾、丽绿刺蛾、日本龟蜡蚧、星天牛、桑天牛、梨眼天牛、金缘吉丁虫、小线角木蠹蛾、桃蚜、大青叶蝉、桃一点斑叶蝉、绿盲蝽、梨冠网蝽、刘氏短须螨等。

［**园林用途**］可孤植、对植、列植、丛植于公园绿地、居住绿地、道路绿地、厂矿绿地，也可制作盆景。幼苗是嫁接苹果树的良好砧木，抗病力强，成活率高。

八、杏

杏（*Armeniaca vulgaris* lam.），蔷薇科杏属。别名：归勒斯、杏花、杏树等。

［**产地分布**］产于中国新疆，现已广泛分布到秦岭、淮河以北地区，南方地区也有少量栽培。

［**形态特征**］落叶乔木，高5~12m。树冠圆形、扁圆形或长圆形；树皮灰褐色，纵裂；多年生枝浅褐色，皮孔大而横生，1年生枝浅红褐色，有光泽，无毛，具多数小皮孔。叶片宽卵形或圆卵形，长5~9cm，宽4~8cm，先端急尖至短渐尖，基部圆形至近心形，叶边有圆钝锯齿，两面无毛或下面脉腋间具柔毛；叶柄长2~3.5cm，无毛，基部常具1~6腺体。花单生，直径2~3cm，先于叶开放；花瓣圆形至倒卵形，白色或带红色，具短爪。果实球形，稀倒卵形，直径约2.5cm，白色、黄色至黄红色，常具红晕，微被短柔毛；核卵形或椭圆形，两侧扁平，顶端圆钝，基部对称，稀不对称，表面稍粗糙或平滑；种仁味苦或甜。花期3—4月，果期6—7月。

［**生长习性**］为阳性树种，深根性，喜光，耐旱，抗寒，抗风，寿命较长，可达百年以上。

［**繁育栽培**］可播种繁育、嫁接繁育。播种繁育在秋冬和翌年春播种，宜在秋冬季土地解冻前开沟播种，行距30cm，播种深度10~15cm，播种量为25~40kg/667m^2。嫁接繁育常用实生苗木作为砧木，在距地面5~10cm，外表光滑无节处横切一刀，以切透

皮层不伤木质部，插入接芽，并使接芽上平面与砧木“T”字形口上平面紧密贴合。

［**常见病虫害**］棕李炭疽病、樱花褐斑穿孔病、棕李轮纹病、棕李细菌性黑斑病、棕李褐腐病、桃流胶病、桃剑纹夜蛾、枣刺蛾、黄尾毒蛾、苹掌舟蛾、桃六点天蛾、小蓑蛾、铜绿丽金龟、苹毛丽金龟、梨眼天牛、顶斑筒天牛、桃蛀螟、梨小食心虫、朝鲜球坚蚧、桑白盾蚧、橘棘粉蚧、桃蚜、黑蚱蝉、麻皮蝽、山楂叶螨等。

［**园林用途**］可孤植于水池边、假山旁、草坪，片植于山坡、公园、景区，列植于廊道、庭院、园路；可与苍松、翠柏配植于池旁湖畔或山石崖边、庭院堂前。可用于庭院和道路绿化，也可制作观赏盆栽。

九、梅

梅（*Prunus mume* Siebold & Zucc.），蔷薇科李属。别名：中国梅、垂枝梅、乌梅、酸梅、干枝梅、春梅、白梅花、野梅花、西梅等。

［**产地分布**］我国各地均有栽培，但以长江流域以南各省最多，江苏北部和河南南部也有少数品种。日本和朝鲜也有栽培。

［**形态特征**］落叶小乔木，高4~10m。树皮浅灰色或绿色，平滑；小枝绿色，光滑无毛。叶片卵形或椭圆形，长4~8cm，宽2.5~5cm，先端尾尖，基部宽楔形至圆形，叶边常具小锐锯齿，灰绿色，幼嫩时两面被短柔毛，成长时逐渐脱落，或仅下面脉腋间具短柔毛；叶柄长1~2cm，幼时具毛，老时脱落，常有腺体。花单生或有时2朵同生于1芽内，直径2~2.5cm，香味浓，先于叶开放；花瓣倒卵形，白色至粉红色。果实近球形，直径2~3cm，黄色或绿白色，被柔毛，味酸；果肉与核黏附；核椭圆形，顶端圆形而有小突尖头。花期冬春季，果期5—6月。

［**生长习性**］喜光，喜温暖、湿润的气候，耐瘠薄，耐寒，忌积水，对土壤要求不严，适宜在表土疏松、肥沃，排水良好、底土稍黏的湿润土壤上生长。

［**繁育栽培**］可播种繁育、嫁接繁育、扦插繁育、压条繁育，常用嫁接繁育。嫁接繁育可用芽接、切接和腹接，常用芽接于7—8月进行，选1~2年生健壮枝条中上部饱满的腋芽作接穗，在腋芽的上方约0.5cm处横切一刀，深达木质部，从腋芽左右各0.5cm处竖斜切一刀，使接芽成上宽下窄的盾形，削面要平滑，去掉里面的木质部，剪去叶片留叶柄。在砧木苗基部距地面5~6cm处选一光滑的皮面，切成一个“T”字形切口，大小与接穗相仿，及时把芽片插入接口，使切口密结，最后用塑料条绑扎固定，将叶柄及芽露在外面。

［**常见病虫害**］桃剑纹夜蛾、黄刺蛾、丽绿刺蛾、黄刺蛾、扁刺蛾、黄尾毒蛾、苹掌舟蛾、后黄卷叶蛾、大蓑蛾、天幕毛虫、褐足角胸叶甲、淡绿丽纹象甲、铜绿丽金龟、小青花金龟、梨眼天牛、顶斑筒天牛、桃蛀螟、梨小食心虫、褐软蜡蚧、桃蚜、大青叶蝉、碧蛾蜡蝉、柑橘粉虱等。

［**园林用途**］可孤植、丛植、群植，又可盆栽观赏或剪扎做成各式桩景，或作切花瓶插供室内装饰用，最宜植于庭院、草坪、低山丘陵。

十、美人梅

美人梅（*Prunus* × *blireana*‘Meiren’），蔷薇科李属。别名：樱李梅等。

[**产地分布**] 近年来，全国各地均有栽培。

[**形态特征**] 落叶乔木，高2~5m。叶片卵圆形，长5~9cm，紫红色。花粉红色，繁密。花期春季，花色浅紫，重瓣花，先叶开放，萼筒宽钟状，萼片5枚，近圆形至扁圆，花瓣15~17枚，小瓣5~6枚，花梗约1.5cm，雄蕊多数，自然花期自3月中旬花开以后，逐次自上而下陆续开放至4月中旬。

[**生长习性**] 阳性树种，喜温暖湿润环境，耐寒，耐旱，但怕积水。对土壤要求不严，以微酸性的黏壤土（pH值6左右）为宜。

[**繁育栽培**] 可嫁接繁育、压条繁育、扦插繁育。扦插一般10月中下旬进行，选取生长健壮的树冠上部或外围枝条作为插条，插后注意防寒防风。嫁接一般于晚秋落叶后或早春萌芽前进行嫁接，选取桃、杏及梅的实生苗作为砧木，接穗宜用1~2年生生长健壮无病虫害的美人梅枝条，短截有3~5个饱满芽的枝条作接穗。

[**常见病虫害**] 叶斑病、李细菌性穿孔病、流胶病、桃粉蚜、桃瘤蚜、山楂叶螨等。

[**园林用途**] 可孤植、片植或与绿色观叶植物相互搭配植于庭院或园路旁，又可制作盆景。

十一、桃

桃［*Prunus persica*（L.）Batsch］，蔷薇科李属。别名：桃子、黏核桃、离核油桃、离核桃、陶古日、油桃、盘桃等。

[**产地分布**] 桃原产我国，在我国栽培历史长，分布区域广，其中以江苏、浙江、山东、河北、陕西、山西、甘肃、河南、贵州等地栽培较多。

[**形态特征**] 落叶乔木，高3~8m。树冠宽广而平展；树皮暗红褐色，老时粗糙呈鳞片状；小枝细长，无毛，有光泽，绿色，向阳处转变成红色，具大量小皮孔。叶片长圆披针形、椭圆披针形或倒卵状披针形，长7~15cm，宽2~3.5cm，先端渐尖，基部宽楔形，上面无毛，下面在脉腋间具少数短柔毛或无毛，叶边具细锯齿或粗锯齿；叶柄粗壮，长1~2cm。花单生，先于叶开放，直径2.5~3.5cm；花梗极短或几乎无梗；萼筒钟形，被短柔毛，稀几无毛，绿色而具红色斑点；花瓣长圆状椭圆形至宽倒卵形，粉红色，罕为白色。果实形状和大小均有变异，卵形、宽椭圆形或扁圆形，直径（3~）5~7（~12）cm，长几乎与宽相等，色泽变化由淡绿白色至橙黄色，常在向阳面具红晕；种仁味苦，稀味甜。花期3—4月，果实成熟期因品种而异，通常为8—9月。

[**生长习性**] 喜光，耐旱，不耐水湿，耐夏季高温，有一定的耐寒力。不耐瘠薄和干旱，喜肥沃排水良好的土壤。

[**繁育栽培**] 可采用播种繁育、扦插繁育、嫁接繁育。播种可在春季或秋季进行，

常用秋播，条播，条幅 10cm，深 1~2cm，播后覆土 6cm，播种量为 25~30kg/667m^2，幼苗 3cm 高时间苗、定苗，株距 20~25cm。扦插可春季用硬枝或梅雨季节用软枝进行扦插，以春季扦插为主，选取生长健壮的枝条，斜剪成 20cm 长作为插条，株行距 4cm×30cm，扦插深度为插条长度的 2/3 为宜。嫁接多于 3 月进行枝接或 7—8 月进行芽接，多用 1~2 年生山桃和桃的实生苗作为砧木。

［**常见病虫害**］桃褐锈病、核李炭疽病、樱花褐斑穿孔病、核李轮纹病、核李细菌性黑斑病、核李褐腐病、桃流胶病、梨剑纹夜蛾、嘴壶夜蛾、旋目夜蛾、木橑尺蛾、枣刺蛾、褐边绿刺蛾、黄刺蛾、乌桕黄毒蛾、苹掌舟蛾、桃六点天蛾、蓝目天蛾、褐带卷叶蛾、天幕毛虫、绒绿象甲、泥翅象甲、铜绿丽金龟、黄斑短突花金龟、黑绒金龟、小青花金龟、桃红颈天牛、顶斑筒天牛、梨眼天牛、六星吉丁虫、四黄斑吉丁、桃象甲、梨象甲、咖啡木蠹蛾、桃蛀螟、梨小食心虫、褐软蜡蚧、桑白盾蚧、橘棘粉蚧、梨圆盾蚧、桃粉蚜、桃蚜、莲缢管蚜、橘声蚜、黑蚱蝉、二星叶蝉、桃一点斑叶蝉、碧蛾蜡蝉、八点广翅蜡蝉、麻皮蝽、茶翅蝽、绿盲蝽、梨冠网蝽、朱砂叶螨、山楂叶螨等。

［**园林用途**］可孤植、列植、片植、群植于公园绿地、居住绿地、道路绿地、滨河绿地、风景区绿地，也可作为盆景和鲜切花。

十二、碧桃

碧桃（*Prunus persica*‘Duplex’），蔷薇科李属。别名：千叶桃花等。

［**产地分布**］原产中国，分布在西北、华北、华东、西南等地。世界各国均有引种栽培。

［**形态特征**］桃的变种，属观赏桃花类的半重瓣及重瓣品种，统称为碧桃。落叶小乔木，高可达 8m。树皮暗红褐色，树冠宽广；小枝绿色，光滑无毛；单叶互生，叶绿色，椭圆状或披针形，叶表面无毛，背面叶脉处有少数柔毛，叶缘有锯齿；花粉色，先于叶开放；果实有卵形、宽椭圆形或扁圆形，淡绿色至橙黄色；核果广卵圆形。花期 3—4 月，果成熟期通常为 8—9 月。常见的品种有红花绿叶碧桃、红花红叶碧桃，白红双色洒金碧桃、垂枝碧桃、寿星碧桃、千瓣碧桃、龙柱碧桃等多个变种。

［**生长习性**］碧桃性喜阳光，耐旱、耐寒、不耐潮湿、忌积水；能耐-25℃的低温。喜气候温暖、土壤肥沃、排水良好的中性土。

［**繁育栽培**］可采用播种繁育、嫁接繁育、压条繁育。嫁接繁育用山毛桃作砧木。春季采用芽接或枝接。

［**常见病虫害**］核李炭疽病、樱花褐斑穿孔病、核李褐腐病、桃流胶病、碧桃根癌病、褐边绿刺蛾、苹掌舟蛾、桃六点天蛾、桃红颈天牛、六星吉丁、四黄斑吉丁、桃蛀螟、梨小食心虫、梨圆盾蚧、桃瘤蚜、桃蚜、桃一点斑叶蝉、梨冠网蝽、朱砂叶螨、山楂叶螨等。

［**园林用途**］可孤植、列植、片植、群植于公园绿地、居住绿地、道路绿地、滨河绿地、风景区绿地，也可作为盆景和鲜切花。

十三、东京樱花

东京樱花（*Prunus* × *yedoensis* Matasun.），蔷薇科李属。别名：日本樱花、樱花等。

［**产地分布**］原产日本，园艺品种多。我国河南、河北、陕西、山东、江苏、甘肃、江西、浙江等多地均有栽培。

［**形态特征**］落叶乔木，高4~16m。树皮灰色，小枝淡紫褐色，无毛，嫩枝绿色，被疏柔毛。冬芽卵圆形，无毛。叶片椭圆卵形或倒卵形，长5~12cm，宽2.5~7cm，先端渐尖或骤尾尖，基部圆形，稀楔形，边有尖锐重锯齿，齿端渐尖，有小腺体，上面深绿色，无毛，下面淡绿色，沿脉被稀疏柔毛；叶柄长1.3~1.5cm，密被柔毛；托叶披针形，有羽裂腺齿，被柔毛，早落。花序伞形总状，总梗极短，有花3~4朵，先叶开放，花直径3~3.5cm；花瓣白色或粉红色，椭圆卵形，先端下凹，全缘二裂。核果近球形，直径0.7~1cm，黑色，核表面略具棱纹。花期4月，果期5月。

［**生长习性**］喜光，略耐阴；较耐寒、耐旱。对土壤要求不严，不喜低湿和土壤黏重土质，不耐盐碱。喜温暖湿润气候环境，以肥沃、土层深厚的砂壤土生长良好，根系浅，对烟尘的抗性不强。

［**繁育栽培**］可播种繁育、扦插繁育、压条繁育、嫁接繁育。播种繁育可随采随播或湿沙层积后翌年春播，扦插繁育5—6月选取半木质化健壮枝条，插于苗床基质中。压条繁育在5月选2年生枝条，在其下部靠近枝节的部位环状剥皮，两端绑扎环剥切口，生根后从压条部位以下剪断，移植成新株。嫁接繁育于3月下旬切接或8月下旬芽接。

［**常见病虫害**］樱花褐斑穿孔病、樱花癌肿病、桃流胶病、黄刺蛾、褐边绿刺蛾、丽绿刺蛾、迹斑绿刺蛾、丽黄刺蛾、桑褐刺蛾、苹掌舟蛾、桃六点天蛾、蓝目天蛾、铜绿丽金龟、白星花金龟、星天牛、桑天牛、顶斑筒天牛、六星吉丁、朝鲜球坚蚧、糠片盾蚧、褐盔蜡蚧、桑白盾蚧、梨圆盾蚧、矢尖盾蚧、桃瘤蚜、桃蚜、莲缢管蚜、黑蚱蝉、大青叶蝉、桃一点斑叶蝉、梨冠网蝽、山楂叶螨等。

［**园林用途**］可孤植或群植于庭院、公园、草坪、湖边或居住小区等处，也可列植或和其他花灌木合理配置于道路两旁，或片植作专类园。

十四、日本晚樱

日本晚樱（*Prunus serrulata* var. *lannesiana* Rehd.），蔷薇科李属。别名：重瓣樱花、重瓣晚樱、矮樱等。

［**产地分布**］原产日本，在中国华北及以南地区广为栽培。

［**形态特征**］落叶小乔木，高3~5m。树皮灰褐色或灰黑色，有唇形皮孔。小枝灰白色或淡褐色，无毛。冬芽卵圆形，无毛。叶片卵状椭圆形或倒卵椭圆形，长5~9cm，宽2.5~5cm，先端渐尖，基部圆形，边有渐尖单锯齿及重锯齿，齿尖有小腺体，上面深绿色，无毛，下面淡绿色，无毛，有侧脉5~8对；叶柄长1~1.5cm，无毛，先端有

1~3圆形腺体。伞房花序总状或近伞形，有花2~3朵；总苞片褐红色，倒卵长圆形，长约8mm，宽约4mm，外面无毛，内面被长柔毛；总梗长5~10mm，无毛；花梗长1.5~2.5cm，无毛或被极稀疏柔毛；花瓣粉色，倒卵形，先端下凹；雄蕊约38枚；花柱无毛。核果球形或卵球形，紫黑色，直径8~10mm。花期4—5月，果期6—7月。

［**生长习性**］喜阳光，耐阴、耐寒、不耐盐碱，喜温暖湿润的气候环境，对土壤的要求不严，以深厚肥沃的砂质土壤生长良好，根系浅，对烟尘、有害气体及海潮风的抵抗力较弱。

［**繁育栽培**］可播种繁育、扦插繁育，常用扦插繁育。扦插繁育常于4—7月进行嫩枝扦插，选取生长健壮的1年生枝条，剪成长15cm作为插条，扦插深度6~8cm为宜，插后保持土壤湿润。

［**常见病虫害**］樱花褐斑穿孔病、樱花癌肿病、桃流胶病、黄刺蛾、褐边绿刺蛾、丽绿刺蛾、迹斑绿刺蛾、桑褐刺蛾、苹掌舟蛾、桃六点天蛾、蓝目天蛾、铜绿丽金龟、星天牛、桑天牛、顶斑筒天牛、六星吉丁、朝鲜球坚蚧、糠片盾蚧、褐盔蜡蚧、桑白盾蚧、梨圆盾蚧、矢尖盾蚧、桃瘤蚜、桃蚜、莲缢管蚜、黑蚱蝉、大青叶蝉、桃一点斑叶蝉、梨冠网蝽、山楂叶螨等。

［**园林用途**］可孤植、列植、片植、群植于公园绿地、居住绿地、道路绿地，是重要的早春观花树种。

十五、樱桃

樱桃［*Prunus pseudocerasus*（Lindl.）］，蔷薇科李属。别名：樱珠、牛桃、英桃、楔桃、荆桃、莺桃、车厘子、唐实樱、乌皮樱桃、崖樱桃等。

［**产地分布**］在我国各省区广泛栽培，主要产地有黑龙江、吉林、辽宁、安徽、河北、陕西、甘肃、山东、河南、江苏、浙江、江西、四川等。

［**形态特征**］落叶乔木，高2~6m。树皮灰白色，小枝灰褐色，嫩枝绿色，无毛或被疏柔毛。冬芽卵形，无毛。叶片卵形或长圆状卵形，长5~12cm，宽3~5cm，先端渐尖或尾状渐尖，基部圆形，边有尖锐重锯齿，齿端有小腺体，上面暗绿色，近无毛，下面淡绿色，沿脉或脉间有稀疏柔毛，侧脉9~11对；叶柄长0.7~1.5cm，被疏柔毛。花序伞房状或近伞形，有花3~6朵，先于叶开放；总苞倒卵状椭圆形，褐色，长约5mm，宽约3mm，边有腺齿；花梗长0.8~1.9cm，被疏柔毛；花瓣白色，卵圆形，先端下凹或二裂。核果近球形，红色，直径0.9~1.3cm。花期3—4月，果期5—6月。

［**生长习性**］喜阳光，耐寒，喜温暖湿润气候。喜土层深厚、土质疏松、通气良好的砂壤土。

［**繁育栽培**］可播种繁育、扦插繁育、嫁接繁育、压条繁育，常用扦插繁育和嫁接繁育。扦插繁育在6—7月选取半木质化的健壮枝条，剪取15cm长，每段附生4~6片叶，插于苗床基质中。嫁接繁育在萌芽前以樱桃的实生苗、山樱、樱花等作为砧木，接穗为10cm长，用劈接法将接穗削成两面呈“楔形”后插入劈口中；对齐形成层后用塑料薄膜条绑扎结实。

［**常见病虫害**］桧李炭疽病、樱花褐斑穿孔病、煤污病、樱桃根癌病、桧李褐腐病、褐斑穿孔病、梨小食心虫、桃剑纹夜蛾、枣刺蛾、黄尾毒蛾、苹掌舟蛾、小黄卷叶蛾、褐带卷叶蛾、天幕毛虫、褐足角胸叶甲、铜绿丽金龟、苹毛丽金龟、桃红颈天牛、四黄斑吉丁虫、咖啡木蠹蛾、桃蛀螟、褐软蜡蚧、桃粉蚜、二星叶蝉、茶翅蝽、柑橘粉虱、神泽氏叶螨等。

［**园林用途**］宜孤植、列植、丛植于路旁、草坪、林缘、窗前，是园林、庭院绿化和农业旅游的良好经济树种。

十六、苹果

苹果（*Malus pumila* Mill.），蔷薇科苹果属。别名：西洋苹果、柰、嘎啦、黄元帅等。

［**产地分布**］苹果原产于欧洲、亚洲中部，主要分布在新疆、宁夏地区，陕西、河南、山东、辽宁、河北、山西、甘肃、四川、云南、西藏等多地普遍栽培。

［**形态特征**］落叶乔木，高可达15m。多具有圆形树冠和短主干；小枝短而粗，圆柱形，幼嫩时密被绒毛，老枝紫褐色，无毛；冬芽卵形，先端钝，密被短柔毛。叶片椭圆形、卵形至宽椭圆形，长4.5~10cm，宽3~5.5cm，先端急尖，基部宽楔形或圆形，边缘具有圆钝锯齿，幼嫩时两面具短柔毛，长成后上面无毛；叶柄粗壮，长1.5~3cm，被短柔毛。伞房花序，具花3~7朵，集生于小枝顶端；花直径3~4cm；花瓣倒卵形，长15~18mm，基部具短爪，白色，含苞未放时带粉红色。果实扁球形，先端常有隆起，萼洼下陷，萼片永存，果梗短粗。花期5月，果期7—10月。

［**生长习性**］喜光，较耐干旱、耐寒，喜微酸性至中性土壤，最适于土层深厚、富含有机质、通气排水良好的沙壤土。

［**繁育栽培**］可播种繁育、嫁接繁育、扦插繁育，常用嫁接繁育。嫁接繁育于7—9月使用“T”字形芽接，待砧木苗基部距地面6cm处的粗度达到0.3cm以上可进行嫁接。

［**常见病虫害**］桧李轮纹病、桃剑纹夜蛾、苹梢鹰夜蛾、嘴壶夜蛾、枣刺蛾、褐边绿刺蛾、黄尾毒蛾、苹掌舟蛾、梨叶斑蛾、绿尾大蚕蛾、乌桕大蚕蛾、褐足角胸叶甲、铜绿丽金龟、黑绒金龟、暗黑金龟、白星花金龟、苹毛丽金龟、桑天牛、薄翅锯天牛、金缘吉丁虫、梨小食心虫、褐软蜡蚧、梨圆盾蚧、黑蚱蝉、碧蛾蜡蝉、麻皮蝽、绿盲蝽、梨冠网蝽、山楂叶螨等。

［**园林用途**］可孤植、列植、片植、丛植、群植于公园、风景区园路两侧、园区绿地草坪上、花坛中以及房前宅旁、坡坎下、湖滨池畔，常用于公园绿地、矿区绿化、庭院绿化。

十七、梨

梨（*Pyrus* spp.），蔷薇科梨属。别名：鸭梨、蜜父、棠梨、海棠梨、野梨子、土梨、水梨、山樆等。

[**产地分布**] 梨起源于中亚地区，在中国河北、河南、浙江、山东、陕西、安徽、辽宁、甘肃、四川、新疆等地均有栽培。

[**形态特征**] 落叶小乔木，高 3~8m。树冠开展；小枝粗壮，幼时有柔毛：2 年生的枝紫褐色，具稀疏皮孔；托叶膜质，边缘具腺齿；叶片卵形或椭圆形，先端渐尖或急尖，初时两面有绒毛，老叶无毛；伞形总状花序，总花梗和花梗幼时有绒毛；果实卵形或近球形，微扁，褐色；花为白色；花期 4 月，果期 8—9 月。

[**生长习性**] 耐寒、耐旱、耐涝、耐盐碱、根系发达，喜光喜温，喜土层深厚、排水良好的砂壤土。

[**繁育栽培**] 可播种繁育、嫁接繁育、扦插繁育，常用嫁接繁育。常用的砧木有杜梨、山梨、豆梨、砂梨。7—9 月进行嫁接，主要用“T”字形芽接。

[**常见病虫害**] 桧柏-梨锈病、桧柏-海棠锈病、梯李轮纹病、梨剑纹夜蛾、桃剑纹夜蛾、嘴壶夜蛾、旋目夜蛾、桑刺尺蛾、枣刺蛾、褐边绿刺蛾、黄尾毒蛾、苹掌舟蛾、桃六点天蛾、黄卷叶蛾、梨叶斑蛾、小蓑蛾、绿尾大蚕蛾、天幕毛虫、褐足角胸叶甲、铜绿丽金龟、黄斑短突花金龟、黑绒金龟、赤绒鳃金龟、白星花金龟、苹毛丽金龟、小青花金龟、桑天牛、梨眼天牛、金缘吉丁虫、梨象甲、梨小食心虫、茶翅蝽、梨冠网蝽、梨木虱、山楂叶螨等。

[**园林用途**] 可孤植、列植、片植、丛植、群植。可作公园绿地、矿区绿化、庭院绿化。也可用于盆栽和盆景。

第三十四节　千屈菜科

紫薇

紫薇（*Lagerstroemia indica* L.），千屈菜科紫薇属。别名：百日红、满堂红、痒痒树、紫金花、紫兰花、蚊子花、西洋水杨梅、无皮树等。

［**产地分布**］原产亚洲，广植于热带地区。中国分布于广东、广西、湖南、福建、江西、浙江、江苏、湖北、河南、河北、山东、安徽、陕西、四川、云南、贵州、吉林等多地。

［**形态特征**］落叶小乔木，高可达 7m。树皮平滑，灰色或灰褐色；枝干多扭曲，小枝纤细，具 4 棱，略呈翅状；叶纸质，呈椭圆形、阔矩圆形或倒卵形；花淡红色、紫色或白色，圆锥花序生于顶端；蒴果椭圆状球形或阔圆形；种子有翅。花期 6—9 月，果期 9—12 月。

［**生长习性**］喜光、稍耐阴、耐干旱、抗寒、忌水涝；喜暖湿气候，喜深厚、肥沃的砂质壤土。在钙质土或酸性土均生长良好。

［**繁育栽培**］可播种繁育和扦插繁育。其中扦插繁育最常用，扦插与播种相比成活率更高，植株的开花更早，成株快，而且苗木的生产量也较高。紫薇一般在 3—4 月露地播种，将种子均匀撒入已平整好的苗床。每隔 3～4cm 撒 2～3 粒。播种后覆盖约 2cm 厚的细土。扦插繁育中嫩枝扦插成活率高。一般在 7—8 月选择半木质化的枝条，剪成 10cm 左右长的插条，插条上端保留 2～3 片叶；扦插深度约为 8cm。硬枝扦插一般在 3 月下旬至 4 月初枝条发芽前进行。在长势良好的母株上选择粗壮的 1 年生枝条，剪成 10～15cm 长的插条，扦插深度约为 10cm。插后均保持基质湿润。

［**常见病虫害**］紫薇白粉病、紫薇煤污病、紫薇褐斑病、紫薇长斑蚜、紫薇绒蚧、糠片盾蚧、白囊袋蛾、黄刺蛾、绿尾大蚕蛾、星天牛、绿盲蝽等。

［**园林用途**］其色彩丰富，花期时间长，丰富夏秋少花季节。可孤植、对植、群植、丛植和列植等。可列植做行道树，用于园路和公共绿地种植；也可群植、丛植于山坡、平地或风景区内；配置于水滨、池畔，观赏效果极佳；配置于山石、立峰之旁；配置于常绿树丛之中；与其他乔木灌木搭配，形成丰富多彩的四季景象。也可孤植于园林中，独树成景。

第三十五节　石榴科

石榴

石榴（*Punica granatum* L.），石榴科石榴属。别名：丹若、山力叶、安石榴、花石榴等。

［**产地分布**］原产伊朗及阿富汗，我国黄河流域以南各地及新疆等地均有栽培。江苏、河南等地种植面积较大。

［**形态特征**］落叶小乔木，高可达10m。幼枝平滑，四棱形，顶端多为刺状；有短枝。单叶，全缘，对生或近对生，或在侧生短枝上簇生；叶倒卵状长椭圆形或椭圆形，长2~9cm，无毛。花两性，单生或簇生；萼钟形，红色或黄白色，肉质，长2~3cm；花瓣红色、白色或黄色，多皱；子房具叠生子室，上部5~7室为侧膜胎座，下部3~7室为中轴胎座。果近球形，直径6~8cm或更大，红色或深黄色。花期5—6月，榴花似火；果期9—10月。

［**生长习性**］喜光，喜温暖向阳的环境，耐旱、耐寒，可耐-20℃的低温；也耐瘠薄，不耐涝和荫蔽。对土壤要求不严，但以深厚肥沃、排水良好的石灰质土壤栽培为宜。

［**繁育栽培**］可扦插繁育和压条繁育，常用扦插繁育。萌芽前，从树势健壮的母株上剪取无病虫的1~2年生枝条作为种条，将种条截成有2~3节的短插枝，插枝下端用0.05%萘乙酸溶液浸3s后扦插。

［**常见病虫害**］石榴炭疽病、石榴角斑病、石榴果腐病、石榴干腐病、石榴疮痂病、乌桕大蚕蛾、黄刺蛾、丽绿刺蛾、后黄卷叶蛾、咖啡木蠹蛾、桃蛀螟、红蜡蚧、伪角蜡蚧、吹绵蚧、石榴绒蚧、橘棘粉蚧、棉蚜、桃蚜、绿盲蝽、茶翅蝽、柑橘粉虱等。

［**园林用途**］可孤植、丛植、列植、对植、群植等。可孤植、丛植于建筑附近、草坪、石间、水际、山坡、庭院、游园角、门庭外；可列植于小道、溪旁、坡地和建筑物旁；可对植于门口、房前；可群植在大型公园中。也可作为各种桩景、小型盆栽和插花材料。

第三十六节　山茱萸科

一、毛梾

毛梾（*Cornus walteri* Wangerin），山茱萸科山茱萸属。别名：癞树、八树、红梗山茱萸、小六谷、沙凉、油树、车梁等。

［**产地分布**］分布于中国辽宁、河北、河南、山西南部，以及华东、华中、华南、西南地区。

［**形态特征**］落叶乔木，高可达15m。树皮厚，黑褐色，冬芽腋生，扁圆锥形，叶片对生，纸质，先端渐尖，基部楔形，上面深绿色，下面淡绿色，密被灰白色贴生短柔毛，侧脉弓形内弯，叶柄幼时被有短柔毛，后渐无毛，伞房状聚伞花序顶生，花密，被灰白色短柔毛；花白色，有香味，花萼裂片绿色，齿状三角形，花瓣长圆披针形，花丝线形，花药淡黄色，花盘明显，子房下位，花托倒卵形，花梗细圆柱形；核果球形，核骨质，扁圆球形。花期5月，果期9月。

［**生长习性**］喜光树种，喜生于半阳坡、半阴坡，深根性，根系扩展，须根发达，萌芽力强，对土壤要求不严，能在瘠薄的山地、沟坡、河滩及地堰、石缝里生长。土壤pH值6.5~7.5范围内，能忍耐-23℃的低温和43.4℃高温。

［**繁育栽培**］可播种繁育、插根繁育、嫁接繁育。种子繁育是在9—10月采种，将种子在播种前去果皮和脱脂。可用50~60℃的温水浸种30min，连续浸泡2~3次，催芽后及时播种。插根繁育是在春季植物萌发前挖长10~18cm、粗0.5~1cm的根，每段按15~20cm的行距进行插根。嫁接繁育是在3月下旬至4月下旬进行枝接，7月下旬至8月中旬进行芽接。

［**常见病虫害**］毛梾叶斑病、铜绿丽金龟、东方蝼蛄等。

［**园林用途**］可孤植、片植、丛植、群植于公园、道路绿地、庭院绿地。可列植做行道树，或片植做庭荫树。

二、灯台树

灯台树［*Bothrocaryum controversum*（Hemsl.）Pojark.］，山茱萸科灯台树属。别名瑞木、女儿木、六角树。

［**产地分布**］原产于中国长江流域及西部各省区，分布于辽宁、河北、陕西、甘

肃、山东、安徽、台湾、河南、广东、广西以及长江流域。

［**形态特征**］落叶乔木，高6~15m。树皮光滑，暗灰色或黄灰色；枝开展，圆柱形，无毛或疏生短柔毛，有半月形的叶痕和圆形皮孔。冬芽顶生或腋生，卵圆形或圆锥形，长3~8mm，无毛。叶互生，纸质，阔卵形、阔椭圆状卵形或披针状椭圆形；茎光滑；顶生伞房状聚状花序，花为白色，花萼具三角状裂片，花瓣有4个，花盘垫状，花托长圆形。分枝层层集聚近轮生，形如灯台，故称灯台树。花期5—6月；果期7—10月。

［**生长习性**］喜温暖气候，喜半阴环境，适应性强，耐寒、耐热、生长快。宜在肥沃、湿润及疏松、排水良好的土壤上生长。

［**繁育栽培**］繁育方式主要为播种繁育和扦插繁育。

［**常见病虫害**］猝倒病、绿翅绢野螟等。

［**园林用途**］是观树、观花、观叶为一体的彩叶树种。可孤植、丛植、列植，用于公园绿化、庭院绿化、道路绿化、风景区绿化等。

第三十七节　柽柳科

柽柳

柽柳（*Tamarix chinensis* Lour.），柽柳科柽柳属。别名：西河柳、红柳、三春柳、红荆条、观音柳等。

［**产地分布**］原产于中国，分布广。辽宁、甘肃、河北、河南、湖北、山东、江苏、安徽、浙江、福建、广东等地均有分布；中国东部至西南部各地均有栽培。

［**形态特征**］落叶小乔木，高 3~7m。树冠圆球形，幼枝细弱，开展而下垂，紫红色或暗紫红色；嫩枝繁密纤细，绿色。叶鲜绿色，钻形或卵状披针形，长 1~3mm，先端渐尖。花粉红色，雄蕊 5 枚；柱头 3 裂。每年开花 2~3 次。春季总状花序侧生在去年生木质化小枝上，长 3~6cm，花大而少，花梗纤细，花瓣 5，粉红色，花盘 5 裂；夏秋季总状花序生于当年生幼枝顶端组成顶生大圆锥花序，花较小、密生，花盘 5 裂或 10 裂。蒴果圆锥形。花期 4—9 月。

［**生长习性**］喜光，不耐阴；耐寒、耐热；耐干旱，耐水湿；对土壤要求不严，耐盐碱，叶能分泌盐分。深根性，萌芽力和萌蘖力均强，生长迅速。

［**繁育栽培**］主要有扦插繁育、播种繁育、压条繁育和分株繁育。

［**常见病虫害**］幼苗猝倒病、柽柳锈病、梨剑纹夜蛾、黄古毒蛾、柽柳条叶甲等。

［**园林用途**］可孤植、丛植、列植，用于公园绿化、庭院绿化、道路绿化、风景区绿化、堤岸绿化等。适于池畔、堤岸、山坡丛植，也可植为绿篱。

第三篇

苗木繁育准备

第一节　营建圃园

一、圃地选择

选择地势平坦、交通便利、背风、光照充足的地块作为育苗圃地。

二、建立苗圃

（一）圃路施工

选择园林圃地后，先在圃地上修建道路，便于繁育苗木的作业及出圃苗木的运输。

施工前先定出主干道的实际位置，再以主干道的中心线为基线，进行道路系统的定点放线工作，根据放线位置可修建成土路、渣土路、石子路、柏油路、水泥路等多种基质的苗圃道路。

一般大型苗圃中的主干路线以柏油路、水泥路为主；主干路线分出的次路线和分支路可以为土路或渣土。土路、渣土路施工时由路两侧取土填于选定的分支路中间或堆积渣土，形成中间高两侧低的抛物线形路面。注意路面应夯实，两侧取土处可修成整齐的排水沟。

（二）修筑灌溉系统

根据圃地设计要求，在圃地合适位置建造灌溉系统。灌溉系统在圃地的中心位置为宜。

确定好灌溉设施的修建点，挖深井建造泵房和安装水泵。在圃地挖深 60～80cm、宽 20cm 的水管管线，在挖好的水管管线内埋设水管，水管遍布圃地的每个区域。

挖掘排水沟，一般先挖掘向外排水的总排水沟，总排水沟与道路的边沟相结合，在修路时即挖掘修成。排水沟可结合整地进行挖掘，也可用略低于地面的步道来代替。排水沟的坡降和边坡应符合圃地设计要求。

为防止边坡下塌，堵塞排水沟，可在排水沟挖好后，在边坡种植一些簸箕柳、紫穗槐、刺槐、多花木兰、锦鸡儿等护坡苗木或铺设草皮进行护坡。

（三）土地平整

在路、沟、渠修成后结合翻耕进行土地平整，坡度不大者可结合翻耕进行。局部不平者，宜挖高填低，深坑填平后利用灌水使土壤落实，然后再深耕耙平。

坡度过大可修梯田进行保墒储水。

（四）土壤改良

在圃地中如有不适合苗木生长的盐碱土、砂土、重黏土或城市建筑废墟地等，应在苗圃建立时进行土壤改良。

盐碱地可采取开沟排水，引淡水冲碱或刮碱、扫碱等措施加以改良；轻度盐碱土可采用深翻晒土，多施有机肥料，灌冻水和雨后及时采用中耕除草等措施，逐年进行改良。

砖、石、石灰等建筑废弃物为主的圃地，清除建筑垃圾后进行平整、翻耕、施肥，或进行客土改造；砂土最好用掺入黏土和多施有机肥料的办法进行改良；重黏土则应用混砂、深耕、多施有机肥料、种植绿肥和开沟排水等措施加以改良。

（五）营建防护林

在路、沟、渠施工后，在进行土地平整及土壤改良的同时进行，以保证开圃后尽快起到防风作用。

根据树种的习性和环境条件，使用成品苗栽植，以保证防护林成活后快速达到防风固沙的作用。

第二节　圃地整理

一、整地作用

对于一些地势不平坦的缓坡地或经过大量带土出圃的换茬地，须进行平整工作。否则容易造成翻种时深浅不一或翻耕困难的局面。

整地还可以疏松土壤，有利于土壤团粒结构的恢复；并可加深松土层，促进深层土壤熟化。土壤结构的变化，可以引起土壤理化性能的一系列变化。如增强了土壤的通气性，为苗木根系的呼吸提供氧气，排出二氧化碳；增强了土壤的透水性，提高了土壤蓄水保墒和抗旱的能力；提高地温，减少温差，有利于根系生长。

整地还能在土壤、空气、水分和温度适宜的条件下，有利于有益细菌不断地对土壤有机质进行分解，为苗木生长发育提供充足养料。

通过整地还可以消灭残茬、翻埋种子、混拌肥料，并在一定程度上消灭病虫害。

二、圃地平整

（一）翻耕准备

土地平整工作是翻耕的准备工作。一般秋季进行土地平整，在条件优越、地势平坦的育苗场地，可与翻耕结合起来，也可采用平整机具。

在地势起伏较大的圃地，常用开沟平整的方法。小范围也可人工平整。为防止土壤水分的蒸发，可结合浅耕进行平整土地。浅耕深度 5～10cm，工具用圆盘耙、钉齿耙等。

（二）翻耕工具

利用新式步犁、双轮双铧犁、双轮单铧犁、机引多铧犁、中耕机和浅耕机进行翻耕（耕地、犁地）。翻耕一般在春、秋两季进行，秋季翻耕圃地效果较好，可使土壤风化，蓄水保墒，有利于消灭杂草和病虫害。对易受风蚀的沙土地，宜于春耕。

（三）耕地次数

耕地次数应根据实际情况确定。一般是秋季深耕一次，春季育苗前浅耕一次。秋季深耕后可不进行耙地，任其过冬以便积蓄雨雪，促进土壤风化。对土壤黏重、杂草多的圃地，可进行多次犁耙。

（四）耕地深度

耕地深度决定于土地肥沃程度、土层深度、土地结构、气候特点和苗木根系发育特性等条件。

一般圃地适宜深耕 30~35cm。培育根系较浅的树种，深耕适宜 20~25cm；对培育大苗或扦插育苗圃地，应深耕 25~40cm。

干旱地区应深耕；盐碱地为便于排水洗碱，抑制泛盐，改良土地，也宜深耕；对土层薄的地区，在肥料不足的条件下，不宜深耕，但应逐年加深耕作层。

一般情况下大苗区耕翻深度为 30~40cm，扦插区为 25~35cm，播种、换床区为 20~25cm。

（五）土壤消毒

为了消灭土壤中的病原菌，如幼苗猝倒病、白绢病、紫（白）纹羽病等土传病害，除了不施用未腐熟的有机肥外，还可根据具体情况选用适宜的消毒药剂进行土壤消毒。

大田育苗喷施 1%~3%的硫酸亚铁溶液 4kg/m^2 进行喷施消毒。或将硫酸亚铁粉碎后直接撒施土层中，用量为 10kg/667m^2 左右。硫酸亚铁除具有杀菌作用外，还可以改良碱性土壤，给苗木提供可溶性铁。

苗床基质喷施 40%甲醛 200 倍液进行消毒，以 15kg/m^2 的溶液进行喷施。使用甲醛溶液时，用后不可及时覆盖或翻入土中，应留有 7d 时间的挥发阶段，以免产生药害。

对于蛴螬、蝼蛄、地老虎等地下害虫，可用 5%辛硫磷颗粒 250g 与 1 000kg 基肥进行充分混拌。撒施在地下害虫的活动层，可防治土壤及肥料中有害虫卵及幼虫。

（六）耙地疏松

翻耕后进行耙地，可耙碎土块疏松表土与平整地面，并可清除杂草，混拌肥料，轻微镇压土壤，达到蓄水保墒目的，给作床作垄打下良好基础。

一般秋耕后使用圆盘耙、旋耕机、钉齿耙、柳条耙等工具及时耙平圃地。也可随气候、土壤条件确定耙地时间。在冬季有积雪的地区，宜在早春土地解冻后进行耙地。为使黏重土壤风化，秋耕后不耙，第 2 年春季掌握好适宜时机进行耙地。

三、整理苗床（畦）

（一）整理苗床（畦）

对于需要精细管理的苗木、种子粒小，成活率低的树种，适宜在苗床上进行育苗。

一般苗床面宽为 1m，步道宽 30~50cm。苗床长度根据地形和作业情况而定。

播种苗床或营养繁育苗床的宽度应方便排灌、施肥、除草和防治病虫害等圃地管理。

（二）苗床分类

苗床分为高床、低床及平床 3 种。

高床，床面高于步道。适于降水多、排水不良的黏质土壤和气候寒冷的地区育苗。高床的优点是床面不积水，可进行侧方灌溉，能提高土壤温度，有利于苗木生长。

低床，床面低于步道。适于气候干旱、水源不足的地方，低床有利于保蓄土壤水分，便于灌溉。

平床，床面和步道高度大致相等。由于踩踏，往往床面略高于步道。

（三）基质配制

采用园土、腐殖土、珍珠岩按体积比为5∶3∶2，或采用泥炭土、珍珠岩体积比为9∶1，或采用黄心土、草木灰、农家肥、珍珠岩体积比为6∶1∶1∶2的比例配制基质。

用高锰酸钾溶液喷洒基质，搅拌均匀，覆膜封闭暴晒5~7d。将消毒后的基质，及时填装到整理好的苗床中，基质厚度不低于15cm，床面整理平整。

四、作垄

（一）作垄规格

在排水良好、土壤水分充足、不需经常灌溉的地块，在耕、耙后即可用犁作垄，垄向以南北为宜。

垄高15~20cm；地势高燥的应低些，地势低洼的应高些。垄底宽60~70cm。地势高低不平，易于积水的地段，垄应短些；地势平坦的可长些。也可采用低垄和平作育苗，低垄垄面低于地面10cm左右，利于灌水方便、节省用水，有利抗旱。

（二）垄式育苗

对生长快、管理粗放的树种，一般多采用垄式育苗，能加厚肥土层，提高土壤温度，有利苗木通风透光。

（三）平作育苗

平作是在育苗前，将圃地翻耕、整平后即进行育苗，适宜用于土壤水分充足、排水良好又不需要经常灌溉的地区，其优点是便于机械作业，能提高土地利用率和苗木产量，但是灌溉和排水不如垄作方便。

第三节　制作有机肥

一、有机肥

（一）有机肥来源

有机肥，主要来源于植物和（或）动物，施于土壤以提供植物营养。经生物物质、动植物废弃物、植物残体加工而成，消除了其中的有毒有害物质，富含大量有益物质，包括多种有机酸、肽类，以及包括氮、磷、钾在内丰富营养元素。

（二）有机肥作用

有机肥不仅能为园林植物提供全面营养，而且肥效长，可增加或更新土壤有机质，促进微生物繁育，改善土壤的理化性质和生物活性。

二、有机肥种类

（一）人畜粪有机肥

有机肥制作时可分为自然发酵和发酵剂发酵。自然发酵时将人、畜粪尿（主要指猪、马、牛、羊等饲养动物的排泄物）加水混匀后，在地上均匀摊开，覆盖塑料薄膜接受太阳高温发酵。发酵剂发酵时把粪便与水混合后堆积，加入发酵剂即可完成发酵。

人粪尿是一种速效的有机肥料，含氮量高，而且大多是容易被苗木利用的氨态氮。为避免氮的挥发，不宜把草木灰等碱性物倒入人粪尿中。在保存过程中，需要遮阴或加盖，或加入一定数量的吸水剂，如泥炭土、细干土、过磷酸钙等做成大粪饼肥。

猪粪尿为迟效肥料，猪粪尿含氮、磷、钾量为 0.4%~0.6%，呈微碱性。猪尿含氮 0.3%，含钾 1%左右，含磷低，苗木宜吸收。

马粪尿含氮、磷、钾量略低于猪粪，但质地粗糙、通气性强，属热性肥料。马尿含氮、钾肥量 1.2%~1.5%，氮易被苗木吸收利用，但含磷少。适宜较黏重的土壤，或盐碱地作基肥。

牛粪尿的肥分较低，属冷性肥料，适宜沙质土地作基肥。

羊粪尿在畜类尿中是含养分最高的肥料，属热性肥料。羊粪含氮、磷均达 0.5%，而含钾量仅 0.25%。羊尿含氮达 1%~2%，但含磷量很低，约 0.03%。

（二）饼肥有机肥

饼肥有机肥主要是用豆饼或花生饼制作，将饼料煮熟发酵或装入密闭环境中进行密封处理，加入适量清水和发酵剂，放在阳光充足的地方约 10d 完成发酵，可以与土壤混合种植，也可稀释后作为肥水浇灌。

（三）酵素有机肥

酵素有机肥制作的原材料是腐烂的果实或者厨余垃圾，加入红糖和清水，放置到阴凉密闭的环境中发酵，需要 2~3 个月完成发酵，制作时间较久，但材料比较常见。

（四）蚯蚓粪有机肥

蚯蚓粪有机肥制作时，主要是将菜叶、园土、鸡粪或牛粪混合混匀，倒入清水进行密闭，保持稍微湿润不积水，放入蚯蚓就能直接使用，并且制作出的有机肥有一定的生态循环作用。

三、基肥性能及用途

园林苗圃所施用的基肥，以有机肥料为主，在一定条件下，亦可混入部分无机肥料作基肥用。

基肥的有机肥料含有苗木所需要的多种营养元素，肥效长，在整个苗木生长过程中，可持久地提供一定量的营养元素，满足苗木生长需要。它还能改善土壤的理化性质和生物适应性，改善土壤的物理结构。渗水性差、耕作不良的土壤中施用基肥能改良土壤，增加土壤的缓冲性能，降低土壤内毒性因子。为保证各种苗木的生长需要，还需有机肥料加入无机肥。

四、施用基肥

通常使用有机肥料作基肥，大部分是全面施肥。即在耕地前将肥料均匀地撒在地面，在翻耕过程中将肥料埋入耕作层中。

播种区施用饼肥、颗粒肥料、草木灰等基肥时，可在作床之前将肥料均匀撒在地面，通过整地（或浅耕）埋入耕作层的中上部。

五、土壤改良

（一）改良土壤质地

需改良的园林绿化用地面积较小的、名贵的、移植后成活率低的树种进行移植时可采用更换客土来改良。

（二）改良土壤结构

施用堆肥、厩肥、杂肥等有机肥，增加土壤养分。

通过精耕细作等耕作措施，土肥充分混合。

名贵树种可施用天然土壤结构改良剂或人工合成土壤结构改良剂。

（三）改良土壤酸碱性

改良酸性施用家禽类堆肥、生物炭，精耕细作、园林植物栽培，pH 值<5.5 可施用

石灰，或碱性、生理碱性肥料改良酸性土壤。

改良碱性采取撒施松针、灌溉、排水、园林植物栽培以及土壤耕作，pH 值>9.5 土壤可施用石膏、明矾、硫酸亚铁和硫黄等。此外，改良碱性土壤还需施用酸性无机肥才能有效地抑制碱性危害。

（四）城市土壤的改良

有建筑废弃物、生活垃圾的园林绿化用地，应深翻土壤，细致整地，拣除砖头、建筑废弃物、生活垃圾等夹杂物，深耕细作，施足干净无毒底肥。

污染严重的工业废气、废水、废渣污染的园林绿化用地，应合理处理城市垃圾，使其充分分解、熟化，杜绝污染保护环境。

土壤板结，通透性差的园林绿地，秋季深耕，冬季使土壤经历霜冻成为冻土，多次耙平耧碎。

改善城市土壤条件，可用林地腐殖土和农田土为客土，也可用泥炭、木屑、炭化稻壳、蛭石、草屑、珍珠岩等为基质。

防治粉尘污染、水土污染可增加绿地面积，种植花草树木可增加土壤有机质含量。

第四节　基质配制

一、栽培基质

栽培基质是几种不同基质材料按不同比例通过人工配制，替代土壤为苗木生长发育提供各种营养和水分。又称营养土、培养土、人造土或混合土。扦插育苗、容器育苗常用栽培基质。

二、栽培基质材料

（一）选用基质原则

基质材料质地均匀致密，透水通气性好。

具有种子发芽和幼苗生长所需要的各种营养元素，良好的保水保肥性能。

资源丰富，重量轻便于运输，成本低。

无病菌虫卵及杂草种子的土壤。

（二）选用栽培基质材料

常用作栽培基质的材料有：素沙、泥炭土、草炭土、圃地表土、堆肥、蛭石、珍珠岩、岩棉粒、草皮土、火烧土、森林腐殖质土、陶粒黏土、脱水塘泥、树皮粉、秸秆、稻壳灰等。

三、配制栽培基质

（一）配制方法

把各种用作基质的材料按一定的比例混合拌匀，制成质地均匀，含有适当水分，没有杂草种子和病虫害来源的营养土。

准备配制营养土所需的基质材料，如素沙、泥炭土、草炭土、壤土、腐殖土、蛭石和珍珠岩等。

按合理的基质配制比例计算出各种基质的需要量。

根据各种基质需要量称量基质和肥料用量。

将称量好的各种基质进行混合，均匀搅拌。

（二）按体积配比

泥炭土：蛭石＝1：1

泥炭土：蛭石＝3：1

泥炭土：壤土：素沙＝1：1：1

草炭土：炉渣＝2：3

泥炭土：珍珠岩：蛭石＝85：10：5

黄心土：松林土：火烧土＝4：3：3

泥炭土：森针腐殖质土：火烧土＝5：3：2

黄心土：火烧土＝7：3

火烧土：完全腐熟的堆肥：过磷酸钙＝80：18：2

泥炭土：火烧土：黄心土＝3：3：4

四、栽培基质的消毒

（一）高温消毒

日光消毒，将配制好的营养土放在清洁的混凝土地面、木板或铁皮上，摊薄铺开，日光下暴晒3～15d。

蒸汽消毒，利用90℃以上高温将体积比较少的基质，通入蒸汽30～60min。

（二）化学消毒

将40%甲醛50～100倍液，喷施基质直至所有需消毒的基质均用甲醛溶液喷湿为止，再用塑料薄膜覆盖封闭5～7d后暴晒2d。

50%多菌灵可湿性粉剂40g/m^3与基质搅拌均匀，用塑料薄膜覆盖5d，去薄膜后待农药挥发后再使用。

在栽培基质中施入石灰粉100g/m^3，充分搅拌均匀进行消毒。

在栽培基质中施入硫黄粉90g/m^3充分搅拌均匀进行消毒。

栽培基质中砾石、素沙的消毒可用漂白粉。一般在水池中配制0.3%～1%的漂白粉药液，浸泡基质半小时以上，最后用清水冲洗，消除残留氯。此法简便迅速，短时间就能完成。

第四篇

种苗繁育

第一节　种子繁育

一、种子采集与处理

（一）母树选择

选择光照充足、枝条粗壮、树冠丰满、结实多而饱满、品质纯正、无病虫害的生长5年以上的优株进行采种。在盛花期，按不同品种分别标记。

（二）种子采集

仁果（海棠、苹果），果皮软化变色，并有一定的甜味、香气时进行采种。

干果类的浆果（葡萄）、核果（桃、李）、荚果、蒴果（紫荆、紫薇）、翅果（槭树）等果皮由绿变为黄褐色、干燥、紧缩、硬化或裂开时可进行采种。

针叶树球果类的果鳞干燥硬化，由青变黄并微裂时可采种。

用种子变化进行识别。成熟种子的种皮、种仁具有一定色泽，而且种仁饱满、坚韧，有一定重量。不成熟的种子，不饱满或呈液态。

（三）种子处理

干果类包括荚果、球果、翅果、蒴果等种子的处理，一般通过风吹日晒、辗压、敲打、揉搓等方法取出种子，除去碎枝残叶、泥石混杂物等。

肉质果包括多汁的浆果、核果、聚合果、仁果等采回后应及时处理，这类果实肉质较厚果汁较多易发热、霉烂，降低种子质量。果实采回后倒入容器内，加适量清水用棍棒捣烂果肉，或经发酵、过筛冲洗；然后取出种子阴干。小粒易碎的种子，可在容器里搓洗过筛，淘去果皮、果肉杂物后阴干。种子取出后，用风选、粒选、水选等方式除去鳞片、果皮、果肉、瘪籽、泥沙等杂物，种子处理纯净，然后贮藏备用。

二、种子贮藏

（一）种子干藏

采摘后，将种子晾晒1~2d取出种子，除去干瘪、腐烂、有病虫害的种子及杂质，种子阴干后，按品种用小布袋装盛，将种子放置在阴凉、背风、干燥的地方贮藏。

处理干净的种子也可以放入消毒后的容器内进行储藏。

（二）种子湿藏

选择排水良好的地块挖坑，根据种子量确定需要挖坑的长和宽。

一般挖坑深约 0.8m，根据坑长、宽度每隔 1m 在坑内垂直竖立 1 束草把。先在挖好的坑底铺一层 6~10cm 厚的湿沙，再倒入一层 6~10cm 厚拌有 2 倍湿沙的种子；然后一层湿沙、一层种子依次逐层铺排，层积到距地面 15~20cm 时填充湿沙至地平，封成土丘。

（三）低温贮藏

将处理干净的种子装入容器内，分层放置在-2~4℃的冷室或冷藏柜里。当种子含水量降至 4%左右，可长期保存。

（四）真空贮藏

将盛放种子容器内的空气抽出，温度控制在冰点以下。

三、芽苗的培育

（一）圃地选择

育苗地应选择阳光充足、地势平坦，富含有机质，排灌良好，交通便利的地块。土壤 pH 值为 6.5~7.5 的壤土或砂壤土为宜。

（二）整地作床

圃地在秋冬季深翻 25~30cm，碎土，捡去草根、石块等杂物。耙平做床，床宽 100~120cm，床高 20cm，床间步道宽 30~40cm。根据需要可在圃地四周开设一条宽 40cm、深 30cm 环通排水沟。

（三）土壤消毒

播种前，对苗床土壤进行消毒，可用 70%五氯硝基苯粉剂 2~4g/m²，混拌适量细土，撒于土壤表面；或用 50%多菌灵可湿性粉剂 500 倍液喷淋床面。

（四）播种

1. 种子消毒

在播种前 1~2d，用 0.5%高锰酸钾溶液或 50%多菌灵可湿性粉剂 200~300 倍液浸种 2h 进行消毒，或在 0.15%福尔马林溶液中浸泡 15~30min，取出密闭 2h，或在 0.3%~1%的硫酸铜溶液中浸泡 4~6h，消毒后均取出洗净，阴干后播种。

2. 种子催芽

（1）水浸催芽。将外壳坚硬、带油质、休眠期短或不休眠的种子如紫藤、合欢放入 80~90℃热水中搅拌均匀，自然冷却后继续浸泡 24h；海棠类种子适于 45~50℃温水中浸种 24h；柏类等在冷水浸种 6~24h。

（2）沙藏催芽。在冬季将种子放入低温（2~7℃）或湿润沙土内。沙藏催芽时间因树种而异，杜鹃、榆叶梅等需 35d 左右，海棠类需 55d 左右，桧柏、蜡梅、玉兰、小叶女贞等需 100d 左右。

（3）雪藏催芽。在温度较低有积雪的地方，牡丹、月季、蔷薇等种子可雪藏催芽。

（4）秋播催芽。大粒硬壳种子可利用秋季播种，以播种代替贮藏。在湿润条件下通过休眠继而促进发芽。

3. 播种

(1) 播种时间。春季播种适用于大多数花木（如雪松、女贞、侧柏、海棠、丁香、连翘、紫薇等），适时早播，尽量缩短播种期。

较寒冷的地区对于大粒、硬皮和有蜡质的种子（如桃、梅、黄荆、郁李、榆叶梅及一些松柏科的观赏植物）适宜秋季播种。

对含水量大、失水后容易丧失发芽力、不耐贮藏的种子（如广玉兰、十大功劳、枇杷、桑、榆、柳、杨等）适宜随采随播。

(2) 播种方法。撒播是将种子均匀地撒播在整理好的大田或育苗床上，适宜幼苗生长缓慢、喜遮阴和种粒较小的花木。撒播后及时覆盖湿土以刚能覆盖种子为宜。

条播即带状播种或沟播。根据不同花木品种和当地自然条件、苗木生长速度、育苗年限和管理水平来确定条播的距离。一般条播幅宽 5~10cm；根据种粒大小确定条播深度。将种子均匀地撒播在播种带或播种沟后覆土轻压，覆土厚度与撒播相同。

点播适于种粒大、发芽力强、幼苗生长壮的树种和珍贵花木。按一定的株行距挖穴点播。每穴可放置种子 2~3 粒。

(3) 播后管理。播后用塑料小拱棚或稻草、麦秸、树叶、苔藓等物覆盖播种后的小粒种子，保持土壤水分，抑制杂草生长。在幼苗大量出土时应及时拆除覆盖物，避免出现苗木黄化、弯苗或高脚苗现象。

在夏季用透光度 30%~50%的遮阳网进行遮阴，阴天或晴天的早晚不遮阴。苗木木质化后及时拆除遮阳网。

根据苗木的疏密、生长速度和抵抗力强弱确定间苗次数。在土壤湿润情况下进行间苗，保护苗木根系，间苗后要及时浇水。间出的幼苗可移植或补苗。

补苗是补救缺苗断垄的一种措施。应选择阴雨天或浇水后的傍晚进行。

四、芽苗移植

（一）芽苗移植

起苗前，苗床浇透水。选择早晚或阴天分期分批移栽芽苗，随起随栽。

苗床育苗待苗床上的种子开始发芽出土（萌发率 20%~50%）时，揭去所覆盖的稻草；将萌发的芽苗留床 10~15d。选择子叶完全展开、高度 5~7cm 的芽苗移植于大田中或容器袋内。移植时，首先用小木棍在平整好的大田或容器袋内插 5~7cm 深的孔，然后将芽苗放入孔内，用壤土或基质覆盖至芽苗根部。

移栽株行距为 15cm×20cm 或者 15cm×25cm，移植深度以苗根不露土为宜。移植后浇足定根水，搭棚遮阴，移植后 10~15d 内保持土壤及基质湿润。

（二）水分管理

移植后及时浇水，水流宜缓。浇水在早晚进行，浇水要浇透。

及时排水，做到内水不积，外水不淹。

（三）松土除草

结合松土进行除草，松土深度 5cm 以内为宜。除草时要保护好刚移植芽苗的根部。

除草应“除早、除小、除了”。

（四）施肥

芽苗移植成活后，在生长期撒施40%复合肥7.5~10kg/667m^2；秋季撒施41%复合肥15~18kg/667m^2。施肥宜在雨后地面湿润时撒施，避开烈日与大雨天。

（五）整形修剪

生长季节，及时抹去主干下部的萌蘖芽，剪去花枝和植株主干下部的侧生枝。

第二节　扦插繁育

一、硬枝扦插

（一）整地作床及容器选择

1. 插床育苗

圃地在秋冬季深翻 25～30cm，碎土，捡去草根、石块等杂物耙平做床。插床宽 100～120cm，插床高 20～25cm，插床长根据需要确定，床间步道宽 30～40cm。

育苗基质 pH 值 6.5～7.5 为宜。根据不同的植物品种选择，配比合适经过消毒后的育苗基质，常将泥炭土、土杂肥、蛭石、珍珠岩体积按 5：2：2：1 的比例充分混合的栽培基质。

2. 容器育苗

采用无毒塑料薄膜或塑料容器的厚度为 0.02～0.06mm，规格为（10～12）cm×（10～12）cm。或采用可降解或半降解的无纺布网袋容器，规格为直径 7～8cm，长 10～12cm。

容器育苗基质同插床育苗基质相同。

（二）插床土壤及容器基质消毒

播种前进行苗床土壤及容器基质消毒，可用 70%五氯硝基苯粉剂 2～4g/m^2，混拌适量细土，撒于土壤或基质表面后及时翻入种植层。也可用 50%多菌灵可湿性粉剂 500 倍液喷淋土壤及床面翻入种植层。

（三）母树选取

选择 3～8 年生落叶木本花卉，光照充足、生长健壮、无病虫害的母树。在花期按不同品种分别做好标记和编号。

（四）插条剪取与处理

剪取穗条：母树落叶后，分品种剪取生长健壮无病虫害的 1～2 年生木质化硬枝条。

穗条贮藏：将剪取的穗条 15～20 支/捆，顶端朝下，埋入事先准备好的湿润河沙堆内，河沙湿度以用手捏紧湿沙能成形而不滴水为宜。

插条剪取：扦插前从湿沙中取出穗条，剪成长 10～15cm、带 2～3 个芽的插条，上剪口剪平，下剪口剪成斜面。

插条处理：插条可用 30℃以下温水浸泡处理，或用吲哚乙酸、吲哚丁酸、萘乙酸、御根生、生根剂、复硝酚钠、ABT 生根粉等生根剂：用浸泡法、快蘸法和蘸粉法进行处理。或浸入杀菌剂后再用上述生根剂进行处理。

（五）扦插

在苗床及容器中进行扦插，在苗床扦插株行距为 10cm×15cm，在容器内扦插根据扦插容器规格及插条生长习性确定株行距。扦插深度均为插条长度的 1/2~2/3，插完浇透水，根据需要、扦插季节及气温决定是否搭建遮阳棚。

二、嫩枝扦插

（一）插床、容器整理及土壤消毒

参见硬枝扦插相关内容。

（二）母树选取

选择光照充足、生长健壮、无病虫害的常绿、半常绿木本花卉和落叶木本花卉作为母树。在花期按不同品种分别做好标记和编号。

（三）插条剪取与处理

在花木生长旺季，采当年生半木质化枝条。

把采取的枝条剪成每段 10cm 左右，插条保留上部 1~2 个叶片。叶片过大可剪去部分叶片，只保留整个叶片的 1/3~1/2；将插条基部节下 1.5~3mm 处的切口削平或削成马蹄形。

嫩枝扦插可用吲哚丁酸、萘乙酸 0.03%~0.05%溶液进行快蘸处理。

（四）扦插方法

在插床上或容器内，插前用略粗于插条的小木棒插好 1 个小孔，将处理好的插条直接插入小孔覆土抹平孔洞。插入深度依植物种类的不同以及温度、湿度状况确定。

三、其他扦插方法

（一）单芽扦插

橡皮树、桂花、山茶花、葡萄等一些易生根或具有角质、蜡质叶的花木适于单芽扦插。

插条的上剪口距芽尖 0.5~1cm，下剪口视节间长短而定，一般插条长度不超过 10cm。浅插在沙床内，芽要露出沙面，所带的叶片可绑在小棍上使其直立。

（二）根插

适于樱桃、木瓜、泡桐、山楂、贴梗海棠、紫藤、枸杞、凌霄、紫薇、大丽花等根系健壮、发芽能力强、具有肥大肉质须根系或直根系的花木。利用根上的不定芽萌发而长出新的植株。

从母株上剪下或挖断的主根，截成长 10cm 左右的小段，按一定的株行距插入育苗床内，入土深度为 4/5 或全部斜插土内。较细的根段，可平埋在苗床内，然后覆土厚 2~3cm。

四、插后管理

（一）搭建拱棚

早春或秋季扦插，根据需要搭建小拱棚。用透明薄膜搭建高 50cm 小拱棚，薄膜四周用土密封，扦插后阳光直射可加盖遮光度 50%～75%的遮阳网。覆膜前对插床基质进行消毒。

插后保持棚内相对湿度 80%～90%。当棚内温度高于 25℃时，揭开苗床两端薄膜通风降温。扦插后 80%～90%插条生根成活后，每天揭开苗床两端薄膜通风降温，通风降温 3～5d 揭开全部薄膜。扦插后根系生长较发达时，揭去遮阳网。

（二）水分管理

根据插床及容器基质干湿情况及时喷水浇灌，保持土壤湿润不干燥不积水。

夏季高温期间及时浇水，浇水应在早晚进行。积水时及时排水。

进入秋季后控制水分及减少浇水次数，育苗期发现容器内基质下沉，应及时填满。

（三）施肥

插条生根、叶片全部展开后，可在叶面喷施 0.1%～0.2%的磷酸二氢钾溶液 2 次，每次间隔 20d 左右，6 月底施 46%尿素 7.5kg/667m^2，9 月上旬施 41%复合肥（12-11-18）15～18kg/667m^2。

视苗木生长情况，每隔 10～15d 喷施 0.3%～0.5%的磷酸二氢钾溶液 1 次。9 月中旬后停止施肥。

（四）中耕、除草、预防病虫害

及时松土、清除杂草，保持土壤疏松且无杂草。观察植株长势，提前预防病虫害。

第三节　嫁接繁育

一、嫁接时间

（一）春季嫁接

多数花木在2—4月进行枝接，并以切接、劈接为主。落叶树及常绿树种类的高枝更新，3—6月可进行腹接和靠接。

（二）夏季嫁接

5月下旬至7月中旬可进行新梢之间的嫁接。

（三）秋季嫁接

8—9月是芽接的适宜时期。秋季还可进行腹接及舌接。

（四）冬季嫁接

在温室或塑料大棚内，可结合苗木出圃，收集残根、断桩进行根接。

二、选择砧木与接穗

（一）选择砧木

对母株进行选择及鉴定，选择的砧木与接穗须有较强的亲和力。砧木须有较好的根系，能适应当地的气候与土壤条件，具有较强的抗性。

（二）选择接穗

接穗须是当地推广的优良品种。供采穗的母树应是生长健壮、无病虫害、已结果的成年植株。

在植株上选用生长充实的1年生枝条的中部或基部以上至2/3处作接穗。常绿针叶树的接穗应带一段2年生的枝条。

（三）贮藏接穗

少量嫁接或芽接可就近随采随接；及时剪去叶片，保留0.5cm长的叶柄，用湿布包裹。若春季嫁接量大，可在嫁接前一年秋末冬初采回接穗，成捆进行湿沙假植贮藏，春季嫁接时取出。

寒冷地区，把接穗捆好埋入排水良好的土壤冻层以下。

少量珍贵花木，可用蜡封接穗保存。冬季或早春采取接穗，上剪口留饱满芽后剪成15cm左右。将石蜡装入耐热容器内放在热水盆里，盆水加热到80℃以上，再把接穗两端（总长度的1/2）分别在熔化的石蜡液中蘸一下，使接穗裹一层很薄的石蜡，装入塑料袋内，放置低温窖内或冰箱（温度-1～1℃）备用。

三、嫁接

（一）枝接方法

凡用植物的枝条作接穗进行嫁接通称为枝接。

1. 切接

适用于露地木本花卉嫁接。

在春秋季选1年生健壮枝条作接穗，剪成6～10cm长的茎段，每段带2～3个饱满芽。

用切接刀在接穗基部削出大小不同的2个对称斜面：一面长约2cm，约削去1/3木质部；另一斜面长度约1cm，稍削去一些木质部。一刀削成楔形，削面须平滑。

将直径1～2cm的砧木，离地面10～15cm处剪断，在砧木截面的北侧选一个合适位置，用切接刀顺木质部与皮层之间，稍带木质部，自上而下垂直劈开一条裂缝，深2.5～3cm。然后把接穗的长削面向里，插入砧木的切口内，并将两侧形成层对齐，用塑料条带或其他绑扎带把接口绑紧，培湿土堆加以保护。

2. 劈接

适用于大多数落叶花木，在砧木较粗时使用。

落叶类花木劈接时间和切接一样，而常绿花木则在立秋后进行。

砧木粗而截面大，在截面中间或1/3处用劈接刀垂直劈一裂口，深度2～3cm。接穗基部两侧的削面长短一致呈楔形，但比砧木裂口深度长1cm左右。两根接穗插入砧木切口的两侧，二者的外侧形成层对齐。最后绑扎并涂蜡膜或湿泥。

3. 腹接

适用于常绿植物龙柏、翠柏等植物的嫁接。生长期在砧木的较高部位进行枝接。

接穗上须有1～2个芽，下端削成一侧稍厚一侧稍薄的楔形面。再将砧木距地面较高的光滑处，用嫁接刀以30°左右夹角向下切一斜形切口，切口长度与接穗削口一致，将接穗斜面的一侧向内插入砧木切口，使形成层相互吻合，最后加以绑扎。

4. 靠接

用于亲和力较差或用其他嫁接方法难以接活的花木。砧木与接穗各有自己的根系，嫁接时不剪断。

嫁接时选用粗细相同的砧木和接穗，将两者枝条的相同嫁接部位各削去长度相等、深度达枝条直径的1/3～1/2，再将两个削面互相靠合在一起。若削面宽度不一致，可使一侧形成层对准，最后绑扎。

5. 舌接

在砧木与接穗粗细一致时使用。

在砧木上削成3cm的斜面，在削面上由上至下1/3处，顺势往下劈1cm左右长的刀口。在接穗下芽的背面削成3cm长的斜面，然后在削面上由下往上1/3处上劈成1cm

长的切口，呈舌状。最后把接穗的劈口插入砧木的劈口中，使二者的舌状部分交叉，并将形成层对准进行绑扎。

6. 髓心形成层贴接

多用于针叶树的嫁接。

春季砧木芽膨胀时在砧木主枝的1年生部位，选比接穗略粗的一段，摘掉其余针叶和侧芽，留接穗端部十几束针叶。

嫁接刀从上往下通过韧皮部和木质部之间切下树皮，露出形成层。再从接穗枝条上取8~9cm长的小枝，自下端通过髓心把接穗切开，直至离顶芽1.5~2cm处，并逐渐向外斜切一半，用顶芽的一半作接穗。接穗切面大小同砧木切面一致。把接穗的切面贴在砧木的切面上，使上下、左右对准，缠绕扎紧绑扎带。

7. 根接

将不易生根的优良品种枝条作接穗，接在亲缘相近的砧木根段上，使其愈合形成新的植株。

8. 皮下接

适用于露地花木。

在春季及生长期将距地面5~6cm处的砧木锯断，削平断面，在断面边缘将皮层及部分木质部向上斜削一刀，宽度约0.5cm。在此切口下再纵切一刀，长约5cm，深达木质部。然后将接穗下端削成3~5cm的斜长面，在削口的背面两侧各微削去一刀。嫁接时将接穗的大削面向着木质面，接穗插于砧木皮层及木质部之间。最后绑扎并抹泥或培土。

9. 桥接

适用于大型木本花卉根颈残伤保护和救治的嫁接方法。

剪取植株本身枝条，两端各削成斜面，一端接于伤口上部，另一端接于伤口下部，对准形成层嫁接后绑扎，外涂蜡膜。

（二）芽接方法

以芽作接穗的嫁接方法称为芽接。

1. “丁”字形芽接

剪取当年生充分成熟的枝条，选中间饱满腋芽作接芽，剪去叶片，留1cm左右长叶柄。

削芽时，先在芽上0.3~0.4cm处横切一刀，刀口长约0.8cm深达木质部；再由芽下1cm处向上削，由浅入深直达横切口，削成上宽下窄的盾形片。芽片可稍带木质部或不带木质部。

在砧木距地面3~5cm光滑皮面上，切“丁”字形切口，大小和接芽一致，及时把盾形芽片自“丁”字形切口的上方插入砧木皮层内，使芽片上端与砧木“丁”字形横切口吻合。最后用绑扎带扎紧。

2. 嵌芽接

按照接芽片的大小和形状，把砧木上的皮层削掉，把芽片嵌入切口之中，最后绑扎。

3. 贴芽接

先削取芽片，即在芽的下方 1~1.5cm 处，用芽接刀向上稍向内斜削进去，稍带木质部；在削面削过芽的位置后再稍向外斜削出来，将芽片削掉。

用同样方法在砧木上削一弧形削口，大小形状和芽片相似。尽快将芽片贴上去，使二者紧密吻合，形成层对准，最后绑扎。

4. 套芽接

将枝条从接芽的上方剪断，在接芽下方用刀环切一圈，把皮层切断，轻拧下圆筒状的皮层套管，上带一个接芽。

将砧木的嫁接部位上方枝条剪去，拧下圆筒状一圈皮层，把接芽套管套上，进行绑紧扎牢。

四、嫁接后管理

培土适宜，接穗顶芽自行长出土外，若培土过厚，可分 1~2 次扒去土堆；避免嫩芽突然暴露而被日光灼伤。接穗新芽长到 2~3cm，应及时解除绑扎物。

采用腹接、靠接嫁接的苗木，应在接穗成活后，将砧木部分自接口以上枝茎剪去。嫁接苗长到 15~20cm 时，应立支柱固定幼苗。

芽接苗在嫁接后 20d 左右，接口可愈合，一个月后即可去除绑扎物。一般在芽接后 10d 左右检查成活情况。若用手指轻轻触动接芽的叶柄，一触即落，芽片颜色不变，新鲜而又饱满，说明已经成活。当接芽萌发抽发新枝，长到 10cm 以上时，应及时剪去接芽上方的砧木枝梢，同时剪除接芽以下砧木上萌发的侧枝及根蘖。

枝接和芽接时，在接穗成活前做好防风、防大暴雨措施。避免因恶劣天气砧木与接穗之间有缝隙而降低成活率。

嫁接苗生长期间，应加强追肥、浇水、中耕除草等。后期应少浇水，并对嫁接苗轻摘心，以促使枝芽充实，安全越冬。

第四节　其他繁育方法

一、压条繁育

（一）压条繁育

秋季落叶后或早春发芽前，将生长在母树上的1~2年生的成熟枝条埋入土中，或用容器装入湿润的基质中，将枝条包裹，并将包裹部位刻伤，促使枝条被压处生根，然后割离母体，形成独立的新植株。

在压条过程中，枝条不与母体分离。

（二）枝条刻伤方法

1. 刻痕法

在容易发根的花卉枝条被压部位，纵向刻几道伤痕或横向刻伤1~2圈，深达木质部。使用生长素对刻伤处进行处理，促进生根。

2. 去皮法

将生根困难花卉的枝条被压部位树皮环状剥去2/3，宽约1cm，促使环剥上方形成层发出新根。使用生长素对环剥处进行处理，促进生根。

3. 扭枝法

适用于枝条柔软、容易离皮的花卉，用手将被压部位扭曲，使韧皮部和木质部分离。

4. 缢扎法

用细铁丝紧绑在被压部位，深达木质部，使其不能加粗生长，并使韧皮部中的筛管不通，从而使同化产物集中在绑扎处，刺激生根。

（三）普通压条

1. 单枝压条

多用于乔木类。把母株下部一根枝条扭伤、刻伤或环状剥皮下弯，然后埋入土内，枝梢外露，并固定使其直立生长繁育成新株幼苗。

2. 连续压条

多用于灌木类。先把母株上靠近地面枝条的节部逐一刻伤，然后把枝条深埋入挖好的沟内，枝梢露出地面。经过一段时间，节部萌发新根，节上腋芽也萌发出土。待幼苗木质化后，从埋土处把各段的节间切断成多株幼苗。

3. 波状压条

用于藤本、蔓生性木本。可将枝条呈波浪状逐节埋入土内（刻伤或不刻伤），发根后把露在外面的节间部分逐段剪断成多株幼苗。

（四）堆土压条

多用于枝条短硬、不易弯曲、丛生性强的大型落叶或常绿灌木。生长旺季将枝条基部距地面 20~30cm 处进行环割，然后培土，把整个株丛的下半部用土堆成土堆，土堆经常保持湿润。

（五）高枝压条

适用于一些扦插不易成活、基部不生萌蘖、枝条位置过高又不易弯曲到地面的花木。春季、夏末或在温室内进行高枝压条。在 1~2 年生枝条的适当部位，进行刻伤或环割。用聚乙烯薄膜包裹，内填青苔、腐殖土或蛭石等，并经常浇水保持湿润。

（六）压条后管理

为利于生根，应经常松土，使压条附近土壤透气良好，并保持土壤湿润。

冬季应做好压条防寒养护管理。

较大枝条生根后可分次切割。

压条成活后移栽在背风处或遮阴处，需缓苗几天。

二、分株繁育

（一）分株方法

在春季萌芽前秋季落叶后，选择健壮无病虫害、根蘖发达的母株，将母株根部发出的根蘖苗，用掘分法掘出母株根系。对其根茎进行切割、分离成单株或多株，分割成为一个独立的新株苗。

当分株量较大时，对分株苗在栽植前按培育需求进行分级分类，单株、双株、多株均可。对根部进行挖掘分株时尽量保留较多的根，分出的根蘖苗根系须保持良好状态。

分割须用消毒后的刀、铣、剪或斧进行，工具须锋利，尽量避免造成较大的创伤。

（二）分株后管理

秋季分株注意防寒，春季分株后避免阳光暴晒。

三、容器育苗

（一）容器育苗

容器育苗是利用纸、竹、稻草、塑料薄膜等原料，制成形状、大小规格不同的容器，再用配制的营养土作基质进行播种、扦插繁育苗木。

（二）基质配制

参见第三篇第四节基质配制的相关内容。

（三）容器制作

1. 容器形状及规格

容器的形状有圆筒形、圆锥形、正方形、六角形等，以圆形最常用。容器规格依花木种子及苗木的大小而定，扦插育苗时，规格可适当加大。

2. 容器种类

（1）塑料薄膜容器。一般用厚度为0.02~0.06mm的无毒塑料薄膜，下部打6~12个直径为0.4~0.6cm的小孔，小孔间距为2~3cm的有底袋，或者无底袋。

（2）泥质容器。营养专用腐熟有机肥、火烧土、园圃土并添加适量无机肥料配制成营养土，经拌浆成床、切砖、打孔而成长方形营养砖块。

（3）蜂窝状容器。育苗纸钵、蜂窝状育苗纸筒、育苗纸册、育苗纸筒、育苗杯等以纸或塑料薄膜为原料制成，将单个容器交错排列，侧面用水溶性胶黏剂黏合而成，可折。使每个纸筒呈六边形。用时展开呈蜂窝状，无底。在育苗过程中，容器间的胶黏剂溶解，可使之分开。

（4）硬塑料杯。用硬质塑料制成六角形、方形或圆锥形，底部有排水孔的容器。圆锥形容器内壁有3~4条棱状突起。

（5）穴盘/育苗盘。利用硅胶制作的透气，耐腐蚀，牢固耐用组合式的6孔或根据需要制作的育苗盘。

（6）无纺布育苗袋。由无纺布制作成不同规格的无纺布育苗袋。

（7）其他容器。因地制宜使用竹篓、竹筒、泥炭、木片、牛皮纸、树皮、陶土等制作的容器。

（四）播种或扦插

1. 播种育苗

播种前对种子进行消毒及催芽处理，容器内填充好配制好的基质后进行播种。中小粒种子，每个容器中要点播1~2粒，大粒种子只播1粒。播后用栽培基质覆盖后及时喷透水。

容器育苗要求种子的纯度达95%以上，发芽率在90%以上，以免造成空钵。

2. 扦插育苗

根据培育目标不同，选择合适的容器，容器中灌装消毒后的育苗基质。

在容器中央打孔，将插条呈75°斜角插入基质后压实。扦插深度为插条长度的1/2。插后喷透水，并保持基质湿润。

（五）容器育苗管理

及时浇水，保持土壤湿润。

苗木成活后视苗木生长情况，每隔10~15d喷施0.3%~0.5%的磷酸二氢钾溶液1次。9月中旬后停止施肥。

发现病虫害及时防治。

四、无土育苗

（一）水培育苗

水培育苗是用水和营养液繁育花木的方法。多用于扦插、嫁接及小苗培育。水培时幼苗根部悬浮在营养液中，并遮光；根颈部用网格、枝条或聚乙烯带孔板固定。

水培所用的容器，可根据育苗量的多少选用不同的容器。如水泥地、塑料盘、瓷缸、盆等，底部要有排水装置，忌用金属容器。

水培所用的水，可采用一般的天然水，硬度不宜过大，含盐基质也不宜过大，pH值6~6.5。

幼苗在未生根、展叶前，主要用水培养根系，使根系愈合形成根群；待幼苗具有3片以上子叶时，再加营养液。一般情况下每隔3~5d换水1次。

（二）固体基质育苗

固体基质是一种在容器内作为固定幼苗根系的物质。适于播种、扦插和小苗培养。常用的基质有：砾、沙、锯末、泥炭、蛭石、草炭、珍珠岩、陶粒、树皮、炉渣、稻谷壳、泡沫粒、棉籽壳、玉米芯、无土混合基质等。

（三）配制营养液

营养液种类有低铵四盐式配方、多铵四盐式配方、全元素三盐等多种配方。目前有配制好的成品营养液直接使用。

可按配方比例先配成母液，使用时加水稀释，达到定量的浓度。

用固体基质播种、扦插繁育时，先用清水将基质喷透，待幼苗出齐或插条生根后，再使用营养液6~8L/m^2喷灌基质，根据基质干湿情况及幼苗生长情况，每天喷灌2~3次，喷灌时间宜在白天。

（四）基质消毒

无土栽培所用的基质，在完成每次育苗后，要对基质进行及时消毒。常用的消毒方法有高温蒸汽消毒、离子导入、氧气处理、洗盐处理。

五、气插繁育

（一）气插繁育条件

气插繁育是在温室内或塑料棚内进行，把当年生半木质化的花木枝条，用固定架将插条直立架上，通过喷雾、加温，使插条保持在高温、适湿及一定光照的条件下，愈合生根。

（二）气插繁育设备

可用温室或塑料棚。用温室作气插时，室内要增设喷雾装置及分层插条固定架。

在地面上用砖砌床，一般插床宽为1~1.5m，插床深25cm，长度根据塑料棚的规格而定。插床内底部铺3~5cm厚的碎石或炉渣作渗水层，填入15~20cm厚的沙或蛭石作基质。两床之间及四周留出步道，其一侧挖10cm深的排水沟。

喷雾、增湿及光照，在温室及大棚上方架设人工喷雾的管道，并根据喷头射程范围大小等距安装喷头。也可用电动机控制喷雾，使室内相对湿度保持在90%以上，甚至饱和状态。利用阳光或电热加温，保持25~35℃的温度，光照强度控制在600~800lx为宜。

（三）气插繁育方法

消毒灭菌，插前对气插棚室内进行一次全面消毒，常用0.4%~0.5%的高锰酸钾溶液喷洒。

选择适宜气插的品种，采取生长健壮、腋芽饱满而又无病虫害的半木质化枝条。

选取的枝条剪成长8~20cm的插条，每穗带3~5个腋芽，尽量保留顶芽及其以下的2~4个幼叶片，其余剪去，叶片较大的可剪去1/2。分级后的插条用0.04%~0.05%浓度的吲哚丁酸或萘乙酸激素进行处理。

处理后的插条按粗细分别固定在支架上。插条基部剪口与基质接触，但不插入基质内，这样更易生根。若插条平摆在支架上，需要定时转动，以保证生根及萌芽均匀。

（四）插后管理

气插棚室内的温湿度及光照强度要严格控制，使其稳定，以保证插条生根所必需的最适环境条件。如偶遇停电，应及时人工喷水，调节相应的温湿度，切勿使插条发生萎蔫现象，否则导致插条干枯死亡。

夏季高温，棚室内温度超过规定指标（30℃）时，应采取适当的降温措施。如利用活动阴棚遮阳（每天10:00至13:00遮阳，阴雨天不遮阳），喷水降温，打开门窗通风换气等多种降温措施来调节温度。

严寒冬季，白天利用阳光增温，夜间放下苇帘保温，增加灯光，或使用电热加温、管道加温等，保持室内适宜温度。

插条固定以后，每隔10d左右，喷施1次1∶1∶100的波尔多液（包括插条及支架等）。若出现霉菌感染，可喷施50%腐霉利可湿性粉剂或50%异菌脲可湿性粉剂1 000~1 500倍液，或50%甲基硫菌灵可湿性粉剂500~600倍液，或65%甲霉灵可湿性粉剂1 000倍液。严重时应拔掉销毁，再经全面消毒后，进行再繁育。

经常检查插条的愈合生根情况。当新根长至2~3cm时，即可移栽或上盆。移栽后在荫棚下或一般温室内进行适当的炼苗，待幼苗生长稳定后，再移到室外进行管理。

六、全光自动喷雾育苗

（一）全光自动喷雾育苗条件

全光自动喷雾育苗是应用电子自动喷雾技术，在植物生长季节，选用保留2~3个叶片的嫩枝作插条的扦插繁育。

（二）插床整理

插床应选地势平坦、向阳、排水良好而又水源方便充足的肥沃圃地，圃地平整后砌插床。

可根据育苗量，用新砖土砌高30~40cm、宽1~1.5m、长度8~10m的插床。底部留出一定的排水孔。插床底部平铺一层新砖，砖上再铺一层10cm厚的碎石或炉渣等以利排水。

插床内填入消毒后的15~20cm厚蛭石或珍珠岩、砻糠灰、稻谷壳等基质，用平板刮平后，开放喷雾装置喷雾几次，使基质均匀下落。

（三）扦插

扦插前用0.04%~0.05%吲哚丁酸溶液快蘸处理基部剪口。

扦插时叶片留一定空隙，扦插密度、深度因花木品种不同而异。一般深为插条长的

1/3。插后及时喷雾。

（四）扦插后管理

扦插1周后，经常抽查愈合生根情况。当新根长至3~5cm时，即可移栽。

七、塑料大棚育苗

（一）大棚类型

宜使用跨度8m的单体钢架大棚、连栋钢架大棚或简易大棚。

（二）大棚规格

单体钢架大棚顶高宜3.3m，肩高1.7m，边侧膜设置为可卷膜通风方式。

连栋钢架大棚顶高宜4.8m，肩高3.0m，顶膜设置为可打开方式，边侧设置为可卷膜通风方式。

简易大棚根据地形搭建，跨度6~10m。

（三）温度调节

大棚内温度太高时，可以用苇帘遮光、开天窗通气、屋顶洒水、室内喷雾等，或用经过特殊处理的遮阳布遮阳，来调节温度，同时避免苗木受灼伤。

塑料大棚一般装有加热设备，如安装暖气，地下埋设热气管道。大棚可利用热交转换器和鼓风机，将锅炉送来的热气，通过带孔塑料进入室内，增加室温。

八、电热温床育苗

（一）电热温床的设置

在温室、塑料大棚、小拱棚或阳畦等保护条件下，利用特制的土壤加热线，通过自动控温仪，调节苗床温度进行苗木培育。

在温室、塑料大棚内，建造宽1m、深30cm、长度根据需要或温室及塑料大棚的规格决定砖砌苗床。

先在电热温床底部铺5~10cm的炉渣、碎石作渗水层，再填入3~5cm厚的蛭石或稻糠灰作保温层。保温层上，按一定的距离均匀地铺入加热线并加以固定。然后填入10~15cm厚的配制基质。

若用容器育苗，把装好栽培基质的容器整齐地摆放在保温层上，即可播种或扦插。然后喷透水，再在苗床上搭建塑料拱棚保温、保湿。接通电源，并把自动控温仪调至合适刻度即可。

（二）电热温床育苗后管理

电热温床育苗管理的关键是育苗床的温度。靠近土壤加热线的基质，温度较高，水分蒸发快，易造成上湿下干现象，影响种子发芽、生根和插条基部的愈合生根，及时喷水保湿。

电热温床上温度高于床土温度，可把拱棚两端的塑料膜揭开，通风降温，当播种芽苗出齐后，适当控水，并逐渐揭开薄膜，让苗木多见阳光，避免苗木徒长，培养壮苗。

第五节　幼苗移植

一、移植时间

苗木扦插或其他繁育方法繁育成活后，宜在落叶后至次年发芽前进行移植，以 11 月底至翌春 4 月中旬移植最佳。

二、移植方法

1~2 年生苗裸根移栽，移栽前剪去过长的根；3 年生及以上常绿植物需带土球移栽，土球直径为需移栽苗木地径的 6~8 倍。

三、移植密度

一般移植密度，当年生苗株行距为 40cm×50cm，2 年生苗株行距为 70cm×80cm，3 年生苗株行距为 100cm×120cm，4 年生及以上苗株行距为 120cm×150cm。速生植物根据品种及生长速度不同确定株行距。

四、移植苗管理

（一）定干

根据培育目标，确定枝下高。灌木枝下高可保留 80cm、100cm、120cm、150cm、200cm 等，乔木枝下高可保留 250cm、280cm、300cm 等，或根据需要保留乔木的枝下高。

春季抹芽、夏季剪除枝下高以下的全部侧枝确定分枝点。

（二）灌溉和排水

在苗木生长期间，干旱时及时进行灌溉。灌溉应在早、晚进行。

降大暴雨或灌溉后应及时排出积水。

（三）松土和除草

松土宜结合人工除草，在降雨和灌溉后及土壤板结的情况下进行，松土深度以不损伤苗根为原则。

除草应“除早、除小、除了”，除草以人工除草为主。

（四）施肥

5 月底和 9 月下旬各施肥 1 次，每次施 45%复合肥 15~25kg/667m^2。

一般 2 年施 1 次底肥，在冬季落叶后进行，用充分腐熟的有机肥，一般施底肥量为 1 000~1 500kg/667m^2。

（五）整形修剪

在生长季节，保留不同方位 4~5 个强壮侧芽（枝）作第一级分枝培养，其余侧芽及时抹去，直至预留的新枝木质化为止。

冬季对一级分枝进行短截，留枝长度 8~10cm，保留 2~3 对芽点。

翌年冬季在一级分枝上各保留 2 个健壮分枝进行短截，留枝长度 8~10cm，同样保留 2~3 对芽点。此后逐年用同样的方法对二级、三级、四级等分枝进行修剪，直至形成优美冠形。

每年冬剪都剪去病虫枝、内膛枝、细弱枝、交叉枝、徒长枝、枯枝、逆向枝及基部长出的萌芽枝。

第五篇

苗木栽植

第一节 准备栽植

一、工程概况

（一）熟悉工程概况

清楚设计意图，仔细阅读资料、分析图纸并听取设计者的设计意图及预期达到的园林绿化效果。

熟悉工程范围和工程量，包括全部工程和单项工程范围、数量及相应的园林设施要求。

熟悉工程的完工期限，掌握不同树种的生长习性，尽量在最佳栽植期进行栽植。

熟悉工程投资及大概预算，编制施工方案。

（二）勘查现场

组织技术人员到现场勘查施工现场的现状。

勘查施工现场地上地下设施及地下管道分布现状。

勘查附近水准点及平面位置导线点，作为定点放线依据。

勘查土质状况是否适宜树木生长，来确定是否需要换土。若需换土，需估算换土量，并规划好置换客土的来源及被置换土的去处。

勘查交通状况，施工现场能否通过车，能否使用机械，如果交通不便，需确定解决方案。

勘查水电情况，了解水源、电源，是否满足绿地灌溉施工需要。如果不能满足，确定解决方案。

根据勘查结果确定办公场所、生活区、施工区域。

（三）编制施工方案

移植前根据起挖地与栽植地的距离，制定移植方案、场地平整方案、土方施工方案。

绘制施土总平面图和土方开挖图，确定开挖路线、顺序、范围、底板标高、边坡标高、排水沟水平位置，土方堆放地点、苗木暂存点、施工机械、人员配置等。

二、土地平整

栽植前，栽植地应进行深翻疏松，拣出石块碎砖等杂物，平整地块使土粒细致。

根据土壤现状施有机肥、复合肥或改良土壤。

三、定点放线

（一）定点

确定基准点、控制点。首先选择好定点的依据，确定好基准点或基准线、特征线，同时了解测定标高的依据，如果需要把某些地物点作为控制点时，应检查这些点在图纸上的位置与实际位置是否相符。如果不相符，应对图纸位置进行修整，如果不具备这些条件，则须和设计者确定一些固定的地上标志物，作为定点放线的依据。测定的控制点应立木桩或做其他明显标记。

栽植前施工人员应按绿化设计图纸进行定点，确定栽植植物的地点、品种、规格、行距、株距、栽植的行数及数量。

种植密度有绿化设计要求的按设计要求执行；没有设计要求，根据园林植物的生长规律、苗木规格、种植地宽度确定植株种植密度。

1. 行列式定点

对于成片整齐式种植或行道树的定点，是先将绿地的边界、园路广场和小建筑物等平面位置作为依据，量出每株树木的位置，每个定点位置做好标记。

行道树定点是以道牙或道路中心为依据。用皮尺、测绳等测量工具进行测量距离，按图纸设计的株距进行定位。定点时应避开电杆、管道、涵洞、变压器等障碍物，根据实际情况进行定点。

2. 自然式定点

（1）坐标定点法。根据植物配置的疏密度，先按一定的比例在设计图及现场分别打好方格，在图上用刻度尺量出树木在某方格的纵横坐标尺寸，再按此位置用皮尺丈量，在现场相应的方格内明确植物的位置。

（2）仪器测放法。用经纬仪或小平板仪依据地上原有基准点或建筑物、道路将片林或孤植树，依照设计图纸上的位置依次定出每株位置。

（3）目测法。对于设计图纸上无固定点的绿化种植，如灌木丛、片林、模纹图案等可用上述两种方法划出片林、模纹图案、灌木丛的栽植范围；其中每株植株的栽植位置和排列，可根据设计要求或栽植现场情况在所定范围内用目测法进行定点。定点时应注意植株的生态要求并注意自然美观。定好点后，多采用白灰打点或打桩，标明树种、栽植数量、坑径。

3. 等距弧线定点

树木栽植为弧线，如街道曲线转弯处的行道树，可从道路开始到末尾以曲弧道路上道牙，按设计要求每隔一定距离分别画出与道牙垂直的等量直线，在直线上按设计要求将树与道牙的距离定点。在定点后的道路弧线上按株距要求再定出栽植点。

曲弧道路上除按设计要求，也可以根据道牙的数量计算出总长度，根据总长度计算出每段的定点距离，根据定点画出的等量垂足点就是栽植点。

(二) 放线

放线时应考虑施工先后顺序，避免破坏已放的定点线而重复放线。根据已确定的定点用明显标志将定点做明显标识便于施工。

规则式绿地、连续或重复图案绿地的放线，根据确定的种植点进行放线。并用白灰线做出明显标记。

图案整齐线条规则的小块模纹绿地，设计要求图案线条准确无误，放线时要求极为严格。可用较粗的铁丝、铅丝按设计图案的式样编好图案轮廓模型，在绿地上轻轻压出清楚的线条痕迹轮廓。或用白灰线沿轮廓模型放线。

绿地的图案设计是连续和重复、不规则、现场不能准确呈现设计图案等，为保证图案的准确性、连续性，可用较厚的纸板或围帐布、大帆布等，按设计图在纸板或帆布上剪好图案模型；线条处留 5cm 左右宽度，便于撒白灰线，用白灰线根据图案模型撒放完一个图案，再撒放另一个图案，直至连续撒放出所有图案。

四、其他准备工作

(一) 起挖前浇水

起苗前 1~3d 可提前浇水使根系周围泥土松软，起裸根苗前浇水便于多带原土，减少根系损伤，起土球苗便于起挖出完整的土球。

(二) 所需工具

做好施工过程中所需要起挖工具、材料、机械设备，运输、安全标志等移植前的所需各种工具及设备。

(三) 办理手续

对需移植的苗木，根据有关规定办理苗木检疫、物权转移、通行证等相关的必要手续。

(四) 岗前培训

对起挖苗木的人员、机械施工人员、运输人员及种植人员进行岗前培训。

第二节 起挖苗木

一、栽植时间

根据栽植时间确定起挖苗木的时间。

最适宜栽植季节为春季。春季栽植宜在3—5月，秋季栽植宜在9月中下旬至10月下旬。

根据需要夏季栽植，须带好土球并进行疏叶，做好遮阳和水分管理。冬季栽植做好水肥及保暖措施。

起苗和栽植的间隔时间尽量缩短，做到随起随栽。移植时宜在晴天或阴天进行。

二、选择苗木

（一）选苗

按绿化设计要求，选择苗木品种、干径、分枝点、地径、胸径、株高均匀，且生长健壮、丰满、无病虫害、无机械损伤、树形端正及根系发达的苗木。作行道树种植的乔木分枝点应不低于2.5m，选择苗木时还应考虑方便起苗、包装、运输、栽植。

（二）号苗

对符合设计要求及选苗标准的苗木进行号苗，号苗时在树的向阳面做标记，并将规格［株高、胸径（地径）粗度、分枝点高度、分枝率、冠幅］进行登记。

三、起苗

（一）裸根起苗

起苗时苗木根系需完整。裸根系、灌木根系的规格，应根据掘苗现场的株行距及移植时树木高度、干径而定。

裸根起苗的根系范围比土球起苗稍大一些，应尽量多保留较大根系，留些宿土。如掘出后不能及时运走，应埋土假植，埋根的土壤须湿润。

（二）土球起苗

1. 土球规格

常绿树种、大规格落叶乔木、名贵树种、反季节移植的乔灌木应带土球移植。

带土球起挖乔木时，土球规格视气候及土壤条件不同而各异。一般土球的规格可按树木胸径的 6~8 倍确定。对于移植后特别难成活的树种、名贵树种及不适宜季节移植的苗木应加大土球规格。可按树木胸径的 8~10 倍或更大规格起挖。

2. 土球形状

挖取土球形状应遵循较小土球保护较多根系为原则。

土球的形状可根据施工及运输方便而挖成方形、圆锥形、长方形及半球形等。

挖取的土球形状，应根据苗木的根系分布方式及苗木所处位置确定。侧根发达则多以圆形、半球形为主，主根发达的苗木则需以起挖成圆锥形为宜。

无论哪种形状的土球均应保证土球的完整性。土球要削光滑，包装要密实，草绳打紧不松脱，土球底部封严不漏土。

3. 起挖圆锥形土球方法

起挖前清理树干基部周围浮土 3~5cm 或见实土不伤根为宜。

以树干基部为中心，按比土球直径大 6~10cm，沿圆周挖宽 60~80cm 的操作沟，垂直下挖到规定深度；在土球底部刨挖一圈底沟，土球底部向中心刨圆，呈圆锥形状。

土球的底径不小于球径的 1/3，土球厚度宜大于土球直径的 1/2。形成上部塌肩形，底部锅底形。

4. 起挖正方形土球方法

清理树干基部周围浮土，以树干基部为中心，按比土球长度大 6~10cm 的正方形，沿正方形挖宽 60~80cm 的操作沟，垂直下挖到规定深度，采用板框移植。

（三）修剪、断根、修根

1. 修剪

落叶乔木、灌木在苗木起挖包装后装车前应进行粗略修剪。

修剪时应保全一级主干枝，少疏二级分枝，根据需要修剪三级分枝，剪除当年萌发枝叶；剪除内膛枝、下垂枝、劈裂枝，修剪时保持冠形饱满和方便吊装运输；剪除较大枝条时切口涂抹愈伤涂膜剂。

修剪后用树冠麻绳收冠，绳着力点垫软物，避免擦伤树皮。

2. 断根

在移植前半年，分 2~3 次切断树体侧根系。

3. 修根

对起挖后的根部进行二次修根，将撕裂根、折断根、过长根切除，切口韧皮部保证断根处切口平滑。

（四）切口处理

修根后对进行自我愈合的切口及土球表面，喷施 5%吲丁·萘乙酸可溶液剂 100 倍液；对切口反复喷施后，涂抹促进愈合的愈伤涂膜剂。

四、出圃包装

（一）树干包装

树干用草绳缠绕密实。缠绕高度为树干高度的 2/3 以上。

（二）土球包装

土球挖出后，先铲去土球外表面的浮动土。

圆形土球包扎，是将预先湿润过的草绳或无纺布、布条、塑料布等包扎材料，在土球中部缠腰绳，拉绳时用木槌敲打草绳或其他包扎材料，使绳略嵌入土球为宜；包扎材料绕过土球底沟缠至土球高度 1/4~1/3 并系牢。包扎有橘子式、井字式、五角式 3 种。也可以用铁丝树根网兜进行包扎。

正方形土球包扎，沿土球一周用蒲包、铁丝树根网兜、塑料布等包扎材料绑扎结实。

五、吊装、运输和假植

（一）吊装

1. 吊装

土球吊装时，先用树干保护板固定在树干 1/2 处。圆形土球用新型网状吊装带把土球轻轻吊起，正方形土球用可调节移动板框卡紧土球轻轻吊起，保证土球的完整性。

2. 装车

落叶乔木装车时，应排列整齐，使根部向前，树梢向后，注意树梢不要拖地、装运灌木可直立装车。运送远距离的裸根苗时，常把树木的根部浸入事先调制好的泥浆中然后取出，用蒲包、稻草、草席等包装材料包装，并在根部衬以青苔或水草，再用毛毡布或湿草袋盖好根部，以有效地保护根系而不致使树木干燥受损，影响成活。

装运高度在 2m 以下的土球苗木，可以立放，2m 以上的应斜放，土球向前，树干向后，土球应放稳、垫牢、挤严。车厢板垫草袋或其他软材料，树冠用绳捆扎，错位放置，保证树木不在车厢内滚动。悬挂安全标志。

（二）运输

长距离运输时运输车须有降温喷雾装置，须有专人跟车押运。

各种工序都要保证树木的树冠、根系、土球的完好，避免折断树枝、擦伤树皮和损伤根系。

（三）假植

苗木运输到现场如不能及时栽植则需进行假植。

裸根苗木可以平放在地面覆土或盖湿草，也可放在距栽植地较近的阴凉背风处，事先挖好宽 150~200cm、深 40cm 的假植沟，将苗木码放整齐逐层覆土，将根部掩埋严实；如假植的时间过长，则应适量浇水，保持土壤湿润。

带土球苗木临时假植时应尽量集中，将树木直立，土球垫稳码严，周围用土培好；如假植时间较长，根部土壤应适量喷水，保持土球湿润；枝叶喷雾状水以增加空气湿度。

在假植期还应注意防治病虫害。

第三节　苗木栽植

一、挖种植穴

（一）种植穴规格

根据土球规格、根系情况及土球形状确定栽植穴的形状及规格。栽植穴应比土球直径大 30~50cm，深度超出土球厚度 20~30cm。挖种植穴时应将表层熟土和底层生土分开堆放。

（二）更换客土

如栽植穴中土质差、瓦砾多或含有建筑垃圾等有害物质，应清除瓦砾及建筑垃圾，放大种植穴规格为土球直径的 1.5~2 倍，更换种植土。

（三）挖种植穴方法

根据确定好的种植穴规格和形状，在所定的种植点为中心沿四周向下挖种植穴，种植穴上下口大小一致。种植穴挖好后，可在种植穴内填些表熟土。

二、土壤消毒

种植穴土在栽植前 1~3d 进行消毒，用 75%百菌清可湿性粉剂 800 倍液和 45%丙溴·辛硫磷乳油 1 000 倍液混合后喷淋挖出的穴土，翻动穴土均匀受药。

三、栽植

（一）栽植前修剪

为了减少水分的散发，保证树势平衡，根据不同树种及设计要求确定修剪量。

乔灌木的修剪要保持其自然树形，短截时应保持外低内高。

一般对常绿针叶树及用于植篱的灌木剪去枯病枝、受伤枝。

高大乔木修剪时要注意分枝点的高度。先剪除枯病枝、过密枝、交叉枝、过长枝等无用枝条。生长势较强的落叶乔木可进行强修剪，可保持树冠原形，内膛枝全部剪去，或修剪树冠的 1/2 以上。对于生长较缓慢的树木可剪去内膛枝 1/2，或修剪树冠的 1/3 以上，进行疏枝、疏叶。

（二）栽植

应遵循随起挖、随运输、随栽植的原则。苗木修剪后即栽植，栽植的位置应符合设计要求。

按图纸设计要求，编好坑号，对号入坑。

栽植穴土用栽培基质、生物有机肥与熟土按比例混合均匀。根据苗木原生长方位或按观赏面的方位，将裸根苗木放置（带土球吊装）至栽植穴中间。

栽植裸根木的方法是先填入熟土，放置苗木，将树干扶直填土，在泥土填入一半时将苗木向上提起，使根茎交接处与地面相平，这样树根不易卷曲，然后将土踏实，继续填入种植土，直到与地平或略高于地平为止。

栽植带土球树木时，栽植深度根据苗木的生长习性决定。使坑深与土球高度相符，避免来回搬动土球。填土前要将包扎材料去除，以利根系生长，在栽植坑内将土球与栽植坑之间的缝隙进行填土压实，避免损坏土球。

栽植时可根据需要在土球四周，距离土球表面 30~40cm 处，设 3~6 根弯曲的透气透水管，透气透水管用无纺布进行包裹，通过透水透气管施肥施药。

（三）支撑固定

栽植较大乔木时，为避免因暴风雨倒伏，需对栽植后的植株主干进行支撑固定。

一般用专用支撑架、井字形支撑架、三脚架在树干高度的 1/3~1/2 部位进行加固支撑。支撑架与树干之间垫软垫，支撑架使用 1 年以上或植株扎根成活后可拆除支撑架。

（四）筑围堰

固定好支撑架，为便于浇水沿树穴外围筑 30cm 高的围堰。

四、栽植后养护管理

（一）水肥管理

栽植树木后 24h 内，在围堰内浇透第一遍水，浇水时水宜缓，水流宜小。

浇水要浇透，使泥土充分吸收水分，使树根与穴土紧密结合不留缝隙。水浸透土球后覆土回填至地面平后压实，待种植土手握不散时，再次夯实种植土。根据土壤干湿情况确定第二次、第三次浇水时间。浇好前三遍水，有利于苗木成活。

夏秋多雨季节及时挖沟排水，避免积水。

（二）施肥

1. 施肥次数及要求

早春、秋季施基肥 1~2 次；生长期追施复合肥，追肥次数根据植株长势而定。

施基肥宜使用腐熟的农家肥，新栽苗木不宜施肥，确需施肥宜薄肥勤施。晴天施肥后应及时浇水，保持土壤湿润；雨天施肥应在小雨时进行，大雨需排水防渍。

2. 施肥方法及施肥量

沿种植穴周围挖 30~40cm 的环状沟，在苗木生长期的阴雨天沟施 2~3 次 46%复合肥 25~30kg/667m^2，或穴施 100~200g/穴。或将 46%复合肥按 25~30kg/667m^2 均匀地撒入片林内进行撒施。

秋末冬初，结合封冻水，撒施腐熟的有机肥 2 000~2 500kg/667m^2；以促进植株健壮生长，提高抗病能力。

喷施 0.2%~0.3%的磷酸二氢钾溶液或浓度 1%~2%高氮水溶性肥料于叶面，进行叶面施肥。

(三) 夏季降温

夏季对当年新栽植苗木树干缠绕保湿带，在根部周围敷上 5cm 厚的稻草或草帘，对树干和根部周围喷水保湿。

搭建遮阳棚，在遮阳棚的上方和四周与苗木树冠保持 50~70cm 的距离，遮阳度控制在 50%左右，根据生长状况和气温变化，逐步去除遮阳棚。

(四) 冬季防寒

1. 防寒条件

10 月下旬至 11 月上旬，或最高气温在 10℃左右，最低气温在 5℃左右开始对植株做防寒保暖养护工作。

不耐寒、当年新移植成活、移植时间在 3 年以下、耐寒驯化低于 5 年以及其他需要做防寒处理成活的植株都需做防寒处理。

2. 防寒方法

浇封冻水：在 10:00—15:00 对根部浇灌封冻水，水量以灌水后当天水分能够全部渗入根系分布层为宜。

培土覆膜：浇封冻水后，结合封堰在植株根颈部培土，培土应大于树穴的规格，培土高度高出土堰 30~40cm。在培土上层覆盖地膜或覆盖稻草、草苫等保暖材料。

设置风障：在距新植成活植株树冠 1~3m 处，围一圈挡风板设置风障或搭建防风防寒塑料布。风障高度应高于树冠高度 30~50cm，风障上部可用稻草、塑料薄膜、草苫等覆盖。

树干涂白：用生石灰、石硫合剂、食盐、水按 2：1：0.5：6.5 的比例配制（自配涂白剂应随配随用），或用成品涂白剂、植物防冻保护剂在树干 1.2~1.5m 以下部分，用毛刷或喷雾器对主干涂白，重复刷喷树皮缝。

树干保暖：从树干基部向上密缠高 100~180cm 的加厚保温带、草绳、麻袋片、无纺布、岩棉等防寒材料，极寒天气可包裹到植株的分枝点或主侧枝处。裹干后在树干包裹物的外层厚厚地糊满调制好的黏土泥浆。

3. 解除防寒材料方法

在 3 月下旬或最低气温平均稳定在 8℃以上可解除防寒材料。树干包裹物及黏土泥浆层、培土均需分步进行。

如为一层包裹和黏土泥浆层，先去除黏土泥浆层，3~5d 后再解除包裹物的上部一半，5~7d 后再解除包裹物的另一半。

如为两层包裹物和黏土泥浆层，先除去黏土泥浆层，再除去外层包裹物，过 3~5d 再除去内层包裹物。

设风障的围挡板中午适当放风 7d 左右。放风口在向阳背风处，可由小到大逐渐加大，也可先拆部分挡板，过 5~7d 再全部拆除。

（五）中耕

中耕时间应根据土壤、气候等条件确定。

中耕宜在浇水后的晴天或雨后 2~3d，土壤湿度适宜时进行。中耕松土深度根据植物种类确定，浅根性植物的松土深度宜浅，深根性的植物松土深度宜深。

中耕次数根据土壤的透气性和土壤墒情确定，中耕松土一年内不低于 2 次。

（六）除草

除草需全年进行，除草应遵循“除早、除小、除了”的原则。

春夏季节除草次数每月不低于 2 次。秋冬季节应根据杂草数量及结籽情况确定除草次数，除草应彻底。

（七）清理病死株

病虫害发生严重、损毁严重、枯死植株应及时挖除，倒伏植株及时进行梳理扶正。挖除的枯死株宜及时清理干净，运转到指定地点集中进行处理。

（八）补栽

根据挖除枯死植株数量及时进行补栽，补栽后苗木应重点养护，保证补栽植株成活。

第六篇

河南省常见园林植物每月养护要点

第一节 1月日常养护要点

1 月是全年气温最低的月份，各种园林植物已经进入休眠状态，大部分害虫、病菌也都进入了越冬状态。结合日常管理，1 月加强冬季养护工作，注意树木的防寒。合理疏剪病虫枝，消灭越冬病源和虫源，降低越冬基数，减轻翌年病虫害发生程度。

一、做好园林绿地清洁工作

绿地内的枯枝落叶和杂草是病虫害越冬的重要场所，要加强园林绿地的清洁工作。通过松土和除草、清除枯枝、落叶和杂草，以减少翌年的病虫来源，降低虫口密度，为园林植物的正常生长提供保障。

二、合理疏剪病虫枝

结合冬季修剪，有目的地剪除病虫枝、重叠枝并认真清理树体上的各类越冬虫态，摘除树枝上的虫茧、卵块、虫苞，既可大大减少翌年病虫来源的基数，又可以增强树木的通透性和树势，提高植株对病虫害的抵抗能力。剪下的病虫枝叶及时清理，并对清除的枯枝集中烧毁，以减少翌年病源、虫源的数量。

三、树木防寒措施

一要做好不耐寒植物、新引进植物、当年新移植苗木的防寒工作。全面检查苗木防寒设施是否有破损，如有破损及时补救。

二要进行枝干涂白，不仅能有效地预防冬季植株的冻害，也是防治病虫害及植物生理性病害的有效方法。不仅能提高花木的抗病能力，而且还能破坏病虫害的越冬场所，起到既防冻又杀虫卵的双重作用，特别是对在树皮里越冬的螨类、蚧类抑制作用更为显著。对树木进行涂白保护常用的涂白剂配方为：生石灰 10 份，石硫合剂 5 份，食盐 2 份，水 30 份。连续涂白 2 次，第 1 次深秋至初冬，第 2 次冬末至早春。

四、刮除树皮

病虫大都在树干的粗皮和裂缝中越冬，刮掉粗皮、翘皮、病皮，可起到防治病虫害的良好效果。刮皮深度以粗皮、病皮刮净，露出浅褐色皮层为宜。刮皮时，树下要铺塑料布，用于收集刮下来的树皮，以便带走销毁。

五、喷施石硫合剂

石硫合剂是一种具有杀虫、杀螨和杀菌作用的无机硫制剂农药，冬季喷施 3~5°Bé 石硫合剂，不仅能有效杀灭各种真菌、细菌、病毒、越冬害虫和虫卵，减少翌年或全年病虫基数，而且还能提高树体抗病性，喷施石硫合剂要周到均匀，保护园林植物的安全越冬。

第二节　2—3 月日常养护要点

2—3 月气温逐渐回升，园林植物结束休眠开始萌动，地上部分逐渐开花、展叶。开花乔灌木有迎春、红梅、茶花、海棠、白玉兰、紫玉兰、红叶李等；萌发早和喜湿润的植物有柳树、桂花、香樟、金叶女贞、草坪、红花檵木等；大部分植物地下根部开始快速生长，吸收水分和养分；病虫害开始发生、发展和蔓延。

早春养护重点是浇水、整形修剪、施肥、松土、病虫害防治、植物补栽等工作。

2—3 月是有些园林植物害虫的孵化期，病害的初发期。应将害虫越冬代防治作为 3 月病虫害防治重点之一，应抓住时机，密切观察，做到发现早、防治及时。避免病虫害大面积扩散。

一、水分管理

加强对开花植物、萌发植物的水分管理，确保新芽生长及开花所需的水分供给。做好春旱和倒春寒的养护管理工作，确保植物正常生长需要。

二、整形修剪

植物萌芽前，需要修剪的植物尽量在萌芽前完成修剪。常绿乔木和灌木在新枝萌发前修剪，如香樟、白蜡、复叶槭、悬铃木、桂花、紫薇等。

冬季或初春开花的乔灌木，如梅花、碧桃、红叶李、玉兰类、海棠类适宜在花后 1~2 周进行修剪。

结合整形，着重剪去影响景观的下垂枝、过密枝、徒长枝、病虫枝、枯枝、残花枝，从枝条基部剪除。大树萌芽生长初期，抹去枝干上无用的芽。

灌木在新梢生长 5~10cm 时进行修剪整形。大树去萌蘖应尽早进行，若枝条已木质化可剪除，修剪时避免撕裂树皮或遗留枯桩。

三、中耕施肥

早春植物萌芽前（根系生长旺盛期）、萌芽后及花后新梢生长期，对土壤板结严重的进行中耕松土，确保土壤疏松。结合中耕松土适当施硝酸钙、硫酸铵、尿素等氮肥。

春季开花的植物以及夏季开花的乔灌木施磷酸二氢钾、过磷酸钙等磷钾肥。

施肥前关注天气，最好在下小雨或中雨前进行，避免暴雨前施肥，利用雨水将肥料渗入土层。非雨天施肥后需浇水，避免造成烧根。

四、大树成活检查及植物补栽

全面检查新栽植物的发芽情况，检查未发芽的树木是否缺水或积水、根系是否腐烂、土球下部是否有空洞，已确诊死亡的苗木，要及时更换。全面排查缺株断垄，待 3 月气温回暖时实施补栽。

组织开展义务植树活动。

五、杂草防除

随着气温回升，需加强草坪、灌木、花境、树穴中杂草的清除，特别是恶性杂草和入侵植物的防除，如菟丝子、一枝黄花、莎草、鬼针草等。

六、病虫害防治

2—3 月各地气温差别较大，各年的气候情况也不尽相同，一般情况下，3 月可出现下列病虫害对植物进行为害。

（一）刺吸类害虫

1. 蚜虫类

（1）主要有桃瘤蚜、桃蚜、桃粉蚜、榆绵蚜、竹蚜、棉蚜、白毛蚜、夹竹桃蚜、松大蚜、柏大蚜、乌桕蚜、梨二叉蚜、菊姬长管蚜、蚊母瘿蚜等发生并进行为害。

（2）主要为害柳树、松树、柏树、乌桕、杨树、榆树、红叶李、石榴、碧桃、桃、梨、樱桃、樱花、海棠、紫荆、榆叶梅、木槿、竹类、夹竹桃、石楠、玫瑰、大叶黄杨、火棘、海桐、菊花、牡丹、蚊母等多种园林植物。

（3）多数蚜虫以成蚜或若蚜群集于植物叶背面、嫩梢和花蕾上，用针状刺吸口器吸食植株的汁液，使细胞受到破坏，生长失去平衡，叶片向背面卷曲皱缩，心叶生长受阻，严重时植株停止生长，甚至全株萎蔫枯死。蚜虫为害时排出大量蜜露，滴落在下部叶片上，引起煤污病发生，使叶片生理机能受到障碍。

蚊母瘿蚜是刺吸为害新叶后在虫体四周隆起，逐渐将虫体包埋形成虫瘿，虫瘿继续生长，可至黄豆大小，虫瘿变红，破裂，有翅迁飞蚜迁往第二寄主为害。

（4）防治方法。

①在成片栽植的园地每 50m^2 处悬挂 1 张 20cm×25cm 黄色粘虫板。列植每隔 5 株悬挂 1 张 20cm×25cm 黄色粘虫板，悬挂高度以 1～1. 5m 为宜。根据黄色粘虫板的诱杀情况，及时检查更换。蚜虫发生期，对蚜虫虫口密度大的嫩梢，用高压水枪对准嫩梢反复喷水。

②发生初期，用22.4%螺虫乙酯悬浮剂3 500~4 000倍液，或20%氟啶虫酰胺悬浮剂3 000~5 000倍液，或10%吡虫啉可湿性粉剂1 000~1 500倍液均匀喷雾，每隔5~7d喷施1次，上述药剂交替使用，连续喷施2~3次。

③保护和利用天敌异色瓢虫、东亚小花蝽、草蛉、食蚜蝇等防治蚜虫。

2. 介壳虫类

（1）主要有日本履绵蚧、褐软蜡蚧、桑白蚧、白蜡绵粉蚧、仙人掌白盾蚧（室内）、朝鲜球坚蚧、草履蚧、梨圆盾蚧等发生并进行为害。

（2）主要为害广玉兰、泡桐、楝树、核桃、栗、桑树、槐树、白蜡、重阳木、悬铃木、杨树、柳树、椿树、樟树、棕榈、梨、桃、苹果、杏、李、枣、樱桃、樱花、梅花、珍珠梅、木槿、桂花、枫、无花果、海棠、枇杷、碧桃、丁香、夹竹桃、菊花、月季、山茶、仙人掌等多种园林植物。

（3）介壳虫的成虫、若虫密集枝、干、叶隐蔽处，吸取汁液，分泌蜜露，诱发煤污病，引起植株生长不良，严重时导致植株枯死。

（4）防治方法。

①发生期，人工抹除枝干上的卵、若虫、成虫。

②低龄若虫期，喷施22.4%螺虫乙酯悬浮剂2 500~3 000倍液，或60%烯啶·吡蚜酮水分散粒剂2 000~2 500倍液，或25%吡丙·噻嗪酮悬浮剂1 500倍液。每隔5~7d喷施1次，上述药剂交替使用，连续喷施2~3次。

③保护和利用天敌红色唇瓢虫、软蚧蚜小蜂、黄金蚜小蜂、捕食性螨等抑制介壳虫。

3. 木虱类

（1）主要有梨木虱、梧桐木虱等发生并进行为害。

（2）主要为害梨、梧桐等园林植物。

（3）以成虫和若虫刺吸为害，若虫能分泌出大量蜡絮，遍布枝干和叶片，影响树木的光合作用，每年8—9月蜡絮纷纷飘落犹如“雪雨”，严重污染环境，同时若虫分泌的蜜露还会诱发煤污病。

（4）防治方法。

①冬春季节，剪除带卵枝并清除枯枝落叶，减少虫源。

②发生期可用20%甲氰菊酯乳油2 500~3 000倍液，或10%吡虫啉可湿性粉剂1 200~1 500倍液，或22.4%螺虫乙酯悬浮剂3 000~4 000倍液等药剂进行喷雾防治。

4. 蓟马类

（1）主要有丁香饰棍蓟马、中华管蓟马等发生并进行为害。

（2）主要为害丁香、杏、桃、油桃、李、玫瑰、石竹、菊花等多种园林植物及花卉。

（3）主要为害幼芽、叶片，蓟马以锉吸式口器刮破植物表皮，口针插入组织内吸收汁液。为害严重时嫩芽、心叶呈黄色斑点或呈灰白色，叶片卷曲，或全叶枯黄凋萎，花器被害后，花朵很快凋谢，严重影响园林植物的观赏价值。

（4）防治方法。

①秋、冬季彻底清除寄主植物附近的落叶、杂草，消灭越冬成虫。

②在越冬成虫上树前往树干基部撒施25%甲萘威可湿性粉剂，消灭或防止成虫上树为害。成虫已上树为害可喷施22%噻虫·高氯氟悬浮剂4 000~5 000倍液，或4.5%高效氯氰菊酯乳油1 500~2 000倍液。

5. 叶螨类

（1）主要有柑橘全爪螨、朱砂叶螨、山楂叶螨等发生并进行为害。

（2）主要为害桂花、木槿、桃、山楂、蔷薇、月季、香石竹、菊花、凤仙花、一串红、鸡冠花、蜀葵等多种园林植物及花卉。

（3）害螨多聚集在叶片背面，成虫、若虫用口器刺入叶内吸吮汁液，常造成植物叶绿素受损，影响光合作用。受害叶片常出现灰白色小点或白色斑块，有的造成被害部位细胞增生，使叶片上突起瘿状，或叶片卷曲、皱缩，有的整个叶片枯焦，好像火烤一样，因此又称“火龙虫”。许多害螨还传播植物病毒和真菌病害。螨类害虫种类繁多，园林植物中为害严重的主要有叶螨科和瘿螨科。

（4）防治方法。

①及时清除绿地中的枯草层、病虫枝及杂草，集中烧毁。

②检查叶面叶背，害螨虫口数量大时，使用10%苯丁·哒螨灵乳油1 000倍液+5.7%甲维盐乳油3 000倍液混合后喷雾防治，或10.5%阿维·哒螨灵水乳剂800~1 000倍液，或22%阿维·螺螨酯悬浮剂3 500~4 000倍液，或73%炔螨特乳油2 000~3 000倍液喷雾防治。

③保护和利用释放天敌草蛉、小花蝽、捕食性蜘蛛等进行抑制为害。

6. 蝽类

（1）主要有麻皮蝽发生并进行为害。

（2）主要为害榆树、樟树、合欢、刺槐、构树、悬铃木、梨、苹果、柿、杏、桃、山楂等多种园林植物。

（3）成虫、若虫吸食叶、嫩梢及果实汁液，呈苍白色斑点。常形成“疙瘩”，果面凹凸不平，受害处变硬、味苦或果肉木栓化。

（4）防治方法。

①清除枯枝落叶、杂草等消灭越冬虫卵。利用成虫趋光性设置黑光灯诱杀。还可利用成虫对蓝色、青色、绿色粘虫板有强烈趋性设置诱虫板诱杀。

②发生期，成虫出蛰后初孵若虫群集未分散之前，及时喷施80%烯啶·吡蚜酮水分散粒剂2 500~3 000倍液，或20%吡虫啉乳油2 000~3 000倍液，或22%噻虫·高氯氟悬浮剂4 000~5 000倍液，或50%啶虫脒水分散粒剂12 000~15 000倍液等进行喷施。上述药剂交替使用。根灌22.4%螺虫乙酯悬浮剂1 500~2 000倍液。

③保护和利用天敌沟卵蜂进行抑制为害。

（二）食叶类害虫

1. 草螟类

（1）主要有黄杨绢野螟发生并进行为害。

（2）主要为害大叶黄杨、瓜子黄杨、雀舌黄杨、小叶黄杨、朝鲜黄杨等多种园林植物。

（3）以幼虫食害嫩芽和叶片，常吐丝缀合叶片，于其内取食。受害叶片枯焦，暴发时可将叶片吃光，造成整株枯死，影响园林景观。

（4）防治方法。

①冬季清除枯枝卷叶，将越冬虫茧集中销毁，可有效减少翌年虫源。利用其结巢习性在第一代低龄阶段及时摘除虫巢，化蛹期摘除蛹茧，集中销毁，可大大减轻当年的发生及为害。成虫发生期在植株周围利用成虫的趋光性设置黑光灯进行诱杀。

②在越冬幼虫出蛰期和第1代幼虫低龄阶段，喷施45%丙溴·辛硫磷乳油1 000~1 500倍液，或20%氰戊菊酯乳油2 000~3 000倍液，或90%晶体敌百虫1 000倍液。还可使用一些低毒、无污染农药及生物农药，如阿维菌素等。喷药应彻底，对下部叶片喷施均匀。

③保护和利用天敌寄生性凹眼姬蜂、跳小蜂、白僵菌、寄生蝇等进行抑制为害。

2. 袋蛾类

（1）主要有白囊袋蛾、小蓑蛾、茶蓑蛾、大蓑蛾等发生并进行为害。

（2）主要为害悬铃木、柳树、杨树、槐树、重阳木、枫杨、榆树、广玉兰、樟树、柏类、水杉、雪松、含笑、梨树、杏树、苹果、桃、石榴、柿、枣、李、紫薇、桂花、三角枫、紫荆、樱花、海棠、梅、女贞、山茶、绣线菊、月季、南天竹、牡丹、芍药、蔷薇、唐菖蒲、美人蕉、栀子花、杜鹃花、石楠、葡萄等多种园林植物。

（3）以老熟幼虫在囊内越冬，越冬结束，幼虫在囊袋内将头胸伸出负囊爬行，为害叶片、嫩梢、枝皮及果实。低龄幼虫啮食叶肉残留叶面或叶背表皮成透明斑点，3龄后食害叶成缺刻和孔洞，严重时常将叶片吃光。

（4）防治方法。

①发现虫囊并及时摘除，集中烧毁。设置黑光灯诱杀成虫。

②在幼虫低龄盛期喷施90%晶体敌百虫800~1 000倍液，或50%辛硫磷乳油1 000~1 500倍液。

③保护和利用天敌寄生蜂进行抑制为害。

3. 夜蛾类

（1）主要有银纹夜蛾发生并进行为害。

（2）主要为害槐、海棠、菊花、竹类、石竹、美人蕉、大丽花、一串红等多种园林植物和花卉。

（3）以幼虫食害叶片，造成叶片缺刻和孔洞，发生严重时将叶片食尽。

（4）防治方法。

①在成虫发生期，利用黑光灯诱杀成虫。冬季清除枯枝落叶和地面杂草，翻锄树干周围土层，挖掘越冬蛹。

②在树干周围地面用3%辛硫磷颗粒剂8~10g/m^2，拌细土2~3kg，均匀撒施地面，可毒杀在土中越冬的蛹。掌握成虫羽化前对地面（树干周围土表面）喷施50%辛硫磷乳油1 000倍液。幼虫3龄前可用25%灭幼脲Ⅲ号悬浮剂2 000~2 500倍液，也可

用20%氰戊菊酯乳油800~1 000倍液，或90%晶体敌百虫800~1 000倍液等药剂进行防治。

③幼虫3龄前选用生物或仿生农药，施用1.2%苦参碱乳油1 000~2 000倍液。

4. 毒蛾类

（1）主要有乌桕黄毒蛾、侧柏毒蛾、角斑古毒蛾、肾毒蛾等发生并进行为害。

（2）主要为害乌桕、悬铃木、槐树、榆、泡桐、榉树、杨、柳、栎、桑、樟树、枫香、侧柏、圆柏、马尾松、桃、梨树、李、柿树、梅、山楂、枇杷、海棠、紫藤、月季、荷花等多种园林植物。

（3）以幼虫蚕食叶片。初孵幼虫群集在寄主叶片背面，食害叶片，形成孔洞、缺刻；幼虫稍大后分散取食，使叶片穿孔或仅留网状叶脉，也可将叶片全部蚕食。幼虫老熟后在叶背吐丝结稀疏的薄茧化蛹。幼虫体外长毛均有毒，能引起人体皮炎、斑疹、痛痒。

（4）防治方法。

①秋季、冬季或早春季节进行人工挖蛹，以消灭虫源。可利用成虫的趋光性，设置黑光灯诱杀成虫。

②发生期，可用100mg/L联苯菊酯乳油3 000~3 500倍液，或20%氰戊菊酯乳油1 000~2 000倍液，或90%晶体敌百虫1 000倍液喷雾防治。

5. 斑蛾类

（1）主要有梨叶斑蛾、大叶黄杨长毛斑蛾发生并进行为害。

（2）主要为害榆树、海棠、梨、苹果、大叶黄杨、卫矛、扶芳藤等多种园林植物。

（3）初孵幼虫群集在嫩梢上取食，常造成连片枝叶卷缩枯萎，3龄后进入暴食期，常将叶片全部蚕食，仅残留叶柄，幼虫食量不足时，还可转移为害。

（4）防治方法。

①对幼虫在树皮越冬的树干涂白。结合修剪剪除有卵枝梢和有虫枝叶。冬季清除园内枯枝落叶消灭越冬虫茧。利用趋光性灯光诱杀成虫。用糖醋液（糖：酒：水：醋=2：1：2：2加少量敌百虫）诱杀。

②幼虫为害期可喷施45%丙溴·辛硫磷乳油1 000~1 500倍液，或20%甲维·茚虫威悬浮剂1 500倍液，或100g/L联苯菊酯乳油2 000~3 000倍液等药剂进行防治。

③保护和利用天敌捕食性钩红螯蛛，寄生性驼姬蜂等抑制为害。

6. 灯蛾类

（1）主要有八点灰灯蛾发生并进行为害。

（2）为害桑、柳等园林植物。

（3）幼虫取食为害叶片、花、果实。初龄幼虫群集为害，3龄以后分散，可将叶片吃成缺刻，严重时食尽叶片。

（4）防治方法。

①卵盛期或幼虫初孵期及时摘除，集中消灭。蛹期可人工挖蛹，降低越冬基数。成虫期用黑光灯诱杀。

②幼虫发生期，喷施90%晶体敌百虫1 000倍液，或45%丙溴·辛硫磷乳油1 000~1 500倍液。

③在卵盛期或幼虫初孵期喷施 0.2%苦皮藤素乳油 1 000~1 500 倍液，或 8 000IU/mg Bt 悬浮剂 300~400 倍液。

7. 舟蛾类

（1）主要有竹箆舟蛾、杨扇舟蛾发生并进行为害。

（2）主要为害竹类、杨、柳等园林植物。

（3）初孵幼虫群集为害，幼虫啃食叶肉，仅留下表皮和叶脉呈网状，幼虫长大后多分散为害，老熟幼虫食尽叶片和叶脉仅留下叶柄。

（4）防治方法。

①幼虫群聚为害时摘除为害叶，冬春季结合翻耕，消灭越冬蛹。成虫有趋光性，使用黑光灯诱杀。

②幼虫初发期，喷施 45%丙溴·辛硫磷乳油 1 000~1 500 倍液，或 20%甲维·茚虫威悬浮剂 5 000~6 000 倍液。

8. 卷蛾类

（1）主要有棉褐带卷蛾发生并进行为害。

（2）主要为害银杏、悬铃木、水杉、杨、柳、刺槐、梨、桃、李、苹果、樱桃、杏、山楂、石榴、蔷薇、梅花、菊花、海桐、紫薇、海棠、榆叶梅、金丝桃等多种园林植物。

（3）以幼虫为害细芽、叶片、花和果实，并吐丝缀连，致使幼芽、嫩叶不能伸展，叶片常缀连成团或两叶叠置，幼虫潜伏其中蚕食。坐果后常将叶片用丝网粘贴在果面上，啃食果皮、果肉，形成不规则的小坑洼，被害严重时坑洼连片。为害水杉时，幼虫缀叶成苞，虫苞叶片被食残缺枯死后，则转苞为害。

（4）防治方法。

①设置黑光灯诱杀成虫。

②幼虫发生期，用 20%虫酰肼悬浮剂 1 500~2 000 倍液，或 20%氰戊菊酯乳油 2 000~3 000 倍液喷雾防治。

③保护和利用天敌赤眼蜂、姬蜂、肿腿蜂、茧蜂、绒茧蜂等抑制为害。

9. 蝶类

（1）主要有柳闪紫蛱蝶、合欢黄粉蝶、黑脉蛱蝶、大红蛱蝶等发生并进行为害。

（2）主要为害柳树、合欢、朴树、榆树、榉树、菊花、绣线菊、一串红等多种园林植物。

（3）以幼虫食害顶端嫩叶片，造成叶片缺刻和孔洞，发生严重时将叶片食尽。

（4）防治方法。

①成虫发生期可用捕虫网捕捉。摘除有虫叶和虫蛹。

②幼虫期喷施 20%甲维·茚虫威 5 000~6 000 倍液，或 100g/L 联苯菊酯乳油 2 000~3 000 倍液。

③喷施孢子 100 亿/mL 以上的青虫菌可湿性粉剂 400~600 倍液，可加茶枯饼提高防效。或收集患病型多角体病毒的虫尸，经捣碎稀释后，进行防治。

（三）蛀干、果、花、茎类害虫

1. 天牛类

（1）主要有星天牛、红缘天牛、杉棕天牛、青杨天牛、梨眼天牛发生并进行为害。

（2）主要为害杨、柳、榆树、榔榆、槐树、苦楝、合欢、悬铃木、桑树、复叶槭、白蜡、香椿、松树、柏树、杉木、柳杉、核桃、枣、梨、苹果、桃、李、杏、梅、无花果、枇杷、樱花、海棠、紫薇、丁香、大叶黄杨等多种园林植物。

（3）受害株有木屑排出。天牛主要以幼虫蛀食，生活时间最长，对树干为害最严重。当卵孵化出幼虫后，初龄幼虫即蛀入树干，最初在树皮下取食，待龄期增长后，即钻入木质部为害，有的种类仅停留在树皮下生活，不蛀入木质部。幼虫在树干内活动，蛀食隧道的形状和长短随种类而异。

（4）防治方法。

①春季检查枝干，一旦发现枝干有红褐色锯末状虫粪，即用锋利的利器刺杀在木质部中的幼虫。灯光诱杀或糖醋诱杀。

②幼虫孵化期，在树干上喷施40%啶虫·毒死蜱乳油1 000~1 500倍液，或用50%辛硫磷乳油2 000~3 000倍液毒杀卵和孵化幼虫。幼虫为害期，找新鲜虫孔，清理木屑，用注射器注入80%敌敌畏乳油50倍液，或按每1cm胸径注入3%啶虫脒乳油5倍液0.8~1mL进行注干防治，或塞入磷化铝片剂，使药剂进入孔道，施药后可用胶泥封住虫孔，或用3.2%甲维·啶虫脒微乳剂插瓶插于清理干净的新鲜排粪孔，毒杀其中幼虫。成虫为害期，成虫补充营养，啃食枝条上的树皮，可往树干、树冠上喷施2%噻虫啉微囊悬浮剂1 000~2 000倍液喷雾防治。

③保护和利用天敌管氏肿腿蜂、花绒寄甲、红头茧蜂、白腹茧蜂、柄腹茧蜂、跳小蜂等抑制为害。

2. 木蠹蛾类

（1）主要有小线角木蠹蛾、六星黑点蠹蛾等发生并进行为害。

（2）主要为害杨树、柳树、榆树、栾树、槐树、白蜡、板栗、乌桕、银杏、白玉兰、麻栎、香椿、水杉、核桃、枫杨、悬铃木、苹果、梨树、桃、李、山楂、榆叶梅、丁香、海棠、樱花、紫薇、五角枫、黄刺玫等多种园林植物。

（3）3月幼虫开始活动，幼虫成群蛀入树皮至木质部为害，从树皮缝处排出细碎黄褐色木屑和虫粪。受害部位常在树上蛀成空洞，造成整枝、整株枯死。与天牛为害状有明显不同（天牛1蛀道1虫），木蠹蛾蛀道相通，蛀孔外面用丝连接球形虫粪。

（4）防治方法。

①杀虫灯或黑光灯诱杀成虫。

②幼虫为害期，往排出新粪的孔口内注射80%敌敌畏乳油50倍液，或4.5%高效氯氰菊酯乳油原液。

③保护和利用天敌姬蜂、寄生蝇、啄木鸟等抑制为害。

3. 吉丁虫类

（1）主要有柳窄吉丁、合欢窄吉丁、金缘吉丁虫、六星吉丁虫、日本松脊吉丁、四黄斑吉丁虫等发生并进行为害。

（2）主要为害柳、刺槐、合欢、松、悬铃木、重阳木、五角枫、枇杷、桃、梅、梨、海棠、苹果、樱桃、杏、山楂、枣、樱花等多种园林植物。

（3）以幼虫在树干木质部与韧皮部之间钻蛀为害为主。多数蛀食枝干，也有少数潜食树叶内。严重时能使树皮爆裂，所以有“爆皮虫”之称。受害树木第 1 年的典型为害症状是树势衰败；第 2 年，枝叶稀疏，主干出现裂缝；第 3 年，可在木质部与韧皮部之间看到填满幼虫粪便的“S”形蛀道，且常在主干基部发生萌蘖。幼树、大树均可为害。

（4）防治方法。

①在成虫补充营养、产卵期进行人工捕捉，并清理死树、枯枝，及时烧毁，减少虫源。

②刮除初孵幼虫，根据被害处有流胶溢出，可用小刀刮除或横向划 2~3 刀，可减少幼虫基数。

③成虫羽化初期，可往树冠、树干上喷施 90%晶体敌百虫 1 000~1 200 倍液，或 50%吡虫・杀虫单水分散粒剂 600~800 倍液。

4. 茎蜂类

（1）主要有月季茎蜂发生并进行为害。

（2）主要为害月季、蔷薇、玫瑰、黄刺玫等园林植物。

（3）以幼虫在被害枝干内越冬，以初孵幼虫蛀入嫩茎后使嫩茎萎蔫，倒折。翌年 3 月下旬开始活动，从枝条钻出转蛀新枝。先在木质部与韧皮部之间环食 1 周，再沿髓部向上蛀食，隔一定距离咬 1 个圆形排粪孔，排出长圆形粪便，被害枝叶枯萎折断。

（4）防治方法。

①结合冬季修剪，剪除有褐色斑点的枝条，集中销毁，减少越冬幼虫的数量。

②掌握成虫羽化高峰期至幼虫孵化期，可喷施 45%丙溴・辛硫磷乳油 1 000~1 500 倍液，或 25%吡蚜酮可湿性粉剂 1 500~2 000 倍液。

③保护和利用天敌寄生蜂等抑制为害。

（四）地下害虫

1. 蝼蛄类

（1）主要有中华蝼蛄、华北蝼蛄等发生并进行为害。

（2）为害杨、柳、松、柏、海棠、悬铃木、雪松、香石竹、鸢尾等幼苗根部。

（3）成虫、若虫在土中挖掘隧道，咬断苗木根茎，食害种子，造成大片苗木死亡。

（4）防治方法。

①冬春深翻园地，适时中耕，清除园圃杂草，施用充分腐熟的堆肥、厩肥、饼肥等措施来破坏蝼蛄产卵场所。灯光诱杀成虫。

②在土壤中接种白僵菌，使蝼蛄感染白僵菌逐渐死亡。

③发现圃园有受害植株，可用 50%辛硫磷乳剂 1 000~1 500 倍液进行浇灌根部，毒杀成虫、若虫。用 5%辛硫磷颗粒拌炒香的麦麸、谷壳、豆饼制成毒饼，于傍晚撒在苗床上或根际周围进行毒杀。

2. 蛴螬

（1）蛴螬是各种金龟子的幼虫，别名白土蚕。成虫通称为金龟甲或金龟子。

（2）为害多种植物园林植物和花卉。按其食性可分为植食性、粪食性、腐食性3类。其中植食性蛴螬食性广泛，为害多种农作物、经济作物和花卉苗木，喜食刚播种的种子、根、块茎以及幼苗，是世界性的地下害虫，为害很大。

（3）防治方法。

①可设置黑光灯诱杀成虫。

②幼虫（蛴螬）期用40%毒·辛乳油1 000~1 200倍液灌根防治，或15%毒·辛颗粒剂，撒到地面翻入蛴螬活动的土层中。成虫期可用45%丙溴·辛硫磷乳油1 000~1 500倍液，或90%晶体敌百虫1 000倍液，进行喷雾防治。

③保护和利用天敌茶色食虫虻、白僵菌等抑制为害。

3. 沟金针虫

（1）为害麦冬、菊花等多种园林植物。

（2）以幼虫钻入植株根部及基部的近地面部分为害，蛀食地下嫩基及髓部，使植株幼苗地上部分叶片变黄、枯萎。

（3）防治方法。

①种植前深耕多耙，及时深翻，以利于天敌取食及机械铲除幼虫和蛹；夏季翻耕暴晒，冬季翻耕冷冻，能消灭部分虫蛹。

②用40%毒·辛乳油1 000~1 200倍液灌根处理，或15%毒·辛颗粒剂撒到地面翻入沟金针虫活动的土层中。

（五）病害

1. 白粉病

（1）主要有大叶黄杨白粉病、月季白粉病、竹节蓼白粉病侵染并进行为害。

（2）主要为害大叶黄杨、月季、虞美人、海棠、牡丹、飞燕草、大丽花、景天等多种园林植物。

（3）白粉病发生在叶、嫩茎、花柄、花蕾、花瓣等部位，初期为黄绿色不规则小斑，边缘不明显。随后病斑不断扩大，表面生出白粉斑，最后受害处长出无数黑点。染病部位变成灰色，连片覆盖其表面，边缘不清晰，呈污白色或淡灰白色。受害严重时叶片皱缩变小，嫩梢扭曲畸形，花芽不开。

（4）防治方法。

①冬春可喷施3~5°Bé石硫合剂，发芽期喷施0.5~1°Bé石硫合剂。

②发病初期，在受害叶面均匀喷施12.5%烯唑醇可湿性粉剂2 000~ 2 500倍液，或45%戊唑·咪鲜胺水乳剂1 000倍液，或30%苯甲·嘧菌酯悬浮剂1 500倍液。每隔10~15d喷施1次，上述药剂交替使用，连续喷施3~4次。

2. 炭疽病

（1）主要有深山含笑炭疽病、棕李炭疽病、芍药炭疽病侵染并进行为害。

（2）主要为害深山含笑、碧桃、桃、李、杏、樱桃、芍药等多种园林植物。

（3）该病菌为害叶片、枝梢、果实，在整个生长期都可为害。叶片受害后，病斑呈灰白色或灰绿色近圆形病斑，病斑周围暗紫褐色，后期病斑中部产生黑色小粒点，略呈同心轮纹排列，叶片病健交界明显。新梢被害后病梢多向一侧弯曲，病梢上的叶片萎蔫下垂，叶片纵卷呈筒状。受害幼苗呈热水烫伤状，枯萎死亡。主要为害叶片，病斑多发生在叶背、叶面。

（4）防治方法。

①消灭越冬菌源，结合冬季整枝修剪，彻底清除树上的枯枝、僵果、落果，集中销毁，以减少越冬病源。芽萌动至开花前后及时剪除陆续出现的卷叶、病梢及病果，防止病部产生的孢子进行再次侵染。园地注意排水，通风透光，降低湿度，增施磷钾肥料，提高植株抗病能力。

②芽萌动期，喷施 1：1：100 波尔多液，或喷施 3～4°Bé 石硫合剂，落花后喷施 70%甲基硫菌灵可湿性粉剂 800～1 000倍液，或 80%炭疽福美可湿性粉剂 500～800 倍液，每隔 10d 喷药 1 次，连续喷施 3～4 次。

3. 腐烂病

（1）主要有槐树腐烂病、海棠腐烂病侵染并进行为害。

（2）主要为害槐树、海棠等园林植物。

（3）主要为害干、枝的树皮，以衰弱树和老树受害最重，严重时多处树皮腐烂，当烂皮不环绕树干、树枝时，上部枝枯叶黄，导致整株死亡。

（4）防治方法。

①剪除枯枝、僵果，集中烧毁或撒石灰深埋，彻底消灭病原菌。3 月初用涂白剂进行涂白。

②在开花前后，喷施 1：1：（150～200）倍液的波尔多液 2～3 次，保护花蕾和新梢。

③用 50%多菌灵可湿性粉剂 300 倍液，或 40%春雷·噻唑锌悬浮剂 50 倍液，或 50%甲基硫菌灵可湿性粉剂 500～600 倍液，用 1.8%辛菌胺醋酸盐可湿性粉剂 300 倍液，或 3%甲霜·噁霉灵 100～200 倍液对发病部位进行涂抹。首先用消毒后的刀片切除病斑或刮疤，再将以上药剂根据要求的倍数进行稀释，对已发病部位进行涂抹，涂抹后用塑料薄膜进行包裹。10d 后进行第 2 次涂抹。如气温升高，及时去除塑料薄膜。也可对发病树体进行全面喷雾，使树干充分着药，以不滴药为宜，10d 后再重复一次。

第三节　4月日常养护要点

4 月气温回升快，平均气温在 20℃左右，园林植物开始生长，部分开花植物陆续开放，重点做好病虫草害防治、大树补植等工作。园林植物养护的主要工作是浇水、灌木整形修剪、施肥、松土、病虫害防治，以及缺株断垄植物的补植补栽等工作。

一、准备工作

做好病虫害的监管工作，充足肥料、药品等农用物资。

做好园林机械工具的检查和维修，确保工作正常开展。

做好抗旱设备的普查工作，同时备足相关的机器设备，为夏季抗旱做好准备。

做好一线园林工人的管理工作，春季是园林养护最忙碌的季节，同时也是安全事故高发的季节，需做好相关的安全生产培训工作。

二、水分管理

加强对开花植物、萌发植物的水分管理，确保新芽生长及开花所需的水分供给。在雨量较少时，应加强植物的水分管理；雨季注意低洼、积水区域的排水。

三、整形修剪

开花乔灌木（碧桃、红梅、红叶李、樱花、玉兰类、海棠等）在花落 1~2 周进行花后修剪。

乔木萌芽生长初期，抹去枝干上无用的萌蘖芽；大树去萌蘖芽应尽早进行。若枝条已木质化可剪去，防止撕裂树皮或遗留枯桩。

结合修剪整形，剪去影响景观的下垂枝、过密枝、徒长枝、枯枝、残花枝，从枝条基部剪除，避免留桩。

整形灌木在新梢生长 10~15cm 时进行修剪。

四、中耕施肥

对土壤板结严重的圃园进行松土，并撒施腐熟有机肥2 000~2 500kg/667m^2；改善土壤环境，确保土壤疏松不积水。

春季植物萌芽前后及开花后，应施复合肥、氮肥（硫酸铵、尿素等）。施肥适宜在下雨前进行，利用雨水将肥料渗入地面。晴天施肥后及时浇水，避免造成烧根。复合肥的施用量根据植物的规格和肥料种类确定，在生长期撒施、沟施2~3次46%复合肥25~30kg/667m^2，或穴施70~200g/穴。

春、夏季开花的乔灌木施磷钾肥（磷酸二氢钾、过磷酸钙）。

五、检查、排查及补栽

全面检查新栽植物的发芽情况，检查未发芽的树木是否缺水或积水、根系是否腐烂、土球下部是否有空洞，应及时更换枯死株。

全面清理黄土裸露的地块，气温适宜时实施补植补栽。

六、除杂草

及时清除绿地、树穴内的杂草。清除树上的藤蔓植物。除杂草应掌握有利时机，适宜在其开花结实前全面清除，避免杂草再繁育。

七、防风

对新栽植1~3年的乔木做好树木支撑加固；对抗风力弱的广玉兰、桂花、樱花、重阳木、雪松、柳树等园林植物，风雨后加强检查，对倒伏的树木及时扶正，对断枝的树木进行修剪，直径大于2cm的枝条修剪后涂抹愈伤涂膜剂。

八、病虫害防治

4月继续防治3月出现没有得到控制的病虫害外，又有下列病虫害发生并进行为害。

（一）刺吸类害虫

1. 蚜虫类

（1）主要有栗大蚜、月季长管蚜、莲缢管蚜、栾多态毛蚜、秋四脉绵蚜等发生并进行为害。

（2）主要为害板栗、麻栎、榆树、榔榆、黄山栾、紫叶李、桃、樱花、榆叶梅、紫薇、月季、蔷薇、睡莲、荷花、慈姑等多种园林植物。

（3）为害症状及防治方法参见2—3月病虫害防治中蚜虫类相关内容。

2. 介壳虫类

（1）主要有吹绵蚧、糠片盾蚧、梨圆蚧、桑白盾蚧、柿树白毡蚧、矢尖盾蚧等发生并进行为害。

（2）主要为害白蜡、香樟、黄山栾、银杏、国槐、朴树、棕榈、玉兰、含笑、枫、枇杷、桃、杏、石榴、柿树、李、梨、丁香、樱花、梅花、碧桃、桂花、紫薇、木槿、无花果、夹竹桃、海桐、牡丹、芍药、玫瑰、月季、蔷薇、山茶、菊花、小叶女贞、小叶黄杨、卫矛、常春藤、葡萄等多种园林植物。

（3）为害症状及防治方法参见2—3月病虫害防治中介壳虫类相关内容。

3. 叶螨类

（1）主要有杨始叶螨、柏小爪螨、松叶螨、红花酢浆草如叶螨、国槐截形叶螨等发生并进行为害。

（2）为害杨、柳、国槐、柏树、黑松、油松、桂花、桃、大叶黄杨、月季、红花酢浆草等多种园林植物。

（3）为害症状及防治方法参见2—3月病虫害防治中叶螨类相关内容。

4. 粉虱类

（1）主要有黑刺粉虱、柑橘粉虱、温室粉虱等发生并进行为害。

（2）主要为害樟树、桂花、碧桃、石榴、丁香、女贞、梅、樱桃、玫瑰、蔷薇、红叶石楠、月季、牡丹、栀子花、常春藤、一串红、瓜叶菊、杜鹃花、大丽花、万寿菊等多种园林植物。

（3）以成虫、若虫吸食寄主植物及温室花卉的嫩叶汁液，被害叶片褪绿、变黄、萎蔫；粉虱分泌蜜露，堆积于果、叶上引起煤污病，影响光合呼吸作用，导致叶片萎蔫变黄，甚至全株死亡。

（4）防治方法。

①加强中耕除草等日常养护管理，剪除虫害枝、衰弱枝、徒长枝，以改善植株的通风透光条件，增施有机肥，增强树势。

②发生期可喷施80%烯啶·吡蚜酮水分散粒剂2 500~3 000倍液，或12%噻虫·高氯氟悬浮剂2 000~2 500倍液，或4.5%高效氯氰菊酯乳油1 500~2 000倍液，或20%氰戊菊酯乳油2 000~3 000倍液进行防治，上述药剂交替均匀喷雾。

5. 网蝽类

（1）主要有樟脊冠网蝽、梨冠网蝽、方翅网蝽、膜肩网蝽等发生并进行为害。

（2）主要为害悬铃木、白蜡、构树、樟树、杨、柳、桃、梨、苹果、梅花、樱花、海棠、月季、杜鹃花等多种园林植物。

（3）成虫和若虫群栖于叶背刺吸汁液，被害叶表面呈现出苍白色斑点。叶片背面因所排泄的褐色粪便和产卵时留下的蝇粪状黑点，导致叶背为锈黄色，并诱发煤污病发生。严重时，叶片枯黄脱落，不再形成花芽，影响树势。

（4）防治方法。

①清除病虫叶，集中烧毁。利用成虫于树皮及树皮缝隙越冬的特点，早春人工刮树

皮，清除树皮及树皮缝内越冬的成虫，对树干基部进行涂白，杀灭越冬成虫，减少虫源。

②成虫、若虫发生期，可喷施50%啶虫脒水分散粒剂2 000~3 000倍液，或80%烯啶·吡蚜酮水分散粒剂2 500~3 000倍液，或22%噻虫·高氯氟悬浮剂4 000倍液进行防治。7~10d喷施1次，连续喷药2~3次。注意轮换用药。

③保护和利用天敌瓢虫、草蛉、食蚜蝇等抑制为害。

6. 木虱类

（1）主要有梨木虱、樟木虱、桑木虱、槐豆木虱等发生并进行为害。

（2）为害梨、桑树、石楠、侧柏、圆柏、槐树、梧桐、樟树等多种园林植物。

（3）为害症状及防治方法参见2—3月病虫害防治中木虱类相关内容。

7. 叶蝉类

（1）主要有大青叶蝉、棉叶蝉、二星叶蝉、苦楝斑叶蝉等发生并进行为害。

（2）主要为害梧桐、扁柏、圆柏、苦楝、杨、柳、刺槐、核桃、梨、山楂、木槿、丁香、海棠、梅、樱花、樱桃、芍药、葡萄、杜鹃花、月季、蜀葵、美人蕉等多种园林植物。

（3）成虫和若虫刺吸植物汁液，受害叶片呈现小白斑点。影响生长，而且能传播病毒病。

（4）防治方法。

①结合修剪，剪除被害有产卵伤痕的枝条。黑光灯诱杀成虫。清晨露水未干前，用网捕成虫、若虫。

②发生期可喷施50%啶虫脒水分散粒剂12 000~15 000倍液，或22%噻虫·高氯氟悬浮剂4 000~5 000倍液进行防治。

③保护和利用天敌蜘蛛、卵寄生蜂等进行抑制为害。

8. 蝽类

（1）主要有茶翅蝽、绿盲蝽等发生并进行为害。

（2）主要为害榆树、樟树、葡萄、梨、苹果、桃、李、柿、樱桃、山楂、木槿、无花果、石榴、丁香、月季、紫薇、海棠、杞柳、大丽花、翠菊、一串红、山茶等多种园林植物。

（3）成虫、若虫吸食叶片、嫩梢和果实的汁液，被害的嫩叶出现黑斑孔洞。正在生长果实，被害后出现凹凸不平的畸形果，质硬味苦；近成熟果被害后，果肉变空木栓化。桃果被害后流胶，果肉下陷成僵果，受害严重时脱落，影响产量和观赏。

（4）防治方法参见2—3月病虫害中蝽类防治方法。

（二）食叶类害虫

1. 夜蛾类

（1）主要有栗皮夜蛾、黏虫、斜纹夜蛾等发生并进行为害。

（2）主要为害板栗、橡树、木槿、冷季型草坪、荷花、睡莲、香石竹、菊花、瓜叶菊、大丽花、月季等多种园林植物。

（3）为害症状及防治方法参见2—3月病虫害防治中夜蛾类相关内容。

2. 斑蛾类

（1）主要有重阳木锦斑蛾发生并进行为害。

（2）为害重阳木。

（3）为害症状及防治方法参见2—3月病虫害防治中斑蛾类相关内容。

3. 草螟类

（1）主要有桃蠹螟、杨大缀叶螟、竹绒野螟、竹织叶野螟、瓜绢野螟、核桃缀叶螟、樟叶瘤丛螟、棉大卷叶螟发生并进行为害。

（2）为害黄连木、香樟、松树、枫杨、杨、柳、黄栌、枫香、核桃、楸树、李、石榴、枇杷、桃、苹果、山楂、柿树、三角枫、木槿、大叶黄杨、大丽花、竹类等多种园林植物。

（3）为害症状及防治方法参见2—3月病虫害防治中草螟类相关内容。

4. 尺蛾类

（1）主要有棉大造桥虫、桑刺尺蛾、枣尺蛾、春尺蛾、刺槐尺蛾等发生并进行为害。

（2）主要为害国槐、黄山栾、杨、柳、刺槐、桑、臭椿、白蜡、榆、栎、栗、元宝枫、海棠、丁香、梨、枣、苹果、月季、蔷薇、菊花、一串红、萱草等多种园林植物。

（3）幼龄虫食害叶片、花蕾、花瓣，造成植株残缺不全。大发生时，短期内可以把整株大树叶片食光。

（4）防治方法。

①采摘卵块，突然振荡树枝，使幼虫受惊下垂，振落后捕杀幼虫、挖蛹集中消灭；减少下一代虫口密度。可利用成虫具较强趋光性设置黑光灯诱杀。

②对3龄前幼虫，应抓住最佳时期喷施25%灭幼脲Ⅲ号1 500~2 500倍液，或90%晶体敌百虫1 000倍液进行防治。

③保护和利用天敌麻雀、土蜂等抑制为害。

5. 舟蛾类

（1）主要有杨扇舟蛾、杨小舟蛾发生并进行为害。

（2）为害杨树、柳树等多种园林植物。

（3）为害症状及防治方法参见2—3月病虫害防治中舟蛾类相关内容。

6. 毒蛾类

（1）主要有折带黄毒蛾、榆毒蛾、柳毒蛾、舞毒蛾、茶毒蛾、栎毒蛾、杨雪毒蛾等发生并进行为害。

（2）主要为害榆树、柳树、杨树、刺槐、松、侧柏属、乌桕、枇杷、白蜡树、栎、板栗、樱桃、梨树、苹果、桃树、李树、柿树、枇杷、石榴、梅、海棠、丁香、蔷薇、山茶、金丝桃、月季、玫瑰、红瑞木、紫藤、卫矛等多种园林植物。

（3）为害症状及防治方法参见2—3月病虫害防治中毒蛾类相关内容。

7. 天蛾类

（1）主要有蓝目天蛾、雀纹双线天蛾、绒星天蛾、霜天蛾等发生并进行为害。

（2）主要为害杨、柳、泡桐、悬铃木、楸树、楝树、白蜡树、梅花、樱花、海棠、苹果、桃、樱桃、桂花、丁香、葡萄、爬山虎、绣球、连翘等多种园林植物。

（3）幼虫取食新梢叶片及嫩茎。初孵幼虫取食叶背表皮及少量叶肉，2 龄开始取食叶缘，咬成小缺刻，随着虫龄的增加，从叶尖开始向基部取食，可将整叶吃光，对小苗和成年树均造成为害。

（4）防治方法。

①成虫盛发期，利用成虫的趋光性，设置黑光灯诱杀成虫。利用幼虫受惊后容易掉落的习性，人工振落而捕捉。

②在幼虫发生期，可使用 25%灭幼脲Ⅲ号悬浮剂 1 500~2 000 倍液，或 45%丙溴·辛硫磷乳油 1 000~1 500 倍液，或 20%氰戊菊酯乳油 2 000~3 000 倍液进行防治。

③保护和利用天敌小茧蜂、茧蜂、绒茧蜂、黑卵蜂、胡蜂、鸟类等进行抑制危害。

8. 灯蛾类

（1）主要有人纹污灯蛾发生并进行为害。

（2）主要为害木槿、芍药、鸢尾、萱草、菊花、月季等多种园林植物。

（3）为害症状及防治方法参见 2—3 月病虫害防治中灯蛾类相关内容。

9. 卷蛾类

（1）主要有杨柳小卷蛾、苹褐卷蛾发生并进行为害。

（2）主要为害杨、柳、榆树、桑、悬铃木、槐树、银杏、栎、苹果、梨、桃、杏、樱桃、火棘、小叶女贞、绣线菊等多种园林植物。

（3）为害症状及防治方法参见 2—3 月病虫害防治中卷蛾类相关内容。

10. 枯叶蛾类

（1）主要有天幕毛虫发生并进行为害。

（2）主要为害杨、柳、榆树、核桃、栎、落叶松、梅、桃、李、杏、梨、海棠、樱桃等多种园林植物。

（3）幼虫食害嫩芽、新叶及叶片，并吐丝结网张幕，幼虫群居天幕上，幼虫老熟分散危害，随着虫龄增大，食量也逐渐加大，发生严重时，树叶全被吃光。

（4）防治方法。

①加强园林养护管理，剪除在枝梢上越冬的卵环。发现幼虫群集天幕为害时，应及时灭除，后期幼虫分散为害，并有假死性，可以摇树振落捕杀，予以消灭。

②虫口密度大时，可喷施 50%辛硫磷乳液 1 000 倍液，或晶体敌百虫 800~1 000倍液进行防治。

③保护和利用天敌寄蝇和姬蜂抑制为害。收集利用致病毒核型多角体病毒的天幕毛虫虫尸，经捣烂加水后喷施，让其扩大感染，控制其为害。

11. 叶甲、泡甲类

（1）主要有泡桐叶甲、褐足角胸叶甲、榆毛胸萤叶甲、葡萄十星叶甲、柳蓝叶甲等发生并进行为害。

（2）主要为害樟树、泡桐、楸树、柳树、榆树、菊花、梅、葡萄、梨、李、樱桃、苹果等多种园林植物。

（3）成虫、幼虫食害叶肉，将叶片吃成缺刻、孔洞、残留叶脉。

（4）防治方法。

①及时清洁园地，减少虫源。利用成虫有假死性，早、晚在叶上栖息时，将其振落，集中消灭。

②幼虫期可喷施90%晶体敌百虫1 000倍液，或3.2%甲维·啶虫脒（0.2%甲氨基阿维菌素苯甲酸盐+3%啶虫脒）微乳剂1 000~1 200倍液，或45%丙溴·辛硫磷乳油1 000倍液，或20%氰戊菊酯乳油1 000~2 000倍液，或4.5%高效氯氰菊酯乳油4 000~6 000倍液进行防治。

12. 金龟类

（1）主要有暗黑金龟、黑绒金龟、曲带弧丽金龟、小青花金龟等发生并进行为害。

（2）主要为害悬铃木、槐树、杨、柳、榆树、桑、松、重阳木、臭椿、梅、紫荆、丁香、苹果、桃、梨、菊花、月季、玫瑰、葡萄、美人蕉、大丽花、石竹、萱草、金盏菊等多种园林植物。

（3）成虫主要食害寄主植物的嫩芽、新叶及花朵，尤其嗜食幼嫩的芽叶，常群集暴食，幼树受害更为严重。

（4）防治方法。

①成虫期，利用成虫的假死性，在成虫羽化盛期，于傍晚群集为害时，振落成虫，搜集并灭除。幼虫期结合中耕除草，破坏越冬土室，并及时杀灭蛴螬。

②成虫为害盛期，喷施90%的晶体敌百虫1 000~1 200倍液，或4%甲维·高氯氟微乳剂1 200~1 500倍液，或45%丙溴·辛硫磷乳油1 000~1 500倍液等药剂杀灭成虫。

（三）蛀干、果、茎类害虫

1. 天牛类

（1）主要有光肩星天牛、桑天牛、栗肿角天牛、竹红天牛、双条杉天牛、菊小筒天牛、刺角天牛发生并进行为害。

（2）主要为害杨、柳、榆树、榔榆、复叶槭、栾树、白蜡、柏树、松、杉木、栎、合欢、梧桐、悬铃木、泡桐、竹类、七叶树、槐树、桑树、构树、枫杨、核桃、板栗、苹果、山楂、桃、杏、李、梅、梨树、石榴、樱桃、无花果、海棠、枇杷、紫薇、樱花、五角枫、菊花、大叶黄杨等多种园林植物。

（3）为害症状及防治方法参见2—3月病虫害防治中天牛类相关内容。

2. 木蠹蛾类

（1）主要有榆树线角木蠹蛾、咖啡木蠹蛾、东方木蠹蛾发生并进行为害。

（2）主要为害榆树、麻栎、杨、柳、核桃、板栗、悬铃木、白蜡树、香椿、槐树、乌桕、水杉、枫杨、苹果、桃树、梨、丁香等多种园林植物。

（3）为害症状及防治方法参见2—3月病虫害防治中木蠹蛾类相关内容。

3. 小蠹类

（1）主要有油松梢小蠹、红脂大小蠹、柏肤小蠹、杉肤小蠹、日本双棘小蠹等发生并进行为害。

（2）主要为害油松、白皮松、侧柏、圆柏、杉木、槐树、白蜡树、刺槐、柿树、栾树等多种园林植物。

（3）成虫在寄主韧皮部与边材之间蛀食单纵母坑道，幼虫于母坑道两侧钻蛀横向密集子坑道，影响植株生长，为害严重则导致整株枯死。

（4）防治方法。

①发现枯死枝梢和植株，剪除或伐除烧毁，及时清除虫源。

②掌握成虫羽化飞出盛期，喷施50%灭幼脲Ⅲ号3 500~4 000倍液，幼虫期用45%丙溴磷·辛硫磷乳油30~60倍液（果园禁用），或12%噻虫·高氯氟悬浮剂30~60倍液添加专用渗透剂后喷涂树干。

③发生严重的月份，在3—4月可设置新鲜原木，诱其聚集，可在饵木上喷施90%敌百虫原药1 000倍液，或50%辛硫磷乳油200倍液，以毒杀前来为害繁育的害虫。

4. 螟蛾类

（1）主要有松果梢斑螟、豆荚螟、楸蠹野螟、大丽菊螟等发生并进行为害。

（2）主要为害马尾松、黑松、油松、火炬松、杉木、刺槐、楸树、菊花、大丽花、美人蕉、唐菖蒲等园林植物。

（3）以幼虫蛀食球果及嫩梢。嫩梢受害后弯曲、枯萎、倒伏；主梢受害，可造成秃顶，丛生呈扫帚状；球果受害可导致畸形或干缩，不能结实。大丽菊螟蛀入茎部为害。

（4）防治方法。

①冬季、早春及成虫飞行羽化前，剪除虫害果、枝及雄花序，集中销毁。于成虫羽化期，设置黑光灯进行诱杀。

②幼虫初孵期及越冬幼虫转移为害期，喷施50%辛硫磷1 000倍液，或90%敌百虫原药300倍液，或5.7%甲氨基阿菌素苯甲酸盐3 000~5 000倍液，或50%吡虫·杀虫单水分散粒剂600~800倍液，或45%丙溴·辛硫磷乳油1 000~1 500倍液。

5. 卷蛾类

（1）主要有银杏小卷蛾、松实小卷蛾、夏梢小卷蛾、梨小食心虫发生并进行为害。

（2）主要为害有银杏、油松、黑松、火炬松、马尾松、桃、苹果、李、梅、樱桃、海棠、山楂、枇杷、木瓜、梨树等多种园林植物。

（3）以幼虫钻蛀短枝、当年生长枝、嫩梢和果，以蛀食枝、嫩梢、果为主。造成被害枝叶枯萎、幼果被害易脱落。

（4）防治方法。

①可采用频振式诱虫灯诱杀成虫。

②4月上旬可喷施50%吡虫啉·杀虫单水分散粒剂600~800倍液，或45%丙溴·辛硫磷乳油1 000~1 500倍液。或用10%吡虫啉乳油3倍液打孔注射。

③保护和利用天敌赤眼蜂和绒茧蜂抑制为害。

（四）地下害虫

主要有小地老虎、大地老虎等地下害虫发生。

（1）为害马尾松、杉木、罗汉松、桑、茶、葱兰、牡丹、菊花、月季、香石竹、一串红、万寿菊、孔雀草、鸡冠花、金盏菊、羽衣甘蓝等多种园林植物及花卉。

（2）以幼虫咬食地面处根茎，导致缺株，严重影响植株的生长发育。

（3）防治方法。

①清晨在缺苗、缺株的根际附近挖土捕杀幼虫。利用成虫的趋光性，设置黑光灯诱杀。放置糖醋酒液，按醋：糖：水：酒精质量比为 4：3：2：1，调匀后置于盆内，按每 $100m^2$ 放置 1 盆，每 5d 添加 1 次糖醋液，10d 全部更换糖醋液进行诱杀。

②幼虫期可用 15%毒 · 辛颗粒剂 3~$5kg/667m^2$，撒施后翻入幼虫活动的土层中。成虫期，可用 45%丙溴 · 辛硫磷乳油 1 000~1 500 倍液，或 20%氰戊菊酯乳油 2 000~3 000 倍液，或 90%敌百虫原药 1 000 倍液，喷雾防治。

③保护和利用天敌知更鸟、鸦雀、寄生蝇、寄生蜂、真菌等进行抑制为害。

（五）病害

1. 白粉病

（1）主要有凤仙花白粉病、金盏菊白粉病、紫玉兰白粉病侵染并进行为害。

（2）主要为害凤仙花、金盏菊、紫玉兰等园林植物。

（3）为害症状及防治方法参见 2—3 月病虫害防治中白粉病相关内容。

2. 叶斑病

（1）主要有大丽花褐斑病、千日红叶斑病、鸢尾叶斑病、瓜叶菊叶斑病、蜡梅黑斑病、睡莲黑斑病、天竺葵叶斑病、四季报春叶斑病、郁金香褐斑病、金盏菊叶斑病、紫荆角斑病、菊花灰斑病、樱花褐斑穿孔病、凤仙花褐斑病、南天竹红斑病、石榴角斑病、杜鹃褐斑病、柳杉赤枯病、水杉赤枯病、芍药红斑病、白杨黑斑病、杨柳褐斑病、海桐白星病、一串红叶斑病、凤仙花叶斑病、石楠轮纹病、连翘叶斑病等侵染并进行为害。

（2）主要为害大丽花、千日红、鸢尾、睡莲、荷花、天竺葵、蜡梅、瓜叶菊、美人蕉、石竹、报春花、郁金香、金盏菊、紫荆、菊花、樱花、梅花、樱桃、碧桃、桃、梨、杏、石榴、凤仙花、杜鹃、柳杉、水杉、芍药、杨、柳、海桐、一串红、南天竹、石楠、连翘等多种园林植物。

（3）病原菌侵染叶片、叶柄和基部，导致叶片呈不规则状病斑，严重时造成落叶。

（4）防治方法。

①发病前，喷施 1：2：200 波尔多液，或 0. 3~0. 5°Bé 石硫合剂。

②发病期喷施 80%代森锌可湿性粉剂 600~800 倍液，或 50%多菌灵可湿性粉剂 800~1 000 倍液，或 50%嘧菌酯水分散粉剂 1 500~2 000 倍液，或 75%肟菌 · 戊唑醇水分散粒剂 4 000~6 000 倍液，或 30%苯甲 · 嘧菌酯悬浮剂 1 500~2 000 倍液等进行防治，每隔 10~15d 喷施 1 次，上述药剂交替使用，连续喷施 3~4 次。

3. 炭疽病

（1）主要有杉木炭疽病、洒金珊瑚炭疽病、桂花炭疽病、棕榈炭疽病、玉簪炭疽病、石榴炭疽病、紫荆炭疽病、马褂木炭疽病、二乔玉兰炭疽病等侵染并进行为害。

（2）主要为害杉木、马褂木、二乔玉兰、紫荆、木槿、桂花、夹竹桃、女贞、桂花、七叶树、一品红、洒金珊瑚、玉簪、金盏菊等多种园林植物。

（3）为害症状及防治方法参见2—3月病虫害防治中炭疽病相关内容。

4. 黄化病

（1）因为土壤和水质呈碱性，土壤有效态铁含量低，土壤中含大量重金属，土壤碳酸钙和磷的含量高，土壤透气性差，根系受到损害引起的黄化病：香樟黄化病、红叶石楠黄化病、毛杜鹃黄化病、棣棠黄化病、栀子花黄化病、小叶女贞黄化病。

（2）发病初期，枝梢新叶的脉间失绿黄化，但叶脉尤其主脉仍然保持绿化，黄绿相间现象十分明显。随着黄化程度的加重，新生叶片生长比正常树推迟7~20d，叶片逐渐变小，由绿变黄、变薄，叶面有乳白色斑点，叶脉也失去绿意，呈极淡的绿色。相继全叶发白，叶片局部坏死，叶缘焦枯，叶片凋落；严重时，则枝梢枯顶，导致整株死亡。

（3）防治方法。

①发生黄化病时，应改变植株周围土壤的酸碱度，改善土壤性状，增强土壤结构，提高微量元素的补给及叶片铁的含量。

②用黄化专用肥，在新叶萌发前一周施用。可以采用矾肥水100~200倍液灌施。每年施肥3~4次，施用时间为4月上旬、6月中旬、8月下旬、9月下旬。

③在根系周围浇灌1：30的硫酸亚铁溶液。在乔木树干可注射硫酸亚铁15g、尿素50g、硫酸镁5g、水1 000mL的配比混合液。在叶面喷0.1%~0.2%硫酸亚铁溶液，或500~1 000mL的尿素铁或黄腐酸铁、柠檬酸铁等进行防治。每隔10d喷施1次，连续喷施3~4次。

5. 锈病

（1）主要有毛白杨锈病、桧柏-梨锈病、桧柏-海棠锈病、玫瑰锈病等侵染并进行为害。

（2）主要为害毛白杨、海棠、龙柏、梨树、木瓜、桧柏、侧柏、杨树、龙柏、合欢、竹类等多种园林植物。

（3）主要为害叶片、新梢。叶片受害，叶正面形成橙黄色圆形病斑，并密生橙黄色针头大的小点，即性孢子器。潮湿时，溢出淡黄色黏液，后期小粒点变为黑色。病斑对应的叶背面组织增厚，并长出一束灰黄色毛状物，即锈子器。毛状物破裂后散出黄褐色粉末，即锈孢。轻者有早期落叶，严重的嫩枝和嫩叶可大量枯死脱落，甚至小枝、幼苗整株死亡。

（4）防治方法。

①结合修剪，适当剪除并烧毁寄主上的重病枝，减少侵染来源。

②春季当针叶树上的菌瘿开裂，即柳树发芽、桃树开花时，应及时往针叶树上喷洒1：2：100的波尔多液，或0.5~0.8°Bé的石硫合剂。在冬孢子飞散高峰，向感病植株上喷施1%石灰倍量式波尔多液，或15%三唑酮可湿性粉剂1 000倍液，或30%苯醚甲环唑·嘧菌酯1 500倍液，或50%腐霉·福美双600~800倍液。秋季8—9月锈孢子成熟时，往感病植株上喷施65%代森锌可湿性粉剂500倍液，或20%三唑酮乳油1 500~2 000倍液进行防治。

6. 灰霉病

（1）主要有迎春灰霉病、瓜叶菊灰霉病、石竹灰霉病、天竺葵灰霉病、风信子灰霉病侵染并发生为害。

（2）主要为害迎春、石竹、瓜叶菊、天竺葵、大丽花、菊花、三色堇、金鱼草、蔷薇、秋海棠、风信子、仙客来、郁金香等多种园林植物。

（3）主要为害叶、叶柄、茎及花。叶片染病初期，在叶尖或叶缘处生近圆形至不规则形水渍状斑；后病部扩展，大小1cm或更大，病斑褐色至灰褐色或紫褐色，有的产生轮纹。湿度大时病部长出灰色霉层。叶柄和茎部染病生水浸状暗绿色长条斑，后凹陷褐色变软腐，造成病部以上的倒折。花染病花瓣变褐烂腐，产生灰色霉层，常引起叶片坏死脱落，失去观赏价值。

（4）防治方法。

①及时清除枯枝、落叶、病花，集中销毁。

②发病初期，可喷施1：1：100的波尔多液。发病期喷施50%腐霉利可湿性粉剂或50%异菌脲可湿性粉剂1 000~1 500倍液，或50%甲基硫菌灵可湿性粉剂500~600倍液，或65%甲霉灵可湿性粉剂1 000倍液进行防治。

7. 丛枝病

（1）主要有竹丛枝病、泡桐丛枝病、苦楝丛枝病、重阳木丛枝病、枫杨丛枝病等侵染并进行为害。

（2）为害竹类、泡桐、苦楝、重阳木、枫杨等园林植物。

（3）发病初期，少数枝条发病，春季病枝不断延伸多节细弱的蔓枝。病株先从少数枝条发病，数年内逐步发展到全部枝条。受害植株生长衰弱，重病株逐渐枯死。受害竹类发笋减少，在发病严重的竹林中，常造成整个竹林衰败。

（4）防治方法。

①加强植株抚育管理，定期植园，压土施肥，促进植株生长。及早剪除病枝，严重的整株挖除病株。建造新竹林时，不能在病区挖取母竹。

②发病期，可喷施70%甲基硫菌灵可湿性粉剂或50%多菌灵可湿性粉剂800~1 000倍液，或20%三唑酮乳油1 500~2 000倍液，控制病害的发生与蔓延，连续喷施2~3次，间隔7~10d。

③选用15%三唑酮可湿性粉剂250倍液喷雾或注入竹腔内（每株注入5mL），对病害有一定的抑制作用。

8. 流胶病

（1）主要有桃流胶病、红叶李流胶病等侵染并进行为害。

（2）主要为害红叶李、碧桃、桃树、杏树、樱桃、樱花、梅花等园林植物。

（3）主要为害主干和主枝、小枝条，春季树液开始流动时，从病部流出半透明黄色树胶，尤其是雨后流胶更为严重。病部易被腐生菌侵染，使表皮和木质部变褐腐烂，导致树势衰弱，叶片变黄、变小，严重时枝干或余株枯死。

（4）防治方法。

①冬季12月至翌年1月刮除流胶硬块及其下部的腐烂皮层及木质部，集中烧毁，

然后喷施 5°Bé 石硫合剂杀灭病菌，减少侵染源。

②可对准发病部位及周围喷施 2.12%腐殖酸·铜水剂 800~1 000 倍液，或 50%多菌灵可湿性粉剂 800~1 000 倍液，或 45%咪鲜胺·扑霉灵水乳剂 1 200~1 500 倍液进行防治，每隔 10d 喷施 1 次，连续喷施 3 次。

③每年春秋季用刮除涂抹法，把流胶部位的胶状物、病斑进行刮除，或沿主干在病部纵刮数刀，深达木质部（操作时先用刀在胶体周围切下病组织切口菱形齐茬不留死角）。胶体刮除干净后，涂抹 2.12%腐殖酸·铜水剂 400~600 倍液，或 1.9%辛菌胺醋酸盐水剂 50~100 倍液，涂抹病疤。每隔 15d 涂抹 1 次，连续涂抹 2~3 次。

9. 腐烂病

（1）主要有杨柳腐烂病、石榴果腐病、榆树干腐病、香樟干腐病等侵染并进行为害。

（2）主要为害杨、柳、悬铃木、香樟、七叶树、石榴、合欢、樱花、榆树、枇杷、皂荚、广玉兰等园林植物。

（3）为害症状及防治方法参见 2—3 月病虫害防治中腐烂病相关内容。

10. 根腐病

（1）主要为害银杏、松、海棠、菊花、金鱼草、一串红、酢浆草、萱草、鸢尾等多种园林植物。

（2）主要为害幼苗，成株期也能发病。发病初期，少量支根和须根感病，并逐渐向主根扩展，主根感病后，早期植株不表现症状，后随着根部腐烂程度的加剧，吸收水分和养分的功能逐渐减弱，地上部分因养分不足，新叶首先发黄，在中午前后光照强、蒸发量大时，植株上部叶片出现萎蔫，但夜间又能恢复。病情严重时，萎蔫状况夜间也不能再恢复，整株叶片发黄、枯萎。此时，根皮变褐，并与髓部分离，最后全株死亡。

（3）防治方法。

①精耕细整土地，悉心培育壮苗，在移植时尽量不伤根，精心养护，避免积水沤根，施足基肥。定植后根据气温变化，适时适量浇水，防止地上水分蒸发、苗体水分蒸腾，隔绝病毒感染。分别在花蕾期喷施磷肥，增强植株营养促进植株健壮生长，增强抗病能力。及时拔除销毁发病严重的病株。

②发病期用 25%吡唑醚菌酯悬浮剂 1 000~1 500 倍液，或 58%甲霜·锰锌可湿性粉剂 400~600 倍液，喷施根部翻入土壤进行防治。

11. 根结线虫病

（1）主要为害牡丹、芍药、小叶黄杨、菊花、百合、秋海棠、仙客来等多种园林植物。

（2）在细根上产生，根部受害后，在主根和侧根上形成大小不等的虫瘿，直径 1~2cm。切开虫瘿可见白色粉状物，显微镜下可观察到梨形的线虫雌虫。严重时，被害苗木根系瘿瘤累累，根结连成串；后期瘿瘤龟裂、腐烂，根功能严重受阻，致使根末端死亡。病株地上部分生长衰弱、矮小、黄化，有的甚至整株枯死。

（3）防治方法。

①清除病株及病残体处理，避免连作和取用病土栽植，以减少病原菌。土壤消毒，

可用干燥高温消毒，于夏秋季日平均气温 20℃以上时，将病土摊放在室外水泥地上，厚 8~10cm，进行暴晒，并常翻动，以灭除线虫。

②可用98%棉隆微粒剂 32~45g/m^2 进行土壤消毒，或用5%辛硫磷颗粒剂 3g/m^2 与细土拌匀，施于播种沟内、种植穴内或植株地下根际周围。

第四节　5月日常养护要点

一、准备工作

做好病虫害的监管工作，备足农药、化肥等物资。

做好园林机械的检查、维修和保养，确保园林养护工作正常开展。

营造五一劳动节的节日氛围和抗旱防汛准备工作。

二、水分管理

重点观察新栽植物、不耐旱植物及各种容器栽植苗的生长情况。

天气较干旱时，应加强植物的水分管理，及时浇水；雨季做好排水工作，地势低洼处开沟引水，将积水排至河流或下水道，排干后将沟填平，恢复原状。不耐水湿的植物更要注意雨后排水，如银杏、玉兰类园林植物。

浇水可结合松土、做围堰等措施一次浇透水。离树穴表层土 15~25cm 以下的土层手握即散，可再次浇水，手握成团，宜暂缓浇水。

三、整形修剪

修剪时，应避开阴雨天，在晴朗天气进行。

机械作业人员应穿长衣长裤，戴安全帽并穿反光衣。占道作业施工中应设置施工安全警示标志，尽量减少占用车道，严禁横穿主车道，遵守交通规则，注意交通安全。机械作业人员应严格遵守机械安全操作规程、安全技术规程，定期检查机械安全性能或安全装置。施工现场所有工作人员在修剪机器加油或维修时严禁烟火。

1. 乔木修剪

及时对影响树形的徒长枝、残断枝、下垂枝、病虫枝进行短截或从枝条基部剪除。

2. 地被灌木修剪

5 月初可对多种萌蘖力强的地被灌木进行整形修剪，如大叶黄杨、小叶女贞、金森女贞、红叶石楠、法国冬青等地被灌木。

地被灌木修剪准备工作及方法如下。

(1) 根据地被灌木的面积或数量，以及需修剪的高度、宽度、形状、频度确定修剪人员数量、机械投入量，制定科学的修剪计划及修剪方式。

（2）准备修剪工具，常用的修剪工具有果枝剪（手剪）、绿篱剪（大平剪）、绿篱修剪机（便携）、高枝剪、高枝锯、手锯、刀、梯子、扫把、垃圾铲、斗车、垃圾袋、劳动保护用品、警示牌等。修剪工具应锋利，修剪前后需用硫酸铜溶液进行消毒。修剪完成后，对修剪工具进行保养。

（3）根据地被灌木的生长速度、耐修剪程度确定修剪频度。在生长季节，萌蘖力强的植物15~20d修剪1次。生长速度适中的植物25~30d修剪1次。生长速度较慢植物在一年内修剪1~2次或不修剪。

（4）修剪时在目标高度位置拉线，确保拉线水平。以此水平线为界对高出水平线的部分，进行平面修剪，修剪时用力均匀，从左到右或由右到左有序进行。在侧面目标位置拉线，确保拉线所在的面垂直于地面。以此线为界先修剪地被灌木（绿篱）中部，接着修剪地被灌木上部，最后修剪下部，修剪力度均匀，沿直线方向移动修剪。利用三脚架并结合目测法确定转角是否垂直，修剪后的绿篱造型及修剪面须平滑流畅，达到修剪目标要求。

（5）修剪较粗的枝条时，选择适宜的修剪工具。及时剪除病虫枝、枯死枝、徒长枝、下垂枝，适当短截或疏剪影响地被灌木整齐的枝条，剪口回缩至规定高度5~10cm以下，并适当控制地被灌木高度。

（6）采用大平剪人工进行修剪地被灌木，刀口须锋利。手握剪柄的末端，剪口紧贴篱面，开合剪柄时，用力须均匀。平铺剪除多余枝叶，不漏剪，少重剪。采用修剪机器修剪地被灌木，操作人员能熟练操作修剪机器，打开修剪机开始工作后，修剪机的高度应保持一致。生长旺盛突出部分宜多剪，凹陷长势弱的部分宜少剪。

修剪要求如下。

①新栽植地被灌木，可根据设计要求的高度、宽度、形状进行修剪，矮地被灌木定植后及时剪除植株主枝1/3~1/2，中高地被灌木定植后剪除当年长出的新梢。定植后的新株，按设计目标要求3~5次修剪成梯形、方形、圆顶形、柱形、波浪形、垛口形、斜坡形、自然形等多种造型，也可根据需要修剪成单层、双层、多层、几何形、建筑图案、动物形体等。

②对正常生长需要修剪的地被灌木，应根据现有形状，当新梢抽出15~20cm时宜进行修剪。把新生长的枝叶全部剪去，保证设计要求及造型。

③花灌木绿篱，一般不做规整式的修剪，修剪宜在花谢后进行。

3. 草坪修剪

每月修剪1~2次，一般剪去高度的1/3，过低容易造成草坪休眠或死亡，修剪后保持草坪3~5cm高度。

4. 修剪后废弃物处理

（1）修剪后对产生的园林垃圾及时收集、分类、清运。

（2）能做插条、接穗的健康枝条宜收集备用。病虫枝应运到偏远地区做销毁处理。不能利用的健康枝条宜统一收集粉碎压缩，压缩成较大颗粒用于生态覆盖，较小颗粒可进行深加工制成有机肥。

（3）通过多种处理方式对修剪后的废弃物，做减量化、资源化、无害化处理。

四、施肥方式及施肥量

选择阴雨天，将46%复合肥按25~30kg/667m^{2}均匀地撒入绿地内。晴天施肥后应及时浇水，保持土壤湿润；雨天施肥应在小雨时进行，大雨需排水防渍。

喷施0.2%~0.3%的磷酸二氢钾，或浓度1%~2%的高氮水溶性肥料于叶面，进行叶面施肥。

五、中耕除草

中耕时间应根据土壤、气候等条件确定。中耕宜在浇水后的晴天或雨后2~3d，土壤湿度适宜时进行。中耕松土深度依植物种类确定，浅根性植物的松土深度宜浅，深根性的植物松土深度宜深。中耕次数根据土壤的透气性和墒情确定。

除草应遵循“除早、除小、除了”的原则。及时清除绿地、树穴内的杂草。清除树干上的恶性藤蔓植物。除杂草要掌握有利时机，要在其开花结实前，全面彻底清除，避免再繁育。

六、病虫害防治

在4月发生病虫害，如果没有得到很好的控制，在5月进入盛发期，密切观察，及时防治。另外在5月还有下列几种病虫害初侵染或发生。

（一）刺吸性害虫

1. 介壳虫类

（1）主要有白蜡蚧、中华松干蚧、藤圆盾蚧、槐花球蚧等发生并进行为害。

（2）主要为害广玉兰、黑松、马尾松、油松、槐树、合欢、棕榈、榆树、复叶槭、栎树、桃、杏、樱桃、梨、苹果、桂花、紫薇、夹竹桃、常春藤、女贞、梅、丁香、月季、杜鹃、仙人掌、万年青等多种园林植物及室内花卉。

（3）主要症状及防治方法参见2—3月病虫害防治中介壳虫类相关内容。

2. 木虱类

（1）主要有梧桐木虱发生并进行为害。

（2）主要为害梧桐。

（3）为害症状及防治方法参见2—3月病虫害防治中木虱类相关内容。

3. 叶蝉类

（1）主要有黑蚱蝉、八点广翅蜡蝉等发生并进行为害。

（2）主要为害梧桐、柏、杨、柳、槐树、紫玉兰、白玉兰、核桃、苹果、梨、桃、杏、李、梅花、蜡梅、桂花、丁香、木槿、海棠、碧桃、樱花、月季、葡萄、杜鹃、芍药、菊花、大丽花、一串红、美人蕉、蜀葵、茶花、玫瑰、迎春花等多种园林植物。

（3）为害症状及防治方法参见4月病虫害防治中叶蝉类相关内容。

（二）食叶、果类害虫

1. 刺蛾类

（1）主要有黄刺蛾、桑褐刺蛾发生并进行为害。

（2）主要为害梧桐、枫杨、乌桕、重阳木、杨、柳、榆树、刺槐、悬铃木、樱花、石榴、三角枫、紫荆、梅、海棠、蜡梅、月季、紫薇、桂花、大叶黄杨等多种园林植物。

（3）该虫为杂食性食叶害虫，初孵幼虫一般群集在叶片背面取食叶肉，使叶片呈筛网状；大龄幼虫会爬行扩散为害，并直接蚕食叶片，严重时叶片被吃光，只剩下叶柄及叶脉。严重影响树势生长，甚至造成植株死亡，幼虫刺毛有毒，触到人体皮肤会引起红肿和剧烈疼痛。

（4）防治方法。

①秋冬季，剪除虫茧，或敲碎树干上的虫茧，集中销毁。初孵幼虫群集为害时，摘除虫叶，注意幼虫毒毛。在成虫发生期，设置黑光灯诱杀成虫。

②幼虫发生期，喷施90%晶体敌百虫800~1 000倍液，或45%丙溴·辛硫磷乳油1 000~1 500倍液。

③保护和利用天敌紫姬蜂、螳螂、蠋蝽等抑制为害。

2. 夜蛾类

（1）主要有桃剑纹夜蛾、臭椿皮蛾、葱兰夜蛾、玫瑰巾夜蛾等发生并进行为害。

（2）为害梨、柳、臭椿、樱桃、苹果、柿树、梅、木槿、雪松、梅花、桃、李、梨、樱桃、大丽花、美人蕉、菊花、海棠、香石竹、臭椿、紫藤、乌桕、葱兰、月季、玫瑰、蔷薇、木槿、冷季型草等多种园林植物。

（3）为害症状及防治方法参见2—3月病虫害防治中夜蛾类相关内容。

3. 灯蛾类

（1）主要有美国白蛾、红袖灯蛾等发生并进行为害。

（2）主要为害复叶槭、臭椿、香椿、构树、毛梾、杨属、桑、柳属、槐树、楸树、悬铃木、梧桐、泡桐、合欢、白蜡树、银杏、枫杨、榆属、玉兰、七叶树、核桃、杜仲、栾树、黄栌、元宝枫、五角枫、苹果、杏、李属、桃树、山楂、柿树、碧桃、樱桃、枣、石榴、梨属、无花果、木槿、接骨木、丁香、紫薇、樱花、榆叶梅、葡萄、凌霄、地锦、紫荆、红瑞木、卫矛、连翘、迎春、黄刺玫、菊花、月季、芍药、萱草、鸢尾等多种园林植物。

（3）以美国白蛾为例，幼虫食性很杂，初孵幼虫会吐丝结网巢，群居在内为害，随着虫龄网幕不断扩大，网巢可达0.6~1m或更大，稀松不规则，可把枝叶甚至小枝条一起包进（杂有虫粪、蜕皮），如天幕状，严重时整个树木枝叶被吃光，影响树木生长。

（4）防治方法。

①美国白蛾是检疫性害虫，应加强检疫。疫区苗木不经检疫或处理严禁外运，疫区内积极进行有效防治，有效地控制疫情的扩散。结合冬季修剪，清除地面枯枝落叶，集中烧毁。发现幼虫群集结网幕应及时剪除并集中处理。

②利用美国白蛾性诱剂或环保型昆虫趋光性诱杀器诱杀成虫。在成虫发生期，把诱

芯放入诱捕器内，将诱捕器挂设在林间，直接诱杀雄成虫，阻断害虫交尾，降低繁育率，达到消灭害虫的目的。黑光灯诱杀成虫。

③掌握在幼虫3龄前，喷施45%丙溴·辛硫磷乳油1 000~1 500倍液，或20%氰戊菊酯乳油800~1 200倍液，或20%甲维·茚虫威悬浮剂（茚虫威16%，甲氨基阿维菌素苯甲酸盐4%）2 000倍液，或5%甲维·高氯悬浮剂800~1 200倍液进行防治。连续喷施1~3次，每次间隔7~10d；可轮换用药，延缓抗性的产生。可用美国白蛾核型多角体病毒（NPV）与苏云金杆菌悬浮剂等生物制剂相结合对幼虫进行防治。

④保护和利用天敌周氏啮小蜂进行抑制为害。

4. 尺蛾类

（1）主要有丝棉木金星尺蛾、国槐尺蛾发生并进行为害。

（2）主要为害国槐、丝棉木、水杉、核桃、杨、柳、榆树、刺槐、马褂木、白蜡、女贞、丁香、桂花、李、山楂、桃、珍珠梅、黄杨、山茶花、萱草、鸢尾、美人蕉、吉祥草等多种园林植物及花卉。

（3）为害症状及防治方法参见4月病虫害防治中尺蛾类相关内容。

5. 天蛾类

（1）主要有桃六点天蛾、霜天蛾发生并进行为害。

（2）主要为害梧桐、泡桐、悬铃木、樟树、柳、白蜡、桃、梅、碧桃、樱花、海棠、葡萄、梨、杏、枇杷、桂花、夹竹桃、丁香、女贞、茉莉、栀子花、长春花、花叶蔓长青等园林植物。

（3）为害症状及防治方法参见4月病虫害防治中天蛾类相关内容。

6. 舟蛾类

（1）主要有槐羽舟蛾、杨二尾舟蛾、榆掌舟蛾等发生并进行为害。

（2）主要为害槐树、杨、柳、榆树、梨树、板栗、樱桃等多种园林植物。

（3）为害症状及防治方法参见2—3月病虫害防治中舟蛾类相关内容。

7. 大蚕蛾类

（1）主要有绿尾大蚕蛾、乌桕大蚕蛾、银杏大蚕蛾等发生并进行为害。

（2）为害枫杨、乌桕、银杏、樟树、枫香、榆树、喜树、柳树、泡桐、合欢、海棠、苹果、梨树、石榴、紫薇、棣棠、枇杷等多种园林植物。

（3）以幼虫食害叶片，低龄幼虫将叶片吃成缺刻或孔洞，稍大后便把全叶吃光，仅残留叶柄或粗叶脉。

（4）防治方法。

①在各代产卵期和化蛹期，人工摘除卵块和茧蛹，减少虫口基数。在成虫发生期，设置黑光灯或高压汞灯诱杀。

②抓住幼虫3龄前最佳防治期，在傍晚前后喷施6%阿维·氯苯酰悬浮剂2 000~3 000倍液，或3%高效氯氰菊酯微囊悬浮剂800~1 000倍液，或8 000IU/mL苏云金杆菌悬浮剂500~1 000倍液，或100g/L联苯菊酯乳油2 000~3 000倍液，或20%氰戊菊酯乳油2 000~2 500倍液进行交替防治。

8. 金龟类

（1）主要有铜绿丽金龟、大绿丽金龟发生并进行为害。

（2）主要为害杨、柳、榆树、柏、松、桑、香椿、刺槐、喜树、榔榆、香樟、栎、海棠、山楂、梅、桃、梨、杏、苹果、樱花、樱桃、女贞、枫、夹竹桃、蔷薇、月季等多种园林植物。

（3）为害症状及防治方法参见4月病虫害防治中金龟类相关内容。

（三）蛀干、果、花、茎类害虫

1. 天牛类

（1）主要有云斑天牛、松墨天牛发生并进行为害。

（2）主要为害杨、柳、榆、枫杨、泡桐、核桃、白蜡树、栎、栗、桑、松、杉木、银杏、悬铃木、臭椿、乌桕、梨树、枇杷、女贞、苹果、法国冬青等多种园林植物。

（3）为害症状及防治方法参见2—3月病虫害防治中天牛类相关内容。

2. 小蠹类

（1）主要有横坑切梢小蠹、纵坑切梢小蠹发生并进行为害。

（2）主要为害马尾松、油松、黑松、火炬松等多种松科植物。

（3）横坑切梢小蠹常使树木迅速枯死，被害枝梢易风折，严重时被“剪断”的枝梢可达到树冠枝梢的70%以上。本种与纵坑切梢小蠹极为相似，两者区别在于纵坑切梢小蠹的鞘翅斜面第二沟间部凹陷，其表面平坦，没有颗粒和竖毛。

（4）防治方法。

①可用2亿孢子/mL的白僵菌或150亿孢子/g的球孢白僵菌灌根。

②在该虫越冬部位施具触杀、熏蒸作用的杀虫剂，在幼虫期，用45%丙溴磷·辛硫磷乳油30~60倍液（果园禁用），或12%噻虫·高氯氟悬浮剂25~50倍液添加专用渗透剂后高浓度喷涂树干（注意：高浓度喷涂树干时禁止喷到周围的植物叶片上），然后将土复原踏实。

③保护和利用天敌蜂、小蠹长尾广肩小蜂、小蠹尾带旋小蜂进行抑制为害。

3. 螟蛾类

（1）主要有桃蛀螟发生并进行为害。

（2）主要为害杉木、圆柏、马尾松、板栗、柿树、山楂、桃、李、杏、枣、海棠、樱桃、梅、枇杷、石榴等园林植物。

（3）幼虫食性很杂，常因寄主不同而食性亦有差异。为害桃、板栗时先吃叶片，再蛀入果内取食，蛀孔处常见透明胶质物流出，并伴有褐色虫粪，不堪食用。

（4）防治方法参见4月病虫害防治中螟蛾类相关内容。

4. 卷蛾类

（1）主要有国槐小卷蛾发生并进行为害。

（2）主要为害国槐、龙爪槐、香花槐等园林植物。

（3）主要以幼虫为害枝梢、复叶基部、花穗及果荚（槐豆）。幼虫钻蛀在当年生枝梢内部为害，轻者复叶表现失色由绿变黄，萎蔫下垂，而后干枯脱落，形成秃枝；重者树冠上部形成大量扫帚状丛生枯枝，影响树木生长和园林绿化效果。第二代幼虫除为害枝梢外，还可入侵槐豆果内蛀食，致使国槐果实变形、干瘪，不能成熟。

（4）防治方法。

①结合秋冬季管理，剪打槐豆荚，以减少虫源。成虫期，用黑光灯诱杀成虫。5月下旬挂第一次性诱捕器，7月中旬左右挂第二次，8月中旬左右挂第三次。国槐小卷蛾成虫期挂性诱捕器诱杀成虫。

②卵期、初孵幼虫期，使用45%丙溴·辛硫磷乳油1 000~1 500倍液，或20%甲氰菊酯乳油2 000~3 000倍液喷雾防治。

（四）病害

1. 炭疽病

（1）主要有广玉兰炭疽病、大叶黄杨炭疽病、蜡梅炭疽病、狭叶大大功劳炭疽病、樟树炭疽病侵染并发生为害。

（2）主要为害广玉兰、大叶黄杨、蜡梅、狭叶大大功劳、樟树等园林植物。

（3）为害症状及防治方法参见2—3月病虫害防治中炭疽病相关内容。

2. 叶斑病

（1）主要有悬铃木霉斑病、月季黑斑病、荷花褐纹病、百日草黑斑病、大叶黄杨叶斑病、虞美人叶斑病、唐菖蒲赤斑病、棕李轮纹病、法国冬青叶斑病、凌霄叶斑病、葡萄黑痘病、枇杷灰斑病、菊花斑点病、桂花枯斑病、毛白杨褐缘灰斑病等侵染并进行为害。

（2）主要为害悬铃木、月季、荷花、百日草、大叶黄杨、瓜子黄杨、虞美人、唐菖蒲、苹果、梨、李、桃、杏、法国冬青、凌霄、葡萄、枇杷、菊花、桂花、毛白杨等多种园林植物。

（3）为害症状及防治方法参见4月病虫害防治中叶斑病相关内容。

3. 灰霉病

（1）主要有大丽花灰霉病、一品红灰霉病、牡丹灰霉病等侵染并进行为害。

（2）主要为害大丽花、杜鹃、一品红、瓜叶菊、蔷薇、菊花、天竺葵、金鱼草、牡丹、芍药等园林植物。

（3）为害叶茎和花各部位，被害茎、花上病斑褐色，往往软腐，易被风吹折倒，影响生长发育和观赏。

（4）防治方法。

①及时清除病残体，减少病原菌积累。在秋季和早春可进行翻土暴晒，减少土壤中病菌，盆栽植物应进行换土，以利植株健壮成长，提高抗病能力。病害发生常在潮湿不通风的情况下，温室应注意控制湿度，加强通风透光。露地栽培要避免过度浇水和喷灌，避免病菌随水流而传播。

②春初、夏初、多雨季节，可用1∶1∶（150~200）波尔多液喷施2~3次，保护新叶和花蕾，防止发病。发病期间，可用50%嘧菌环胺水分散粒剂800~1 000倍液，或50%腐霉利可湿性粉剂1 000~2 000倍液，每隔5~7d喷施1次，连续喷施2~3次。

4. 腐烂病

（1）主要有棕李褐腐病侵染并发生为害。

（2）主要为害棕李、桃、李、杏、樱桃等园林植物。

（3）为害症状及防治方法参见2—3月病虫害防治中腐烂病相关内容。

5. 网饼病

（1）主要为害山茶花等多种植物。

（2）主要发生在已充分展开的新叶上，病害在叶缘或叶尖，但叶片的其他部分也有发生。发病初期叶片上产生针尖大小的渍状小点，呈淡绿色，后病斑逐步扩大为暗褐色。病部组织变厚，有时向上反卷，叶片背面沿着叶脉出现网状突起，故称网饼病，病斑上有白色粉状物，在湿度较大时，还稍带黏性，后期病斑呈紫褐色或紫黑色，最后受害组织变褐枯死，造成落叶。

（3）防治方法。

①冬季及时剪除病叶，减少侵染源。

②发生期，可喷施75%百菌清可湿性粉剂600~1 000倍液，或70%甲基硫菌灵可湿性粉剂800~1 000倍液，或25%烯肟菌酯乳油800~1 200倍液喷雾防治。每隔15d喷施1次，连续喷施2~3次。

6. 煤污病

（1）主要为害枸骨、棕榈、紫薇、桂花、山茶、金边瑞香、栀子花、瓜叶菊等多种园林植物。

（2）煤污病主要侵害叶片和枝条，病害先是在叶片正面沿主脉产生，后逐渐覆盖整个叶面，严重时叶片表面、枝条甚至叶柄上都会布满黑色煤粉状物；这些黑色粉状物会阻塞叶片气孔，妨碍正常的光合作用。

（3）防治方法。

①加强栽培管理，及时修剪病枝和多余枝条，以利于通风、透光，从而增加树势，减少煤污病的发生。

②生长季节，蚜虫、介壳虫发生时，喷施10%吡虫啉可湿性粉剂1 000~1 500倍液，或50%啶虫脒水分散粒剂12 000~15 000倍液，或40%啶虫·毒死蜱乳油1 000~2 000倍液防治蚜虫和介壳虫。

③休眠季节，喷施3~5°Bé的石硫合剂，杀灭越冬病原，减轻煤污病的发生。煤污病盛发期，叶面喷施20%三唑酮乳油1 500~2 000倍液，或50%甲基硫菌灵可湿性粉剂600~700倍液，或50%腐霉·福美双可湿性粉剂600~800倍液，或45%代森铵水剂1 000倍液。连续喷施2~3次，每次间隔12~15d。

7. 草坪币斑病

（1）主要为害早熟禾、狗牙根、假俭草、细叶羊茅、细弱翦股颖、匍匐翦股颖、多年生黑麦草、匍茎羊茅、奥古斯丁草、普通翦股颖、结缕草等多种草坪草。

（2）单株草坪草受害叶片，开始产生水浸状褪绿斑，最后变成白色病斑，病斑边缘棕褐色至红褐色，病斑可扩大延伸至整个叶片，病斑常呈漏斗状，从叶尖开始枯萎。单片叶可能只有一个病斑、许多小病斑或整个叶片枯萎；成坪草坪上出现凹陷，圆形、漂白色或稻草色的枯草斑。清晨有露水时，在病草坪上，可以看到白色、絮状或蜘蛛网状的菌丝，干燥时菌丝消失。

（3）防治方法。

①加强草坪管理，少施氮肥，多施有机肥既有助于防治病害，又能满足草的正常生长。

②发病初期，可喷施75%百菌清可湿性粉剂800～1 000倍液，或70%甲基硫菌灵可湿性粉剂800～1 000倍液，或50%福美双可湿性粉剂800～1 000倍液，或50%苯菌灵可湿性粉剂1 000～1 500倍液，连续喷施2～3次，每次间隔10d左右。

8. 枝枯病

（1）主要有月季枝枯病、松树枝枯病、苹果枝枯病、桃枝枯病等侵染并发生为害。

（2）主要为害月季、松树、苹果、桃。

（3）为害枝条包括嫁接枝、扦插枝等。发病初期，枝干上出现淡黄色或浅红色的斑点，后扩大为不规则形褐色斑。后期病斑边缘部分凸出于周边组织，中部灰白凹陷，表皮开裂，在溃疡斑上产生针突状黑点，为病菌的分生孢子器。若溃疡斑环绕茎部一周，则使病部以上枝叶枯死，严重影响植株生长、开花。该病菌有时也会侵染受黑斑病菌侵染的叶片。

（4）防治方法。

①及时清除枯枝落叶并销毁，晴天修剪，伤口易于干燥愈合，剪后的伤口可用1∶1∶15的波尔多液涂抹杀菌。

②发病季节，喷施75%百菌清可湿性粉剂800倍液，或50%多菌灵可湿性粉剂800～1 000倍液。

第五节 6月日常养护要点

6月逐步进入雨季，气温升高，降水量偏多，空气湿度较大，植物、杂草生长较快，病虫害发生发展迅速。园林植物养护管理的主要工作是水分管理、整形修剪、新栽植物监管、病虫害防治、除杂草、防大风、防暴雨和防干旱等相关工作。

一、准备工作

物资准备，做好园林抗旱车辆、水管、遮阳网等设施设备的检查、维修和购买，确保抗旱、抗风、防水涝工作有序开展。

安全生产、安全教育，进入夏季，做好农药使用、高空修剪作业、风雷电天气躲避等安全培训教育。

防汛抗旱应急预案，备足树木支撑杆、制订汛期应急预案，做好暴风雨天气的防范工作；确保干旱、洪水来临时能够有效应对。

二、水分管理

及时观察，适时浇水。天气较干旱时，应加强植物的水分管理；特别是加强新栽植物、容器植物、地被灌木、不耐干旱植物的浇水工作。重点观察大树、当年新栽植株的叶片和成活情况，水杉、毛杜鹃、草花等不耐旱植物的墒情。花坛、树池、各种容器等区域栽植植物进行及时浇水。

暴风雨过后，注意低洼、积水区域的雨后排水，特别是不耐水湿的植物，如银杏、碧桃、玉兰类等植物，更要注意雨后排水。做好日常观察，检查新栽大乔木、超高超大冠幅、干枯枝，蛀干害虫为害树木的生长情况，加固支撑，确保植株不被风吹折断，避免给车辆、行人造成伤害。

三、施肥

薄肥勤施。应选择早晚进行追施氮肥，过早或过迟会因温度过低或过高影响追肥效果。可用1%的尿素溶液于温度适宜时进行叶面滴灌或喷施。

四、整形修剪

乔木、花灌木、地被植物，及时对影响树形的徒长枝、断枝、病虫枝进行短截或从枝条基部剪除。

整形灌木，新梢生长 10~15cm 时进行修剪；桩景类植物要及时修剪，保持造型，及时修剪徒长枝和萌蘖枝条。

草坪及花境，草坪每个月修剪 1~3 次，一般剪去总高度的 1/3，过低容易造成草坪休眠或死亡，修剪后保持草坪高 3~5cm；花境植物重点观察开花植物花后残花枯枝修剪，确保景观效果。

具体修剪方法及内容参见 5 月养护要点中整形修剪相关内容。

五、清除杂草

及时清除绿地、树池内的杂草。

将菟丝子和植物受害部分一起清除并集中焚烧，主要通过早巡查、早发现；特别是在开花结果之前进行清除，否则会造成大面积传播。

六、防风雨

超高、超大冠幅植物要提前进行修剪和加固，重点关注风口、河边、高密建筑周边等容易形成强对流风的区域，防止对车辆行人造成伤害。

对于栽植 1~3 年乔灌木、竹子等新栽植株做好树体支撑加固。

对樱花、重阳木、杨树、雪松、垂柳等抗风力弱的树木，还有容易折断或倒伏的植物进行修剪与扶正。

风雨前要做好检查和隐患排除；暴雨后加强巡查、检查，对倒伏的树木及时扶正，对断枝的树木进行修剪，直径大于 2cm 的枝条修剪后及时涂抹伤口愈合剂。

七、病虫害防治

2—5 月发生的病虫害，如果没得到及时防治，在 6 月大多数害虫及病害将进入盛发期。除继续防治没有得到控制的病虫害，6 月新发生严重的病虫害有下列几种。

（一）刺吸性害虫

1. 蚜虫类

（1）主要有紫薇长斑蚜发生并进行为害。

（2）主要为害紫薇。

（3）发生症状及防治方法参见 2—3 月病虫害防治中蚜虫类的相关内容。

2. 介壳虫类

（1）主要有红圆蚧、日本龟蜡蚧、红蜡蚧、瘤大球坚蚧等发生并开始进行为害。

（2）主要为害紫玉兰、广玉兰、木兰、白兰、桑、悬铃木、白蜡、皂荚、复叶槭、合欢、杨、柳、含笑、棕榈、雪松、罗汉松、重阳木、桂花、红叶李、海棠、紫薇、蜡梅、女贞、栀子花、石榴、海桐、夹竹桃、枸骨、黄杨、冬青、牡丹、芍药、月季、紫藤、蔷薇、山茶、南天竹、鸢尾、万年青、沿阶草、迎春花等多种园林植物。

（3）主要症状及防治方法参见2—3月病虫害防治中介壳虫类相关内容。

（二）食叶类害虫

1. 夜蛾类

（1）主要有梨剑纹夜蛾发生并进行为害。

（2）主要为害桃、梨、苹果、梅等园林植物的果实。

（3）主要症状及防治方法参见2—3月病虫害防治中夜蛾类相关内容。

2. 尺蛾类

（1）主要有柿星尺蛾等发生并进行为害。

（2）主要为害柿树、苹果、李、山楂、榆、桑、槐、黄连木等多种园林植物。

（3）为害症状及防治方法参见2—3月病虫害防治中尺蛾类相关内容。

3. 斑蛾类

（1）主要有榆斑蛾发生并进行为害。

（2）主要为害榆树。

（3）为害症状及防治方法参见2—3月病虫害防治中斑蛾类相关内容。

4. 天蛾类

（1）主要有榆绿天蛾发生并进行为害。

（2）主要为害榆树、杨、柳、槐树、构树、桑树、榉树、卫矛等多种园林植物。

（3）为害症状及防治方法参见4月病虫害防治中天蛾类相关内容。

5. 舟蛾类

（1）主要有黄二星舟蛾、苹掌舟蛾发生并进行为害。

（2）主要为害板栗、栎、榆树、苹果、梨、枇杷、樱桃、山楂、石楠、火棘等多种园林植物。

（3）为害症状及防治方法参见2—3月病虫害防治中舟蛾类相关内容。

（三）蛀干、果、花、茎类

（1）主要有光肩星天牛发生并进行为害。

（2）主要为害杨、柳树、白榆、榔榆、五角枫、悬铃木、七叶树等多种园林植物。

（3）为害症状及防治方法参见2—3月病虫害防治中天牛类相关内容。

（四）病害

1. 叶斑病

（1）主要有花叶常春藤斑点病、爬山虎叶斑病侵染并进行为害。

（2）主要为害常春藤、爬山虎等园林植物。

（3）为害症状及防治方法参见4月病虫害防治中叶斑病相关内容。

2. 灰霉病

（1）主要有月季灰霉病侵染并进行为害。

（2）主要为害月季、玫瑰等园林植物。

（3）为害症状及防治方法参见 5 月病虫害防治中灰霉病相关内容。

3. 炭疽病

（1）主要有鸡冠花炭疽病、常春藤炭疽病、郁金香炭疽病侵染并进行为害。

（2）主要为害鸡冠花、郁金香、常春藤等园林植物。

（3）为害症状及防治方法参见 4 月病虫害防治中炭疽病相关内容。

4. 锈病

（1）主要有早熟禾草锈病、桃褐锈病、竹叶锈病侵染并进行为害。

（2）主要为害早熟禾、黑麦草、狗牙根、高羊茅、细叶结缕草、天鹅绒草、桃树、碧桃、竹类等园林植物。

（3）为害症状及防治方法参见 2—3 月病虫害防治中锈病相关内容。

5. 草坪腐霉枯萎病

（1）主要为害冷季型的早熟禾、草地早熟禾、细弱翦股颖、匍匐翦股颖、高羊茅、细叶羊茅、粗茎早熟禾、多年生黑麦草、意大利黑麦草和暖季型的狗牙根、红顶草等多种草坪草。

（2）腐霉菌可侵染草坪草的各个部位，芽、苗和成株，造成烂芽、苗腐、苗猝倒和根腐、茎叶腐烂。种子萌发和出土过程中被腐霉菌侵染，出现芽腐、苗腐和幼苗猝倒。幼根近尖端部分表现出典型的褐色湿腐。发病轻的幼苗叶片变黄，稍矮，此后症状可能消失。成株受害，一般自叶尖向下枯萎或自叶鞘基部向上呈水渍状枯萎，病斑青灰色，后期有的病斑边缘变成棕红色；根部受侵染表现不同的症状。有的根部产生褐色腐烂斑，根系发育不良，病株发育迟缓，分蘖减少，下部叶片变黄或变褐，草坪稀薄。有的根系外形正常，无明显腐烂现象或仅轻微变色，但次生根的吸水机能已被破坏。高温炎热时，病株失水死亡，整块草坪在短短数日内就可完全被毁坏。在持续高温、高湿时，病斑很快连接，24h 内就会损坏大片草坪。

（3）防治方法。

①及时清理枯草层，使其厚度不超过 2cm；发病草坪剪草高度应不低于 6cm；土壤 pH 值保持在 6~7。不同草种或不同品种混合建植。

②播种时进行药剂拌种或种子包衣，可用 70%乙铝·锰锌可湿性粉剂或全络合态 80%代森锰锌可湿性粉剂 600~800 倍液等，通常用种子重量的 0.2%~0.3%。在发生根茎腐烂状始期，可用 58%甲霜·锰锌可湿性粉剂 400~600 倍液，或 30%精甲·噁霉灵水剂 1 000~1 500 倍液，或 35%嘧菌酯悬浮剂 1 200~1 500 倍液，或 25%吡唑醚菌酯悬浮剂2 000~2 500倍液等内吸杀菌剂喷雾或灌溉。

6. 溃疡病

（1）主要为害香樟、悬铃木、广玉兰、黄山栾、水杉、柳树、红叶李、大叶女贞、樱花、海棠等多种园林植物。

（2）多发生在主干及主枝上。病斑暗褐色，不规则形，病皮坚硬，常渗出褐色黏液，树干部干缩凹陷，周缘开裂，表面密生小黑点。

（3）防治方法。

①先用消毒后的利器将溃疡部位刮除，再涂抹50%多菌灵可湿性粉剂、65%代森锰锌可湿性粉剂、40%春雷·噻唑锌悬浮剂50倍液，或3%甲霜·噁霉灵100~200倍液。

②涂抹后用塑料薄膜进行包裹，10d后进行第2次涂抹。如气温升高，及时去除塑料薄膜。也可对发病树体进行全面喷雾，使树干充分着药，以不滴药为宜，10d后再重复1次。

7. 根瘤病

（1）主要为害杨、柳、核桃、柏、松、杉木、银杏、樱花、海棠、山楂、桃、梨、苹果、李、杏、樱桃、葡萄、玫瑰、月季、蔷薇、梅、夹竹桃、菊、石竹、天竺葵等多种园林植物。

（2）主要发生在根颈部，也发生在侧根和支根。根部被害后形成癌瘤。病害发生处产生圆形瘤状物，初为灰白色，表面光滑，质地软，随瘤体增大，颜色逐渐加深至黄褐、黑褐色，表面粗糙以致龟裂、破损，质地逐渐变坚硬。瘤体多近似球形、扁球形，或不规则形，大小不等，小的仅1~2cm，一般3~5cm，个别达20~30cm。导致根系发育不良，地上部分的发育显著受到阻碍，叶片黄化，早落；生长缓慢，植株矮小。病株长势衰弱，花少，花期短，严重时全株死亡。

（3）防治方法。

①严格检疫，苗木出圃严格检查，发现病株及时销毁，对与病株同一苗床但未表现症状的可疑苗，用1%硫酸铜液浸泡5min再用清水冲洗干净，然后栽植。加强园艺措施，选用排水良好、肥沃、中性或微酸性没有被病原菌侵染的土壤育苗。如土壤已侵染病菌，需用非寄主植物轮作3年以上再进行育苗。盆栽土壤也须选用上述适宜的土壤。嫁接适宜采用芽接、枝接法，不宜采用劈接、切接法，以避免与土壤接触，减少侵染概率。注意防治地下害虫，田间作业时避免伤根、伤干。

②苗木消毒，病苗要彻底刮除病瘤，刮下的病瘤应集中销毁。对外来苗木应在未抽芽前将嫁接口以下部位，用1%硫酸铜溶液浸泡5min，再用2%的石灰水浸泡1min。

③病瘤处理：在定植后的苗木上发现病瘤时，可用消毒利刀切除，然后涂抹混合均匀的甲冰碘液消毒，其配比为甲醇：冰醋酸：碘片=25：50：12，或涂抹5°Bé石硫合剂、1%硫酸铜液或1：1：100波尔多液，切下的病瘤应及时销毁。

④土壤处理，用硫黄降低中性土和碱性土的碱性，病株根际浇灌乙蒜素进行消毒处理，对减轻危害都有一定作用。用80%二硝基邻甲酚钠盐100倍液涂抹根颈部病瘤，可防止其扩大围绕根颈。细菌素（含有甲苯酚和甲酚的碳氢化合物）处理根瘤有良好效果，可以在3年生以内的植株上使用。

8. 细菌性软腐病

（1）主要为害鸢尾、仙人掌、风信子、虎尾兰、仙客来、君子兰、郁金香、百合、兰花、广东万年青、樱草、百枝莲、花叶芋、番红花等肉质多汁植物。

（2）感病后外形保持完整，皮层破裂后溢出黏液，与空气接触后，由灰色至暗褐色软腐全株死亡，影响观赏。

（3）防治方法。

①改善生态环境，加强养护管理，避免连作。土壤进行消毒，盆栽的病土应进行换土。发现病株，及时清除销毁，拔除病株的病穴应施石灰或其他杀菌剂灭菌。当土壤中含有大量软腐病病菌时，应采用高畦隔土渗灌或滴灌，避免喷灌、浇水将病菌带至整个花圃全面发病。在发病期间，应特别注意通风排水，保持根部干燥，以防根部发病。

②发病初期，可向植株基部喷施 1∶1∶100 的波尔多液或 1%中生菌素水剂 1 000~2 000 倍液，每隔 15d 喷施 1 次，连续喷施 2~3 次。用杀虫剂杀灭植株上的蚧类、螨类及防治地下害虫，减少虫伤，降低病菌侵染机会。

9. 白绢病

（1）主要为害玉簪、兰花、凤仙花、波斯菊、瓜叶菊、金鱼草、矢车菊、大丽花、风信子、百合、香石竹、菊花、牡丹、芍药、鸢尾、君子兰、郁金香、山茶、茉莉、仙人掌等多种花卉及各种地被植物。

（2）发生在苗木的根颈部或茎基部。感病根颈部皮层逐渐变成褐色坏死，严重的皮层腐烂。苗木受害后，影响水分和养分吸收，导致生长不良，地上部叶片变小变黄，枝梢节间缩短，严重时枝叶凋萎，当病斑环茎一周后会导致全株枯死。在潮湿条件下，受害的根颈表面或近地面土表覆有白色绢丝状菌丝体。后期在菌丝体内形成很多油菜籽状的小菌核，初为白色，后渐变为淡黄色至黄褐色，以后变成茶褐色。菌丝逐渐向下延伸及根部，引起根腐。有些树种叶片也能感病，在病叶片上出现轮纹状褐色病斑，病斑上长出小菌核。

（3）防治方法。

①适时施肥、浇水、排水、中耕除草，促进苗木旺盛生长，提高苗木抗病能力。冬季进行深耕，将病株残体深埋土中，清除侵染来源。

②可用 30%噁霉灵水剂 600~800 倍液喷淋土层进行土壤消毒；对感病较轻的苗木，可挖开根颈处土壤，晾晒根颈数日或撒生石灰，进行土壤消毒。

③发病期，可用 25%丙环唑乳油 1 000~1 500 倍液，或 70%敌磺钠可溶性粉剂 800~1 000 倍液，或 25%嘧菌酯悬浮剂 1 000~1 500 倍液浇灌。

第六节 7月日常养护要点

7月气温最高，进入中旬以后，开始进入雨季，具有典型的高温高湿特点。杂草生长迅速，冷季型草坪生长渐缓；部分树木进入花芽分化期。高温高湿造成植物蒸腾量增大，易发生日灼焦叶等现象，本月是新植树木养护的关键月份。园林植物养护的主要任务是水分管理、防大风、防暴雨、防洪水。

一、水分管理

天气较干旱时，应加强植物的水分管理，随时浇水，既可向根部灌透水，也可向树冠、树干上缠绕的草绳或保湿棉上喷水保湿。

银杏、蔷薇科植物、木兰科植物以及开花的宿根地被、忌积水的植物，雨季应少浇水，暴雨后对积水处及时排水。

草坪浇灌土壤深度在5~10cm为宜，忌积水。浇水避开高温期，选择在10:00前和15:00以后进行，避免夏季中午高温的水滴在叶片上形成放大镜原理，从而灼伤叶片。当草坪感染病害，先杀灭病菌再浇水，避免浇水导致病菌蔓延。草坪修剪后及时浇水，草坪、灌木与大树共生区域注意统筹兼顾，不可因小失大，过度浇水。

新栽大树若泥团较紧实，可采取机器钻孔，再浇透水。每次灌水深入土层的深度，乔木渗入土层80~100cm，灌木45cm左右。避免浇表土水而底土仍然干燥。

树皮较薄的植物注意防晒，做好防日灼工作，避免树皮日灼爆裂，影响树木生长及景观性。可对树干进行保湿和缠绕保湿棉后喷湿保护。

浇水尽可能结合松土、做围堰等措施一次浇透。

二、整形修剪

整形地被灌木，新梢生长10cm左右时进行修剪。

及时去除萌蘖；新植树木去蘖要考虑雨季折断枝条的因素，适当多留一些。

剪除残花时应将残花下第2片叶剪除，减少营养损失。严禁重剪。

加强绿篱及色块修剪；新梢生长10~15cm即可进行修剪，修剪后要及时清理绿篱上的残物。机器要经常检查和磨快刀具。避免修剪机器温度过高造成植株焦尖现象。

草坪每月修剪1~2次，冷季型草坪修剪频率逐渐增加，15~20d修剪1次，高度保持在6~10cm。雨后不宜马上进行草坪修剪。对于感病的草坪如进行修剪，刀具一定要随时进行消毒处理。

三、清除杂草

及时清除绿地、树池内的杂草。

清除树上的恶性藤蔓植物。

四、防大风、暴雨及安全检查

防风雨及安全措施参见6月防风雨的相关内容。

安全检查，7月盛夏易发生狂风暴雨，避免植株倒伏。检查并做好树木（尤其是近两年新植大树）的支撑加固工作，做好大树、老树、衰弱树的枯枝、病虫枝、与电缆（线）交叉矛盾枝的清除工作；避免出现树木倒伏和掉落树枝伤人砸物事故。

事先做好劳力组织、物资材料、工具设备等方面的准备，并随时派人检查，发现险情及时处理。

五、病虫害防治

（一）刺吸类害虫

（1）主要有黑蜕白轮蚧发生并开始为害。

（2）主要为害月季。

（3）主要症状及防治方法参见2—3月病虫害防治中介壳虫类相关内容。

（二）食叶类害虫

1. 尺蛾类

（1）主要有木橑尺蛾发生并开始进行为害。

（2）主要为害黄连木、合欢、泡桐、核桃、板栗、刺槐、杨、臭椿、黄栌、石榴、山楂、苹果、榆叶梅等多种园林植物。

（3）为害症状及防治方法参见4月病虫害防治中尺蛾类相关内容。

2. 刺蛾类

（1）主要有黄刺蛾、褐边绿刺蛾发生并进行为害。

（2）主要为害枫杨、朴树、杨、柳、桑、榆、悬铃木、刺槐、白蜡、乌桕、喜树、枫、枣树、核桃、苹果、梨、桃、杏、李、山楂、柿、枇杷、梅、紫荆、海棠、樱花、月季等多种园林植物。

（3）为害症状及防治方法参见5月病虫害防治中刺蛾类相关内容。

3. 天蛾类

（1）主要有豆天蛾、栗六点天蛾发生并进行为害。

（2）主要为害刺槐、板栗等园林植物。

（3）为害症状及防治方法参见4月病虫害防治中天蛾类相关内容。

（三）地下害虫（蜗牛）

（1）为害松、柳、盘槐、紫薇、樱桃、樱花、红叶李、桃、苹果、梨、杏、小叶女贞、大叶黄杨等多种园林植物。

（2）主要为害植物的叶、茎、芽、花。蜗牛对寄主植物的嫩叶、嫩芽、花朵和果实都有危害。通过咬食嫩叶来吸食汁液，受害叶片会出现黄叶、落叶等现象，进而影响植株的整个生长过程。

（3）防治方法。

①将盛放啤酒的容器放入土中，蜗牛会被啤酒的味道吸引而落入容器中。也可在草坪上放置蛋壳或木板，蜗牛会在这些地方藏身，再人工清除。

②选择日落或天黑前或雨后转晴时，用500g/667m^{2}蜗克星拌2.5kg干沙土均匀撒施，还可喷施90%晶体敌百虫1 000倍液，或均匀撒施适量生石灰。

③保护和利用天敌寄生性线虫、鸟类等抑制为害。

（四）病害

1. 白（紫）纹羽病

（1）为害山楂、苹果、蜡梅、银杏、泡桐、垂柳、榆树、大叶女贞、芍药、风信子等多种园林植物。

（2）病菌发生在植物根部，白纹羽病染病后根部缠绕白色至灰白色的丝网状物，即病菌的根状菌索，地面根颈处产生灰白色薄绒状物（紫纹羽病地下的幼根先受害，初期根皮失去光泽，后变为黄褐色，最后形成黑褐色，根皮组织腐烂，表面有裂纹，内部呈黑色粉末，易从木质部剥离；病根表面缠有紫色线状菌索和菌核）。最初须根腐烂以后扩展到侧根和主根。病菌的菌丝束从根的内部组织侵入后，使木栓层与木质部分离，皮层完全腐烂后，木质部产生块状黑褐色菌核（自然条件下菌丝体及菌索常见、菌核少见）。在近土表根际处展布白色蛛网状的菌丝膜，有时形成小黑点，即病菌的子囊壳。植株的地上部分，叶片逐渐变黄、凋萎，直至全株枯死。

（3）防治方法。

①加强日常养护管理，合理施肥，注意抗旱排涝。发病轻的树木应于春季扒土晾根，将树冠下的土壤全部扒开，使根部全部露出，切除病根或削除患病部分，进行伤口消毒促生根。已发病严重的病株，应及时伐除并销毁。

②种植前进行土壤消毒，当土壤温度在12~18℃以上。土壤湿度在50%~60%，可浇灌75%棉隆可湿性粉剂200~300倍液。生长发病期，可使用25%丙环唑乳油1 000~1 500倍液，或70%敌磺钠可湿性粉剂800~1 000倍液，用药前若土壤潮湿，建议晾晒后再药液灌透。用药时尽量采用浇灌法，让药液接触到受损的根茎部位，根据病情，可连用2~3次，每次间隔7~10d。

2. 花叶病毒病

（1）为害杨树、苹果、牡丹、红花檵木、山茶、菊花、月季、向日葵等多种园林植物。

（2）叶片上出现黄色斑块与绿色斑块相间的花叶为害状，叶脉褪绿呈明脉状；叶上有时也出现大小不同的黄色环斑，环斑内有绿色组织；发病后期环斑坏死。该病影响植株生长势，病株略矮。

（3）防治方法。

①及时清理病株并及时销毁。

②发病初期，可喷施黄叶速绿植物病毒复合液500倍液，或5%菌毒清可湿性粉剂400倍液，或50%病毒A可湿性粉剂500倍液，或20%病毒宁水溶性粉剂500倍液，每隔10~15d喷施1次。

③有蚜虫发生时，喷施50%啶虫脒水分散粒剂12 000~15 000倍液，或22.4%螺虫乙酯悬浮剂3 500~4 000倍液，或10%吡虫啉可湿性粉剂1 000~1 500倍液进行防治。

3. 枯萎病

（1）为害鸢尾、唐菖蒲、小菖兰等肉质多汁植物。

（2）主要发生于球茎上，叶、花、根部也可受侵染。感病球茎表面最初出现水渍状、红褐色至暗褐色病斑不规则，略凹陷，呈环状萎缩、腐烂。病害严重时，整个球茎变成黑褐色，干腐。因球茎受害程度不同，对植株生长发育的影响也不尽相同，受害重的球茎种植后不能抽芽，或成苗柔弱，快速枯死。受害轻的球茎，虽然可以抽芽、开花，但最后还是叶尖变黄并逐渐向下蔓延，致使全株枯死。花朵受侵染后，花瓣变窄，向上歪，不能正常开放，花色变深。

（3）防治方法。

①加强栽培管理，重病花圃地要避免连作。严防伤口，挑选无病球茎作繁育材料。栽培期间发现病株及时拔除，予以销毁。适当增施磷肥以提高抗病力。

②收获时，应在晴天挖掘球茎，尽快晾晒使其充分干燥后放置于通风良好处贮藏并仔细检查；清除感病球茎。球茎贮藏的温度以5℃以下为宜。

③球茎处理，种植前将球茎在50%多菌灵500倍液中浸泡30min，或用50%福美双可湿性粉剂50倍液浸泡后再种植。收获后对带病的球茎可用热水处理（只能用于充分休眠的子球茎），先将子球茎置于35℃以下水中7d；再放于0.5%甲醛溶液浸2h；冲洗后，在57℃热水中浸30min，然后取出及时使其冷却，经充分干燥后冷藏，便可控制贮藏期发病。

4. 茎枯病

（1）为害大丽花、菊、李属植物。

（2）为害茎和果实，也为害叶和叶柄。茎部出现伤口易侵染此病。病斑初为椭圆形，褐色凹陷溃疡状，后沿茎上下扩展到全株，严重时病部变深褐色干腐，并可侵入维管束；果实染病时侵染绿果或红果。初为灰白色小斑块，后随病斑扩大凹陷变褐色，长出黑霉，引起腐烂。该病原菌产生的交链孢酸转移到植株上部后，可在叶面形成不规则的褐斑。病斑继续扩大时，叶缘卷曲，最后茎干枯或全株死亡，有别于早疫病。

（3）防治方法。

①清除病叶、叶柄、茎，并集中处理。

②发病初期，用75%百菌清可湿性粉剂700~1 000倍液，或58%甲霜·锰锌可湿性粉剂400~600倍液，或70%甲基硫菌灵可湿性粉剂800~1 000倍液进行防治，连续

喷施 2~3 次。每次间隔 10d 左右。

5. 竹赤团子病

（1）为害刚竹、毛竹、桂竹、水竹、淡竹、苦竹、箭竹等多种竹类。

（2）该病主要为害小枝。发病初期，感病小枝叶鞘膨大破裂，产生灰白色米粒状物，肉质，后变为软木质。颜色逐渐变为淡黄色至赤灰色。米粒状物继续膨大成球形、长椭圆形、不规则块茎状，粉红色，为病原菌的子座。小枝受害后，枝叶逐渐枯黄，小枝易折落。

（3）防治方法。

①减少侵染来源，及早砍除病竹，剪除病枝销毁。

②喷施 0.5°Bé 石硫合剂，或 75%百菌清可湿性粉剂 600~800 倍液，或 50%异菌脲可湿性粉剂 800~1 000 倍液，连续喷施 2~3 次，每次间隔 10~15d。

（五）病虫害防治注意事项

枝叶茂密的球类、绿篱和密度较大的植物容易暴发真菌性病害，应注意观察及时防治。

蔷薇科植物如桃树、樱花、海棠、梅花、紫叶李等不宜采用乐果类药剂进行防治。

夏季高温，化学药剂容易挥发扩散，在人口稠密的城区应用高效低毒农药，工作人员要做好安全防护，不可在高温时段施药，最好夜间进行药物防治。

第七节 8月日常养护要点

8 月园林植物养护的主要任务与 7 月养护的要点基本一致。

一、水分管理

主要是浇水抗旱和排水防涝。养护重点参见 7 月浇水方法。

二、整形修剪

高温干旱季节大树不进行修剪，重点观察色块、造型植物等，确保形状和线条清晰、不杂乱；及时清理残花干叶，确保植物景观效果。

三、防大风、暴雨

参见 7 月防风雨相关内容。

设施维修，对因风灾影响的树木、设施应及时予以加固处理或必要保护。对可能在大风期间造成安全隐患的绿地设施、亭架等设施进行全面的安全检查，如已发生破损或确实无法提供正常服务的应及时予以处理或做好防护措施，避免人身伤害事故的发生。本月多暴雨，大风天气，提前做好应急措施。做到发生险情第一时间赶到现场及时处置。暴风雨过后及时检查，及时扶正歪倒的苗木或支立柱。

四、清除杂草

及时清除草坪及各种树木下的杂草，绿篱及色块内生出的杂生植物、爬藤等应及时予以连根清除，防止草荒。立秋以后大多数杂草开始开花结籽，争取在开花结籽前再进行一次彻底的杂草清除。

为高效缓解第 2 年除草的压力，抓住秋季除草的关键时期，可采用专业的化学药剂进行除草，能显著抑制杂草的生长，并可高效控制杂草的结籽数量。

五、病虫害防治

高温高湿天气各类病虫害频发，防治时机和效果受风雨影响较大，应及时掌握天气情况，尽早尽快对病虫害进行防治，避免耽误防治时机。

8月依然存在的病虫害有介壳虫、蚜虫、螨类、网蝽、毒蛾、袋蛾、锦斑蛾、粉虱类、美国白蛾、天牛、臭椿象、柳蓝叶甲等，草坪害虫如斜纹夜蛾、蛴螬、枯萎病、根腐病等，特别是一些二代虫害的发生，要防止大暴发。

第八节　9月日常养护要点

9月高温开始下降，平均气温在22~23℃，伏旱一般在9月上旬或中旬结束，虽进入秋季，降水与春季降水大致相当，大部分地区雨量在130~160mm，10月部分地区雨量甚至低至80~100mm，秋雨明显；9月各地的日照时数均能保持在100~110h。多数常绿园林植物进入了一年中的第2次生长期，其养护管理应重视以下几个方面。

一、水分管理

夏季伏旱结束前，要随时注意旱情以便及时补充土壤水分；天气转凉后，根据天气情况，适时浇水，切忌土壤过湿，一般10d左右浇水1次。

秋季新栽植物浇定根水和遮阴工作，确保成活。此时浇水要以“干透浇透”的原则进行浇灌，尽量减少浇水次数，避免因为频繁浇水而使植物出现烂根的现象。对于冷季型草坪在进入9月之后开始进入旺盛的生长时期，此时对水分的需求量大，天气晴朗时每周都需浇1次透水。

二、施肥

秋季施肥应以有机肥为主，复合肥为辅；有机肥、无机肥相结合，速效肥、缓效肥互补，这样既能改善土壤透气性，又能满足树木的营养需求，还能提高肥料的利用率。

不施或少施氮肥，如氮肥施入过量，会造成苗木秋季枝条旺长，木质化程度低，从而导致抗寒能力下降。增施磷钾肥和有机肥，促进新枝木质化，提高抗冻性。

施肥施到根系集中分布层，即施到枝展外延20~40cm深的地方。幼树结合扩穴、扩沟，采取环状沟施或条状沟施，每年向外扩展。

常绿树和珍贵树种也要施些含磷钾的复合肥或棒肥。国庆节前开花的植物要追施含氮磷钾的复合肥。花灌木追肥前确保撒施均匀并与细土充分搅拌，施后浇水，避免肥害发生。对绿篱、果树和花灌木等生长较弱、枝条不充实的苗木，应补施磷钾肥，以恢复树势，促使秋梢尽早木质化，树势恢复，延长绿期，提高植物耐寒能力。

三、整形修剪

乔木修剪，伐除死株。新植树木修剪根据不同植物设计要求及植物规格来决定修剪量及修剪后的基本形态，保持开心树形。主要对内膛枝、重叠枝、病虫枝、断枝、枯枝进行修剪，改善树木通风透光条件。严禁重短截，剃平头等修剪方法。对于行道树，及时抹去主干上萌发的隐芽，促使行道树主干通直，不发分枝，以免影响交通，也减少不必要的营养消耗，保证行道树健壮成长。修剪产生的垃圾应日清日结。

整形灌木修剪，秋季气候凉爽，红花檵木、金叶女贞、大叶黄杨、瓜子黄杨、金森女贞、红叶石楠等灌木生长快，随时检查灌木的生长状况，新梢生长 5~10cm 时进行整形修剪。部分宿根花卉及时剪除开花后的残花，必要时可在 10 月下旬将其挖出冬藏。

草坪修剪，根据生长势，最迟在 10 月进行全年最后一次修剪，修剪后保持 3~5cm 高。修剪完后，及时浇水，施入磷钾肥。每次修剪之后要及时对草坪喷施杀菌剂，避免病菌借助割草机刀片通过草坪草伤口侵染健康的草坪。

四、补植补栽

秋季是植物栽植和更换的有利时机，及时清除死亡苗木，实施补栽、更换。各类秋播草花适时播种，在播种前要整地、施肥，喷施除虫杀菌药剂；公园、绿化带有草坪的可复播黑麦草。

五、设施维修

维修、消毒所用的修剪机具。维修、更换破损的园路、花池、树篦子等；对栏杆、木质座椅等进行油漆粉刷；对坐凳、栏杆、文明宣传牌、管护责任牌等设施进行保洁，保持园林设施正常的使用功能及干净整洁的外观。

六、时令花卉

国庆节即将到来，应做好绿地整治工作，重点做好时令花卉及开花植物的养护管理工作，重要节点景观做到精细化养护，营造靓丽的景观氛围。

七、安全生产

安全生产和应急处置。继续加强安全生产、养护管理、施工作业、园林机械设备使用等工作；继续排查安全隐患，及时落实整改。

各主干道交叉口影响交通信号的植物枝条及时修剪；加强应急处置工作，应急抢险队员、机械设备、车辆工具等确保应急处置能及时到位并开展有效工作。确保养护管理工作安全无事故。

八、病虫害防治

在2—8月病虫害防治中，绝大部分病虫害如果不能得到控制，在9月依然会进行为害。

主要病虫害种类如下。

(1) 刺吸性害虫。介壳虫（为害紫薇、金叶女贞）、粉虱（为害香樟、柳树）、黑刺粉虱（为害香樟）、木虱（为害香樟）、跳甲（为害丁香、金叶女贞）。

(2) 蛀干类害虫。天牛（为害柳树、杨树、悬铃木）、木蠹蛾（为害银杏、栾树）等。

(3) 病害。白粉病（为害狭叶十大功劳、紫薇）。做好对长斑蚜、绒蚧的防治，是预防煤污病的关键因素。

注意事项：喷施药剂应抓住晴天及时进行防治，重点对植物叶背面喷施防治。

第九节　10月日常养护要点

10月气温进一步下降，大部分的园林植物都开始慢慢落叶，陆陆续续进入休眠或者半休眠的状态，为安全越冬做准备；除少数病虫害仍在为害之外，大部分的病虫害也开始寻找越冬的场所，早晚温差较大，天气仍比较干燥，园林植物养护重点转向整形修剪、水分管理、施肥、病虫害防治、补栽等相关工作。

一、工作准备

一要做好植物冬季养护的物资储备工作，如石硫合剂、复合肥、有机肥等。

二要做好冬季落叶乔灌木的整形修剪计划。

三要做好乔木的防寒保护计划。

二、水分管理

天气转凉后，根据天气情况，适时浇水，切忌土壤过湿，一般10~15d浇水1次；树木浇水要见湿见干，不耐寒的品种只要土壤不干少浇为宜，但冻水一定要浇足浇透。

三、施肥

俗话说，“秋养根、冬护根”，9月下旬至10月上旬正是大树根系的第3次生长高峰期，此时根系吸收的营养将会转换为有机营养贮藏到树体，因此本月可对苗木、草坪进行施肥，可延长草坪绿期，提高树木越冬抗寒能力，同时为翌年的生长储备充足的营养。

重点对冬春季开花植物、生长弱的植物、常绿的园林植物、宿根地被等植物开展施肥工作，有机肥和复合肥相结合，采用环施、撒施磷钾肥及有机肥。磷钾肥等无机肥的施用量根据植物的规格和肥料种类而定。

本月对冷季型草坪和各类花灌木普遍进行一次施肥，适当增加磷钾肥含量，促进其根系生长、增强抗病能力。施肥可在下雨前后进行，也可施肥后及时浇水。

四、整形修剪

修剪枝条，重点对枯枝枯叶、徒长枝、下垂枝、内膛枝、病虫枝进行修剪，使绿地植物富有层次感、立体感及良好的形态，保证绿地植物良好的景观效果，严禁对植物重剪。及时做好陈旧落叶的清扫工作，以免绿地内落叶堆积而滋生病虫害。

剪口处理，园林树木修剪时尽量采取平口法修剪，以缩小修剪的伤口，由于温差较大，甚至会出现霜冻等现象，因此秋季修剪应在修剪后及时涂抹伤口愈合涂抹剂封闭修剪伤口或者用包扎材料及时包扎，以防病菌侵染或发生病害和冻害。

地被整形修剪，草坪修剪工作在本月结束，最后一次剪草时的留草高度可适当提高，以利于草坪正常越冬。修剪完后，及时浇水，施入磷钾肥。地被灌木修剪造型，应适当剪去徒长枝、病枝、弱枝等，保持造型。

乔灌木修剪，对于行道树，及时清理死树枯枝，注意行道树的下缘线与侧缘线，做到树木青枝绿叶，绿地干净整齐。积极主动排查绿地内存在的安全隐患，及时修复破损的安全设施，及时清除死树、危树、枯枝，消除隐患保证安全生产。

开花植物修剪，如紫薇、木槿、月季类、黄刺玫、珍珠梅、棣棠、金银木、金银花等先长叶后开花（在当年生枝条上开花），为花灌木修剪，在树木休眠期（冬季树木落叶以后到发芽之前）进行采用重短截的手法，保留枝条不宜过多，促使植株产生更多强壮的开花枝条。同时，也剪除弱枝、病虫枝和干枯枝。在植株生长季节只少量修剪，剪除残花残果等。观花灌木剪除残花、枯死株。国庆节摆放的各种花卉随时修剪残花并及时更换枯死的花卉。

五、中耕除草

结合除草、施肥，做好绿地内杂草、野藤、杂树清除工作，同时做好树围等处的松土工作，保持土表疏松，利于水分渗透和土壤保持水分。

本月杂草生长较上月有所减慢，但多种杂草结籽，继续剔除杂草，清除草坪中的枯草层。

六、防寒工作

冬季做好根茎处的防寒、防冻工作。为使树木安全越冬，必须采取必要的防寒措施，防寒工作宜早不宜晚，如果能在秋季提前做好准备，将对冬季防寒起到事半功倍的效果。

具体防寒方案如下：用草绳包裹树干，同时可对新移栽的苗木、大树进行树穴铺地膜、架风帐、缠包树布等，通过搭建防风障、防风墙、防风房等措施预防冬季寒风抽干枝条。新栽树木或南树北种，冬季树干缠绕无纺布或草绳，以便安全过冬。

七、补植补栽工作

继续做好死株拔除补植工作，不耐寒的植物提前栽植，并做好防寒措施。过密植物可进行调整。

八、树干涂白

使用园林树木专业涂白剂对树干进行涂白，可起到保温、防冻、杀菌、杀虫卵、美观等优点，减少越冬虫口密度和低温对树干的伤害。涂刷高度一般是 0.8~1.2m。小乔木通常涂 1~1.2m 高，大乔木涂 1.2~1.5m 高。要求同一路段、区域的涂刷高度应保持一致，达到整齐美观的效果。

树干的涂白工作一般在每年的 10 月、11 月进行，气温不低于 5℃。温度在 0℃以下，容易发生脱落。涂白时严禁污染路面、树圈和其他设施。

九、大树复壮

生长不良的大树，包括叶片偏小、发黄、长势较弱、有树洞等进行复壮处理。具体复壮措施如下。

（1）换土。清理树穴内的建筑垃圾，更换疏松的种植土，若树穴存在空洞，应夯实回填土壤。

（2）施有机肥。

（3）防治根部腐烂。切除腐烂的根部，用根腐灵消毒后，喷施生根粉、生根剂。

（4）排水。栽植地严重积水的，须增加排水透气设施。

十、病虫害防治

10 月气温明显下降，园林植物上的各种病虫害有所减少，但还有一部分病虫害将会继续为害，主要有白粉病、蛀干害虫、地下害虫等病虫害，施药应抓住晴天及时进行防治，重点对植物叶背面喷施防治。

第十节　11—12 月日常养护要点

11—12 月的气温越来越低，大部分植物不再生长，进入休眠状态。园林植物养护管理的主要工作是水分管理、修剪、施肥、防寒防冻、大树复壮、病虫害预防等工作。

一、水分管理

落叶植物、常绿宿根地被植物可不浇水。

常绿树木仅土壤过干时浇水。

冬季开花植物根据天气情况及土壤水分情况适时浇水，保持土壤湿润。

注意大雪、大风天气，常绿乔灌木枝叶容易受冻害、容易倒伏或折断，要及时巡查，及时排险。

二、施肥

沟施、穴施、孔施均应将肥料用土覆盖，施肥后及时浇水。

有机肥需完全腐熟后施用，以免根系被烧伤。

具体施肥方法见 9 月施肥方法。

三、整形修剪

落叶乔木，剪除影响景观的过密枝、病虫枝、徒长枝、下垂枝以及受损枝条，直径大于 5cm 的枝条切口应涂抹愈伤涂膜剂，修剪后及时清除地表的枯枝落叶，避免因天气干燥引起火灾。

需重度修剪的植物，木芙蓉留枝 30~50cm，紫薇留枝 15~30cm。

多年生宿根草本植物，齐地重剪，及时清除杂物。

冬季修剪注意事项如下。

(1) 冬季开花植物，如茶花、梅花、蜡梅花谢后再进行修剪。

(2) 不宜多修剪的园林树木（如银杏、重阳木、香樟、广玉兰、含笑、雪松、栾树以及棕榈类植物等），只修剪枯死枝、下垂枝等，不可对骨干枝进行过多修剪。

四、防寒防冻

近些年，随着环境日益恶劣，全球气温突变，各种极端气候频繁发生，对园林树木造成了巨大的影响，导致很多苗木枯萎死亡。

原产热带、亚热带和新栽植的一些不抗寒的植物种类如香樟、重阳木、小叶榕、榕树等；经过修剪，重新发出的新梢，容易受低温危害。为应对极端降温天气，需采取科学方法养护管理园林植物，依据苗木生长习性、气候特点采取相应的防寒措施。

1. 根系冻害

（1）树木根系的冻害经常发生在深冬时节，根系较地上部分的抗寒能力更弱。树木的根系一直处于生长状态，即使到了冬季也没有休眠期，在冬季地表被冻结，而且干旱少雪，靠近地上部位的根系很容易受到冻伤，由于常年埋于地下，一旦发生冻害，很难被发现。因此在入冬前要做好根部培土、覆盖薄膜、浇冻水等措施，避免根系被冻伤。

（2）浇防冻水可以为树木提供充足的水分，防冻水还会提高土壤的导热性，缩小地间温度的速变，防止温度骤然升降对根系造成伤害。当温度高于5℃时，树木的根系能够较好地吸收水分，所以防冻水通常浇2次。当地温低于5℃时浇一遍透水，地温低于0℃时再浇一遍透水。浇冻水时先封围堰，围堰要足够大，围堰侧壁要结实不漏水，浇水的流速要缓慢，使水可以充分浸透根部周边土壤。冬季寒冷气候持续时间较长，而且干燥多风，水分蒸发量大，浇灌冻水对于树木来说是有效的御寒措施。

2. 根颈冻害

（1）树木根颈的生长活动是最晚停止的，而开始活动又是最早的，因此根颈的抗寒能力较差。根颈和地表接近，当温度发生较大变化时，根颈很容易受低温和较大变温的伤害导致皮层受冻。被冻伤的皮层通常呈褐色，随着冻害的持续会逐渐干枯。可采用根颈部培土的方式减轻冻害。

（2）根颈部培土浇完防冻水后，在根颈部培土保温。培土高于根颈部30~50cm，呈圆锥形。培土可防止根颈和树根被冻伤，还可减少水分的蒸发。

3. 主干冻害

（1）冬季昼夜温差大，在白天主干的向阳面受到日灼，皮部组织随着光照温度的升高而活动加强。到了夜晚温度骤降，皮部组织又迅速收缩，致使木质部应力增加撑破了树皮，导致树干内部的细胞裸露出来，间隙处在结冰时产生更大的裂缝，没有树皮保护，主干就会逐渐被冻伤。可以采取树干涂白、缠草绳、裹无纺布的方式来减轻主干的冻害。

（2）树干涂白，树干的涂白位置一般至距离地面1.2m处，涂白剂可以折射40%~50%的阳光，减少了热量的吸收，降低了树体的昼夜温差，避免树皮开裂，减轻对树干的冻害。同时由于涂白树干折射了大量的太阳光，降低了热辐射，使树体的温度较恒定，减缓了早春温度的上升速度，延迟了树木的萌芽，避免倒春寒伤害萌芽。涂白剂中含有硫磺和石灰等成分，可以有效阻止病菌和寄生害虫越冬。涂白时间一般在10月下旬至 11 月上旬，宜早不宜晚，太晚了树干上冻，涂白剂无法附着在树干上，涂完后会成片地脱落。

（3）缠无纺布裹薄膜，用草绳、无纺布、塑料薄膜等材料包裹树干，对于一些耐寒树种如白蜡、国槐、银杏等缠绕根部以上高度 1.5~1.8m 即可。对于不耐寒的树种如玉兰、樱花、红枫、香樟等需缠绕至分支点以上 50cm 处，将主枝也包裹在内。在缠绕塑料薄膜时要留一些排气孔，保证树干正常呼吸。

4. 树杈冻害

（1）树杈冻害发生在树杈向内的一侧，因为分杈处的组织成熟较晚，存储的营养物质较少，导管不发达，所以树杈部位的抗寒能力最差。树杈部位易积雪，雪水会浸透到枝干内，气温突降时树杈内部的导管更容易发生脆裂而产生流胶现象。

（2）将主干和近主干的一级主枝采取缠无纺布、裹塑料薄膜或缠草绳的方法来保温。

5. 其他防寒措施

（1）沟施越冬肥。在植物休眠期来临前，可使用完全腐熟的有机肥，再辅以少量的复合肥（磷酸二氢钾）在树冠外缘绕着大树一周向外挖 50cm 的施肥沟，沟深控制在 30cm 左右。然后再施肥覆土浇水。

（2）设置风障。冬季风力较大，一些不耐寒及处于风口处的树木极易受到冻伤，需搭设风障提高树木的抗寒能力。风障有 2 种搭设方法：第一种是在树木的四周用防风布全部围住；第二种是沿着上风向布置，风障宜高于树木 40~60cm，风障常用杉木杆、脚手架等支撑物来固定，用彩条布或无纺布来包裹。风障底部的无纺布要埋入土中，防止寒风从底部吹入。风障可有效提高树体周围温度 2~3℃，并有助于风障向阳处早日回暖解冻。

（3）搭设暖棚。对于新植不耐寒植物，可搭设暖棚来越冬。用木方条做大于植株的暖棚框架，上面覆盖无纺布。如遇到极寒温度，可在无纺布下铺一层塑料薄膜，增强保温性能。暖棚的底部要用土压实，防止灌入冷风。暖棚先将四周围好，待到 11 月中旬气温降低时再封闭上部。暖棚搭建时要高于植株顶部 20cm 左右，养护人员要定期巡视，暖棚内温度较高时，要打开顶盖通风透气。

（4）喷防冻剂。喷洒防冻剂后可以在树木体内形成一层保护膜，消灭冰核细菌（使树木体内的水分在-2~5℃结冰的一种细菌），并且能有效阻止冰核细菌的繁育。防冻剂可以促使树木体内糖分的积累，提高了木质化程度，酶的活性也随之提高，增强树木的保水保温性，从根本上提高了树木的抗冻能力。防冻剂的喷施时间通常在寒潮来临前 5~7d，喷洒 3~5 次即可，每次间隔 7d 左右。

（5）安装挡盐板。冬季当降雪量较大时，道路一般喷洒融雪剂或盐粒来保证行车安全。融雪剂和盐粒喷洒到绿化带内或树穴内会对苗木造成伤害。在道路两侧的绿化带内要安装镀锌板为基材的挡盐板，既可以阻挡融雪剂还可以抵御寒风。

（6）浇返青水。浇返青水在 3 月上中旬，不宜过早也不宜太晚，当气温达到 5℃左右时进行，此时地表已解冻，水可以充分渗透到地下。及时浇返青水可以缩小地表的昼夜温差，减轻倒春寒对树木根系的伤害。常用于冷季型草坪，其返青早返青水也要早浇。对于乔灌木，因根系较深，浇水时应一次性浇透。

五、病虫害防治

在乔木、灌木上喷施 2~3 次石硫合剂，每次间隔 15~20d，杀灭越冬病虫害。

对银杏、桂花、悬铃木、柳树、复叶槭、白蜡、国槐等树木或容易发生病虫害的树木在根部开环状沟埋设呋喃丹，对蛀干幼虫有防治作用。

修剪树木病虫枝叶，及时清理、集中销毁，及时破坏病虫害的越冬场所。

六、作业安全

冬季天气阴雨连绵，雨雪天气频发，地面湿滑可见度低。园林作业灵活度降低，注意作业安全，重点防范滑倒、摔倒、高空坠落和快速路车辆事故，确保作业人车安全。

第七篇

古树名木的养护

第一节　古树名木日常养护

古树名木是一座城市或一个地方悠久历史文化的“见证者”，是活着的文物，是重要的风景旅游资源，对提高城市知名度具有重要意义。许多古树名木经历过朝代的更替，人民的悲欢，世事的沧桑，本节的内容不仅可丰富城市的文化内涵，而且也为城市绿化工作提供种质资源和科学依据。

一、古树名木

古树指树龄在100年以上的大树。

名木指树种稀有、名贵或具有历史价值、纪念意义及重要科研价值的树木。

二、古树名木的分级

古树分为国家一级、国家二级、国家三级。国家一级古树树龄500年以上，国家二级古树树龄300~499年，国家三级古树树龄100~299年。

国家级名木不受树龄限制，不分级。

三、古树名木的日常养护

（一）建立档案

掌握古树名木的资源现状，切实加强保护管理，对本行政区域内的古树名木进行调查、鉴定、定级、登记、编号、建立档案、设立标志。

（二）备案挂牌

鉴定建档的古树名木，在建设主管部门备案。确立养护单位，落实养护责任，制订养护方案。对古树名木进行挂牌管理。

（三）设置围栏

为防止游人踩踏，使古树名木根系生长正常，保护树体，在过往行人较多的地方应设置围栏。围栏一般距树干2~3m，围栏内可种植地被苗木。对露出的树根应用腐殖土覆盖或上面加设网罩或护板。

在古树名木根系分布范围或树冠垂直投影5m范围内，严禁挖坑取土、兴建建筑，严禁设置厕所和排污沟渠，严禁在树下堆放会污染土壤的物品，如垃圾、废料等。严禁在古树名木周围动用明火或排放烟气。

严禁借助古树名木作为支撑或固定物品，严禁刻划、张贴或悬挂物品。

严禁攀折、挖根、采果实或种子、剥损树干、树皮、树枝。

（四）整形修剪

由于古树名木的特殊性，应由专业技术人员通过实地勘察、认真分析、仔细研判，制订科学合理的整形修剪方案，并报有关部门批准。

应以保持原有树形为基本原则，必要时剪去过密枝、病虫枝等。

对有重大意义或价值的古树，为充分保持原貌，需对枯枝作防腐处理。

（五）水肥管理

春夏干旱季节及时浇水防旱，雨后注意排水通畅，冬季浇水防冻。空气浮尘严重，古树名木树体截留灰尘多，影响光合作用和观赏效果，应及时用喷水法等对树体进行清洗。

防止土壤板结，经常松土；濒临死亡的树木，可进行换土施肥或斩断部分侧根，促进新根萌发。可在测定土壤元素含量的基础上进行科学施肥。

（六）防治病虫害

病虫为害是古树名木生长衰弱的重要原因之一。古树名木树龄长树体衰弱，病虫更容易侵染侵害（枯萎病、根腐病、干腐病、天牛等）。发现病虫需及时防治。

（七）支撑加固，修补树洞

古树由于年代久远，生长衰弱，主干会有中空，主枝也常有枯死枝，造成树冠失去均衡，树体容易发生倾斜，因而需要支撑加固。

树体加固应用螺栓、螺丝等，不宜用金属箍，避免造成韧皮部受伤。有树洞的应予以修补。

（八）设避雷针

古树高大且电荷量大，容易遭受雷电袭击。有千年大规格古树名木在遭受雷击后，严重影响树势，甚至死亡。因此，对于高大的古树应安装避雷装置，以防雷击。

对于遭受雷击的大规格古树名木，应及时进行伤口处理，涂上植物伤口愈合剂。

第二节　古树名木保护与复壮

一、保护管理

（一）定期检查

鉴于古树名木的重要价值，做好对古树名木的保护工作。为使古树名木生长旺盛，需对其进行定期巡查，判断古树名木的生长状况。

（二）正确判断

根据检查情况，正确判断古树名木生长是否健壮、长势是否衰弱或濒危。当枝繁叶茂、叶色叶片正常，无病虫害则是生长健壮；当生长势减退，生长量减少，超过30%的叶片出现褪绿、变短、变小或枝叶稀疏、有病虫为害及小枝干枯现象则是长势衰弱；树体有严重损伤，树干受损面超过50%；或超过50%的叶片出现异常，树冠出现大量枯枝、黄叶、卷叶、落叶或严重病虫害则是树体濒危的现象。

（三）保护与复壮

对于长势衰弱、树体濒危的古树名木，做好保护和复壮工作。通过复壮措施可延缓衰弱提高古树名木生命力，达到复壮的效果。

目前，古树名木复壮措施通常包括设置避雷针防止雷击；适时松土、浇水、施肥、防治病虫害；有树洞者加以添堵，避免其蔓延扩大；出现树身倾斜、枝条下垂的加以支撑固定；对于树体濒危的树木进行抢救复壮等。

二、复壮准备

（一）现场勘察、制订方案

对于需要帮助复壮、救护与移植的古树名木，首先现场勘察了解目前古树名木生存现状、提取生存的土壤进行化验、根据化验结果及观察状况进行诊断、根据诊断结果进行多方面的原因分析，找出树势衰弱的原因，并根据每棵古树名木的具体情况制订详细（复壮、救护与移栽）方案。

（二）工具、机械及人员准备

在古树名木复壮工作开始操作前，先设置隔离带，并做好安全警示标志，隔离区域将停车位包含进施工范围，防止有人和车辆进入，便于树体清理等施工操作。操作工人需做好相应的安全措施，施工时系好安全绳，戴上安全帽和手套等再进行施工操作。

为了方便古树名木复壮操作，需要准备登高车配合施工，登高车停放地点合适，能满足载人到树体上进行施工操作。

搭建钢管架，当普通的人字梯无法满足高大树体的施工需求，为保证施工安全和施工要求，采用搭钢管架的方式。以树干为中心，搭建规格适宜的钢管架。搭建时应注意做好树体防护，防止对枝干造成伤害，钢管架内部需要搭建梯子方便器具运输和人员上下。

三、复壮措施

（一）树干检测

检测树干空腐情况，根据检测情况做出正确判断，使用树干横断面检测仪器，在树干需检测部位按照每一个横断面进行检测，检测需复壮的古树名木的倾斜枝干的两个断面，分析其支撑能力。

（二）枝冠整理

树干上端有干枯枝，需将已经干枯腐朽且没有景观价值的枝条进行修剪，减少树体负重，减小安全隐患。

（三）创伤处理

枝干上小于100cm^2的小伤口，应先清理伤口，酌情喷施2%~5%硫酸铜溶液或涂抹石硫合剂原液等无害药剂进行伤口处理，清理时避免损伤愈伤组织，待伤口干燥后，再涂抹专用的伤口涂封剂或紫胶漆。小伤口过密的创伤面宜按大伤口处理。

枝干上超过100cm^2的大伤口，应及时采取植皮处理。用锋利的刀刮净削平四周，使枝干的皮层边缘平整后涂生长素，采用同种同样大小的树皮紧贴在伤口处。补贴的树皮要压平压实，涂抹伤口涂封剂后捆紧，定期检查，必要时再次处理直至植皮成活。

（四）树体清腐及防护

树干腐烂的，应清除古树名木的腐烂部分，有木质部裸露的应先使用适宜的药剂进行消毒、防腐固化处理。在树干上部由于修剪或断裂口造成的腐朽枝干或腐朽表皮，对腐朽组织，腐朽树干及树皮、腐朽的木质部等均需要进行处理。

树上有空洞或凹陷的部位均需进行细致的清理。清理干净后，对裸露的死亡组织喷施3~4次杀虫杀菌剂，做好防病虫害处理；然后喷施3遍木材专用防腐剂；严格做好防水防腐工作，防止病虫滋生和木质部继续腐朽。施用药剂时，待第1遍风干后再施第2遍药剂。

（五）树洞填充

修补时间宜在新梢萌动之前，不宜在雨天和冰冻天进行。修补前应做好排水、清创和消毒、伤口干燥等预处理工作。树洞填充有以下几种方法。

1. 假填充法

（1）适合公园、街道等古树的修补装饰，也可满足树穴修补后必要时打开观察内部生长情况的要求。

（2）首先清理树穴并消毒，并沿开创边整形。将整形后的树穴边缘树皮切掉10~

15mm 深。钉上钢丝网或纱窗，用水泥胶合剂混合物涂在网上，厚度 10～15mm，干后再涂上 1～2 层紫胶漆，干透即可。宜与螺纹杆等加固法配合进行。也可加贴一层棉布，刷一层清漆，如此反复，至 10 层以上。

（3）涂封工作完成后，应在表面涂上树皮色纹或年轮色纹进行装饰，并涂紫胶漆等防水涂料进行防护。

2. 填充法

（1）宜使用聚氨酯发泡材料、低温发泡剂等具有良好伸缩性、气密性和耐久性材料进行树穴软填充。严禁采用水泥、石块和砖头等硬质物进行填充。

（2）清理、消毒树穴和整修穴口形状后，削去穴口边缘树皮 1cm 宽，盖上铝板等覆盖物密封洞穴，上留一孔。从孔中注入聚氨酯发泡剂，直至发泡剂溢出，待其硬化后，取下覆盖物，用刀削成所需形状，涂上伤口涂封剂、固化剂，最后表层涂布保护漆防护或作仿木装饰。

（3）填充效果应每年定期检查。

3. 开放法

（1）预处理结束后，进行防腐固化处理，涂防护剂。

（2）每年定期进行清腐、防腐固化处理，经常检查洞内的排水情况，防护剂一般每隔半年涂抹 1 次。

（3）树穴较大，完全敞开，只剩下周围树皮的古树名木，可采用“鱼骨型”高强金属或螺纹杆加固。

（六）根部处理

清理根部范围 10m 内的杂草、杂灌及主干周围的建筑垃圾。

挖复壮沟、打通气孔，在树盘边缘，开挖 8～10 条长 50cm、宽 50cm、深 50cm 的条形复壮沟，均匀分布在树冠投影范围（需避开电线、水管等地下设施）。在树冠的投影范围内，离主根适宜的位置，使用打孔机打 80～100 个孔，要求孔径 8～10cm、深度 50cm 左右。

土壤改良，古树名木因土壤严重贫瘠、板结而生长衰弱时，应松土、培土、施肥，并逐渐调整土壤酸碱度。土壤因严重化学污染或建筑废弃物占比大于 1/3 的，应更换适宜比例的营养土。用含氨基酸水溶肥料 20g 兑水 1 000g 从通气孔内灌入根部。

根系复壮，用足量的肥料、微量元素、生根剂、杀菌剂、杀虫剂等通过透气孔进行浇灌根部土壤，浇则浇透。根据复壮后的生长情况来确定浇灌的次数，以此来促根壮根。

附录

河南省常见园林植物（乔木）名录

编号	类型	树种名称	学名
1	常绿乔木	雪松	*Cedrus deodara* ex. Endl.
2	常绿乔木	白皮松	*Pinus bungeana* Zucc.
3	常绿乔木	黑松	*Pinus thunbergii* Parl.
4	常绿乔木	油松	*Pinus tabuliformis* Carr.
5	常绿乔木	火炬松	*Pinus taeda* L.
6	常绿乔木	马尾松	*Pinus massoniana* Lamb.
7	常绿乔木	五针松	*Pinus parviflora* Sieb. et Zucc.
8	常绿乔木	罗汉松	*Podocarpus macrophyllus*（Thunb.）D. Don
9	常绿乔木	柳杉	*Cryptomeria japonica* var. *sinensis* Miq.
10	常绿乔木	杉木	*Cunninghamia lanceolata*（Lamb.）Hook
11	常绿乔木	侧柏	*Platycladus orientalis*（L.）Franco
12	常绿乔木	线柏	*Chamaecyparis pisifera* cv. *Filifera*
13	常绿乔木	柏木	*Cupressus funebris* Endl.
14	常绿乔木	北美香柏	*Thuja occidentalis* L.
15	常绿乔木	刺柏	*Juniperus formosana* Hayata
16	常绿乔木	圆柏	*Juniperus chinensis* L.
17	常绿乔木	日本扁柏	*Chamaecyparis obtusa*（Siebold & Zucc.）Endl.
18	常绿乔木	广玉兰	*Magnolia grandiflora* L.
19	常绿乔木	深山含笑	*Michelia maudiae* Dunn
20	常绿乔木	木莲	*Manglietia fordiana*（Hensl.）Oliv.
21	常绿乔木	香樟	*Cinnamomum camphora*（L.）Presl
22	常绿乔木	银木	*Cinnamomum septentrion* Hand. -Mazz.
23	常绿乔木	石楠	*Photinia serratifolia*（Desf.）Kalkman
24	常绿乔木	红叶石楠	*Photinia×fraseri* Dress
25	常绿乔木	枇杷	*Eriobotrya japonica*（Thunb.）Lindl
26	常绿乔木	珊瑚冬青	*Ilex corallina* Franch.
27	常绿乔木	大叶冬青	*Ilex latifolia* Thunb.
28	常绿乔木	枸骨	*Ilex cornuta* Lindl. & Paxton
29	常绿乔木	杜英	*Elaeocarpus decipiens* Hemsl
30	常绿乔木	女贞	*Ligustrum lucidum* W. T. Aiton
31	常绿乔木	桂花	*Osmanthus fragrans*（Thunb.）Lour.

（续表）

编号	类型	树种名称	学名
32	常绿乔木	棕榈	*Trachycarpus fortunei*（Hook.）H. Wendl.
33	落叶乔木	白玉兰	*Yulania denudata*（Desr）D. L. Fu
34	落叶乔木	二乔玉兰	Yulania × soulangeana（Soul. -Bod.）D. L. Fu.
35	落叶乔木	望春玉兰	*Yulania biondii* Pamp
36	落叶乔木	鹅掌楸	*Liriodendron chinense*（Hemsl.）Sarg.
37	落叶乔木	银杏	*Ginkgo biloba* L.
38	落叶乔木	青杨	*Populus cathayana* Rehd.
39	落叶乔木	毛白杨	*Populus tomentosa* Carriere.
40	落叶乔木	小叶杨	*Populus simonii* Carriere
41	落叶乔木	钻天杨	*Populus nigra* var. *italica*（Moench）Koehne
42	落叶乔木	垂柳	*Salix babylonica* L.
43	落叶乔木	旱柳	*Salix matsudana* Koidz.
44	落叶乔木	馒头柳	*Salix matsudana* ‘Umbraculifera’. Rehd
45	落叶乔木	枫杨	*Pterocarya stenoptera* C. DC.
46	落叶乔木	湖北枫杨	*Pterocarya hupehensis* Skoln
47	落叶乔木	胡桃	*Juglans regia* L.
48	落叶乔木	桤木	*Alnus cremastogyne* Burkill
49	落叶乔木	日本桤木	*Alnus japonica*（Thunb.）Steud.
50	落叶乔木	红桦	*Betula albosinensis* Burk.
51	落叶乔木	垂榆	*Ulmus pumila* var. pendula
52	落叶乔木	中华金叶榆	*Ulmus pumila* cv. jinye
53	落叶乔木	白榆	*Ulmus pumila* L.
54	落叶乔木	旱榆	*Ulmus glaucescens* Franch
55	落叶乔木	榔榆	*Ulmus parvifolia* Jacq.
56	落叶乔木	榉树	*Zelkova serrata*（Thunb.）Makino
57	落叶乔木	朴树	*Celtis sinensis* Pers.
58	落叶乔木	小叶朴	*Celtis bungeana* Bl.
59	落叶乔木	合欢	*Albizia julibrissin* Durazz.
60	落叶乔木	皂荚	*Gleditsia sinensis* Lam.
61	落叶乔木	紫荆	*Cercis chinensis* Bunge
62	落叶乔木	巨紫荆	*Cercis gigantea* W. C. Cheng & Keng f.

（续表）

编号	类型	树种名称	学名
63	落叶乔木	国槐	*Styphnolobium japonicum*（L.）Schott
64	落叶乔木	刺槐	*Robinia pseudoacacia* L.
65	落叶乔木	龙爪槐	*Sophora japonica* var. *pendula*
66	落叶乔木	楝树	*Melia azedarach* L.
67	落叶乔木	香椿	*Toona sinensis*（A. Juss.）Roem.
68	落叶乔木	臭椿	*Ailanthus altissima*（Mill.）Swingle
69	落叶乔木	千头椿	*Ailanthus altissima* ‘Qiantou’
70	落叶乔木	桑	*Morus alba* L.
71	落叶乔木	构	*Broussonetia papyrifera*（L.）L'Hér. ex Vent.
72	落叶乔木	水杉	*Metasequoia glyptostroboides* Hu & W. C. Cheng
73	落叶乔木	池杉	*Taxodium ascendens* Brongn.
74	落叶乔木	落羽杉	*Taxodium distichum*（L.）Rich.
75	落叶乔木	枫香	*Liquidambar formosana* Hance
76	落叶乔木	北美枫香	*Liquidambar styraciflua* L.
77	落叶乔木	栾树	*Koelreuteria paniculata* Laxm.
78	落叶乔木	复羽叶栾树	*Koelreuteria bipinnata* Franch
79	落叶乔木	七叶树	*Aesculus chinensis* Bunge
80	落叶乔木	鸡爪槭	*Acer palmatum* Thunb.
81	落叶乔木	梣叶槭	*Acer negundo* L.
82	落叶乔木	色木槭	*Acer pictum* Thunb.
83	落叶乔木	三角槭	*Acer buergerianum* Miq.
84	落叶乔木	元宝槭	*Acer truncatum* Bunge
85	落叶乔木	银白槭	*Acer saccharinum* L.
86	落叶乔木	建始槭	*Acer henryi* Pax
87	落叶乔木	枣	*Ziziphus jujuba*（L.）Lam.
88	落叶乔木	北枳椇	*Hovenia dulcis* Thumb
89	落叶乔木	杜仲	*Eucommia ulmoides* Oliv.
90	落叶乔木	黄连木	*Pistacia chinensis* Bunge
91	落叶乔木	黄栌	*Cotinus coggygria* var. *cinereus* Engl.
92	落叶乔木	栗	*Castanea mollissima* Blume
93	落叶乔木	麻栎	*Quercus acutissima* Carruth

（续表）

编号	类型	树种名称	学名
94	落叶乔木	槲栎	*Quercus aliena* Blume
95	落叶乔木	栓皮栎	*Quercus variabilis* Blume
96	落叶乔木	三球悬铃木	*Platanus orientalis* L.
97	落叶乔木	二球悬铃木	*Platanus acerifolia*（Aiton） Willd.
98	落叶乔木	乌桕	*Triadica sebifera*（L.）Small
99	落叶乔木	重阳木	*Bischofia polycarpa*（H. Lév.）Airy Shaw
100	落叶乔木	白蜡树	*Fraxinus chinensis* Roxb.
101	落叶乔木	湖北梣	*Fraxinus hupehensis* S. Z. Qu, C. B. Shang & P. L. Su
102	落叶乔木	美国白蜡	*Fraxinus americana* L.
103	落叶乔木	紫丁香	*Syringa oblata* Iindl.
104	落叶乔木	北京丁香	*Syringa reticulata* subsp. *pekinensis*（Rupr.）P. S. Green & L. M. C. Chang
105	落叶乔木	流苏树	*Chionanthus retusus* Lindl. & Paxton
106	落叶乔木	梓	*Catalpa ovata* G. Don
107	落叶乔木	楸	*Catalpa bungei* C. A. Mey.
108	落叶乔木	喜树	*Camptotheca acuminata* Decne.
109	落叶乔木	刺楸	*Kalopanax septemlobus*（Thunb.）Koidz.
110	落叶乔木	柿	*Diospyros kaki* Thunb.
111	落叶乔木	君迁子	*Diosryros lotus* L.
112	落叶乔木	丝棉木	*Euonymus maackii* Rupr.
113	落叶乔木	毛泡桐	*Paulownia tomentosa*（Thunb.）Steud.
114	落叶乔木	兰考泡桐	*Paulownia elongata* S. Y. Hu
115	落叶乔木	楸叶泡桐	*Paulownia catalpifolia* T. Gong ex D. Y. Hong
116	落叶乔木	梧桐	*Firmiana simplex*（L.）W. Wight
117	落叶乔木	蒙椴	*Tilia mongolica* Maxim.
118	落叶乔木	鸡蛋花	*Plumeria rubra* L.
119	落叶乔木	黄檗	*Phellodendron amurense* Rupr.
120	落叶乔木	花椒	*Zanthoxylum bungeanum* Maxim.
121	落叶乔木	枳	*Doncirus Citrus trifoliata*（L.）Raf.
122	落叶乔木	山楂	*Crataegus pinnatifida* Bunge.
123	落叶乔木	木瓜	*Pseudocydonia sinensis*（Thouin）C. K. Schneid.

（续表）

编号	类型	树种名称	学名
124	落叶乔木	李	*Prunus salicina* Lindl.
125	落叶乔木	紫叶李	*Prunus cerasifera* 'Pissardii'
126	落叶乔木	西府海棠	*Malus* × *micromalus* Makino
127	落叶乔木	垂丝海棠	*Malus halliana* Koehne
128	落叶乔木	河南海棠	*Malus honanensis* Rehder
129	落叶乔木	杏	*Armeniaca vulgaris* lan.
130	落叶乔木	梅	*Prunus mume* Siebold & Zucc.
131	落叶乔木	美人梅	*Prunus* × *blireana* 'Meiren'
132	落叶乔木	桃	*Prunus persica*（L.）Batsch
133	落叶乔木	碧桃	*Prunus persica* 'Duplex'
134	落叶乔木	东京樱花	*Prunus* × *yedoensis* Matasum
135	落叶乔木	日本晚樱	*Cerasus serrulata* var. *lannesiana* rehd.
136	落叶乔木	樱桃	*Prunus pseudocerasus* Lindl.
137	落叶乔木	苹果	*Malus pumila* Mill.
138	落叶乔木	梨	*Pyrus* spp.
139	落叶乔木	紫薇	*Lagerstroemia* indica L.
140	落叶乔木	石榴	*Punica granatum* L.
141	落叶乔木	毛梾	*Cornus walteri* Wangerin
142	落叶乔木	灯台树	*Bothrocaryum controversum*（Hemsl.）Pojavk.
143	落叶乔木	柽柳	*Tamarix chinensis* Lour.